테크놀로지의 정치

테크놀로지의 정치
The Ethics of Invention

실라 재서노프 지음

김명진 옮김

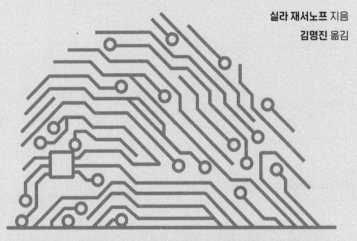

유전자 조작에서 **디지털 프라이버시**까지

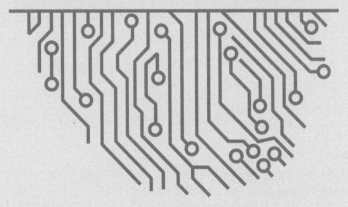

창비
Changbi Publishers

일러두기

1. 이 책은 Shilla Jasanoff, *The Ethics of Invention: Technology and the Human Future* (New York:W. W. Norton & Company 2016)를 완역한 것이다.

2. 인용문의 이해를 돕기 위해 인용자(이 책의 저자)가 덧붙인 내용에는 모두 '[ ]'를 사용했다.

3. 본문의 이해를 돕기 위해 옮긴이가 덧붙인 주에는 모두 '〔 〕'를 사용했다.

한국의 독자들에게

내가 2016년에 이 책의 영어판을 출간했을 때 세계는 지금과 다른 장소였다. 서구 사회에서 차지하는 한국의 위상 역시 달랐다. 당시는 BTS, 「기생충」, 심지어 H마트가 전지구적 대중문화에서 극적으로 떠오르며 한국의 음악, 영화, 음식을 사람들의 의식 한가운데 올려놓기 전이었다. 21세기로 접어들 무렵의 한국은 기술진보의 중심지로 더 잘 알려져 있었다. 과학기술에 대대적으로 투자해 농업 중심이었던 경제를 아시아의 4대 신흥공업국 중 하나로 바꿔놓은 나라이자, 빠른 산업화와 높은 성장률을 보이며 전자공학 같은 기술 영역을 집중 공략하는 나라로 말이다. 한국이 겪은 변화를 기술 덕분으로 돌리고, 기술혁신을 경제 및 사회진보의 가장 믿을 만한 동인으로 받아들이고자 하는 유혹이 대단히 컸다. 기술 자체는 그 본질에 있어 공공선으로 비쳤다.

이 책은 기술발전에 대해 다른 이야기를 들려준다. 내 생각에

이는 2016년보다 2021년의 한국에 더 많은 의미를 가질 것 같다. 나는 과학기술의 진전이 반드시 한 국가의 모든 이들에게 더 많은 건강, 안전, 번영, 행복을 안겨주지 않는다는 것을 보였다. 또한 나는 우리가 어떤 분야에서 발명의 순간부터 시작해 기술의 사회적·정치적 함의들을 오랜 시간을 들여 철저하게 사고하지 않는다면 기술진보에 대한 선형적 관념 ― 더 많은 기술은 필연적으로 더 나은 삶으로 이어진다는 ― 이 위험한 단순화가 될 수 있음을 여러 사례들을 통해 보였다. 널리 받아들여진 많은 기술들은 중대한, 심지어 재난에 가까운 사회적 결과를 가져오는 것으로 드러났다. 이 책에서 나의 목표는 혁신에 관한 새로운 사고방식이 좀더 윤리적이고 공정한 발전의 방향으로 이어질 수 있는지 질문하는 것이었다.

이 책은 인류가 기술적 창의성을 통해 엄청난 힘과 통제력을 획득했다는 사실을 받아들인다. 질병에 맞서는 싸움이 분명한 사례이다. 코로나19 대유행에 직면한 상황에서도 제약산업은 어느 누구도 가능하리라 상상하지 못한 빠른 속도로 새로운 백신을 출시할 수 있었다. 이전까지 10년이 소요되던 개발 과정이 1년도 채 못 되어 달성됐다. 생명공학, 재생가능에너지, 그리고 무엇보다 정보통신기술 같은 부문들에서의 혁신 역시 그에 못지않게 빠르게 진행되고 있다. 부유한 국가들 ― 한국도 그중 하나이다 ― 에 살고 있는 운 좋은 사람들은 장수하면서도 건강하게 삶을 누리고 세계 곳곳과 순식간에 연결되며, 한세기 전에는 상상할 수도 없었던 엄청나게 다양한 상품, 서비스, 아이디어를 곧장 얻을 수 있을 거라 기대할 수 있다.

　그러나 이 책에서 자세하게 설명하고 있듯이 이러한 이득에는 댓가도 뒤따른다. 우리가 기술혁신의 정치적·윤리적 차원들에 좀더 주목하지 않는다면 이러한 댓가들 중 일부가 우리를 얼마나 괴롭힐지 결코 알 수 없을 것이다. 댓가를 치르게 될 영역 중 하나는 파멸적인 위험의 잠재력이 커졌다는 것이다. 산업발전의 결과로 인류는 기후변화라는 큰 댓가를 치르게 되었다. 그러한 댓가가 얼마나 클지는 정확히 모르지만, 일각의 추산에 따르면 기후변화로 인해 세계 경제가 2050년까지 20퍼센트 가까이 축소될 수 있다고 한다. 지금 우리가 과감한 조치를 취하지 않는다면 말이다. 두번째 댓가는 불평등이다. 서울이나 샌프란시스코 같은 도시들에서도 빈부격차는 점점 커지고 있으며 노숙자, 마약, 사회적 주변화에 이르는 문제들이 이와 관련해 나타나고 있다. 이런 점에서 「기생충」은 픽션이라기보다 미래예측에 가까운지도 모른다. 세번째이자 가장 미묘한 점으로, 우리는 아직 제대로 이해하지 못한 방식으로 자연 — 인간 본성을 포함해서 — 과의 관계를 바꾸고 있는지도 모른다. 여기에는 생물에 대한 과도한 조작과 표준화, 위험천만한 생물다양성 상실, 그리고 연민이나 결속감 같은 인간 가치의 침식 등 부정적인 결과들이 뒤따를 수 있다.

　유해한 혁신의 잠재력을 감소시키기 위해 이 책은 내가 "겸허의 기술"이라는 개념하에 뭉뚱그린 몇가지 제안을 하고 있다. 우리가 도입하는 기술들은 관리와 통제를 선호하는 기술, 한마디로 오만의 기술인 경우가 너무나 잦다. 엔지니어링의 상상력이 종종 내비치는, 할 수 있으니까 해야만 한다는 식의 지나친 자부심 말이다. 대신 나는 좀더 겸손한 윤리적 접근을 지지한다. 이 접근에서는 어떤 새로운 기술에 대해서도 항상 세가지 질문을 던진다.

- 첫째, 피해의 위험을 정의하고 측정한 것은 누구이며, 그와는 다른 정의나 측정이 가능했는가?
- 둘째, 발생할 수 있는 피해에 가장 취약한 것은 누구이며, 사람들에게 영향을 미치는 피해에 책임을 질 사람이 있는가?
- 셋째, 과거의 실수로부터 배울 수 있는 교훈은 어떤 것이 있으며, 다음번에는 동일한 실수를 반복하지 않을 거라고 어떻게 확신할 수 있는가?

왜 이러한 질문들이 중요한지 한가지 예를 들어보겠다. 코로나 대유행 기간에 개발된 검사와 접촉자 추적 시스템은 질병이 유행하는 동안에는 많은 유익한 결과를 가져올 수 있다. 한국은 이러한 시스템 덕분에 2021년 세계보건안전지수Global Health Security Index 보고서에서 전염병에 가장 대비가 잘된 상위 10개국에 이름을 올렸다. 그러나 비판자들이 우려하는 바와 같이 비상사태가 종식된 이후에도 정보 및 추적 장치들이 계속해서 널리 쓰인다면, 오늘날의 민주주의 국가들은 사람들을 감시의 대상으로 바꿔놓는 프라이버시와 자율성의 상실을 경험할 수 있다. 그렇게 되면 사람들은 개인정보의 수집과 이용에 제한을 둠으로써 자신의 운명을 스스로 형성해나갈 준비가 된 행위자가 될 수 없을 것이다. 우리는 적극적 행동 대신 소외를 경험할 수 있고, 돌봄이 있어야 할 자리에서 데이터 채굴과 심리적 통제의 대상이 된 스스로를 발견할 수도 있다.

이제 이 책은 내가 속한 것과는 다른 언어와 문화권의 독자들에게 읽히게 될 터이다. 나는 한국의 독자들이 이 책의 분석에서 중심에 위치한 평등, 책임, 겸허함이라는 핵심 가치를 숙고해보기를 희망한다. 우리가 만든 기술이 우리를 압도하지 못하게 하고 싶다면, 바로 지금 우리의 기술 미래에 대해 통제권을 주장해야 한다. 우리 앞에 놓인 과제는 기술혁신이 인간의 필요와 욕구에 좀더 호응할 수 있도록 제도를 구축하고 정치적 의지를 소환하는 것이다. 모든 새로운 기술시스템의 설계에 내재된 윤리적·정치적 선택을 독자들이 이해할 수 있게 돕는 아이디어와 개념 들을 이 책이 제공해줄 수 있기를 바란다.

2021년 12월
실라 재서노프

차례

1장
기술의 힘

우리의 발명은 세상을 변화시키고, 재발명된 세상은 우리를 변화시킨다. 오늘날 지구상에서 인간의 삶은 불과 한세기 전의 모습과 완전히 달라졌다. 그 이유의 많은 부분은 그사이에 발명된 기술들 때문이다. 한때 확고하게 지상에 묶인 존재로서, 육상에서는 다리와 바퀴로 이동하고 물을 가로지를 때는 배를 이용했지만 이제는 수많은 사람들이 하늘을 날아 이동하고 있고 매일 8백만명 이상이 공중에 떠서 몇시간을 보내며 종횡으로 대륙을 가로지르고 있다. 만약 버진 갤럭틱Virgin Galactic의 창업자인 리처드 브랜슨이 세계 최초의 상업적 "우주항공사"spaceline를 만드는 자신의 꿈을 실현한다면, 조만간 보통 사람들은 우주비행사가 될 수 있을 것이다. 통신 역시 시간과 거리의 족쇄를 깨뜨렸다. 내가 인도를 떠난 1950년대 중반에, 내가 태어난 콜카타에서 가족이 정착한 뉴욕주 스카스데일까지 편지를 보내고 받으려면 3주가 걸렸다. 우편은 안정적으로 도착하지 않았다. 우표가 뜯겨나가고 소포가 분실되기도 했다. 오늘날에는 미국 동부에서 밤에 전자우편 메시지를 보내면 유럽이나 이제 막 하루가 시작되는 아시아의 친구에게서 즉각 답장이 날아온다. 페이스북은 한두번의 마우스 클릭으로 전세계적으로 10억명이 넘는 사용자들을 연결해준다.* 마지막으로 중요한 것으로, 우리는 인간 유전체의 해독과 새로운 인공재료의 세계를 창조하고 활용할 수 있는 능력을 바탕으로 생물과 무생물의 비밀을 알아냈다.

속도, 연결성, 편리함은 중요한 것이지만 지구상의 70억 인구 대다수에게 더 중요한 것은 삶의 질이다. 여기서도 한세기 동안 가속화된 기술적 발명이 우리를 변화시켰다. 노동은 더 안전해졌다. 세계 여러 지역에서 공기와 물은 눈에 띄게 더 깨끗해졌다. 사람들의 수명은 현저히 길어졌다. 세계보건기구WHO는 전세계적으로 "1955년 출생자의 평균 기대수명은 48세에 불과했지만 1995년에는 65세로 늘어났고 2025년에는 73세에 달할 것"이라고 말하고 있다.[1] 기술혁신이 이러한 경향을 설명해준다. 위생 개선, 식수, 백신, 항생제, 더 풍부하고 건강에 좋은 식품 등이 그것이다. 사람들은 여행, 오락, 다양한 식품, 그리고 무엇보다 향상된 보건의료를 점점 더 많이 접하게 되면서, 단지 더 오래 사는 것이 아니

---

* 2015년 1월에 페이스북 회원이 13억명을 돌파하자 이는 세계에서 가장 큰 국가로 불리기 시작했다. 페이스북과 국가를 비교한 글들은 여러해 전부터 있었다. Steven Mostyn, "Facebook Population Equivalent to Third-Biggest Country on Earth," *Tech Herald*, July 22, 2010을 보라.

라 자신의 삶을 더 즐기고 있다. 만약 사람들에게 1916년에 살고 싶은지 2016년에 살고 싶은지를 물어본다면, 오늘날 백년 전의 삶을 선택하는 사람은 거의 없을 것이다. 설사 백년 전의 세계가 전쟁으로 유린당하고 있지 않았다고 하더라도 말이다.

일각에서 2차 산업혁명이라고 부르는 사건에 더해, 지난 세기의 기술진보는 부유한 국가들을 지식사회의 지위로 밀어올렸다. 우리는 사람들의 유전자 구성, 사회적 습관, 구매 행동에 관해 전례 없는 양의 정보를 갖고 있거나 가질 준비가 되어 있으며, 그러한 데이터는 새로운 형태의 상업과 집단행동을 가능케 할 것으로 기대된다. 정부의 인구조사국은 더이상 대량의 데이터를 수집, 정리할 수 있는 유일한 기구가 아니다. 구글이나 야후 같은 검색엔진 역시 데이터를 열렬히 탐하는 수집가로서 정부와 어깨를 나란히 한다. 심지어 개인들도 핏빗Fitbit이나 애플워치 같은 장치를 써서 자신의 일상활동에 관해 많은 양의 정보를 추적하고 기록할 수 있다. 디지털 기술은 예전에는 비교가 불가능했던 형태의 데이터를 결합할 수 있도록 했고, 물리적·생물학적·디지털 기록들 간의 유용한 수렴을 창출했다. 오늘날 우리가 어떤 사람에 관해 알고 있는 내용은 더이상 키, 몸무게, 인종, 머리색 같은 신체적 기술자記述子의 문제가 아니다. 또한 사람들을 주소나 전화번호 같은 몇가지 고정된 표지로만 찾아낼 수 있는 것도 아니다. 대신 생물 측정 정보가 확산되고 있다. 예를 들어 여권은, 국경을 가로지르는 모든 사람에게서 수집된 지문과 홍채 스캔으로 얻어진 정보와 연결될 수 있다. 애플은 2010년대 들어 숫자 비밀번호를 대신해 좀더 큰 보안을 제공하고자 자사의 스마트폰에 디지털 지문 센서를 포함시켰다.

컴퓨팅 능력의 기하급수적 성장이 촉발한 정보의 폭발은 이제 경제적·사회적 발전의 동력이 되고 있다. 인터넷은 사람들이 전례 없는 정보자원을 손쉽게 이용할 수 있게 했고 여러 층위에서 민주주의에 도움을 주는 기능을 하고 있다. 새로운 약과 치료법을 탐구하려는 환자, 안정적 시장에 판로를 개척하려는 소상공인, 지역 문제에 관한 지식을 모으고 당국에 조치를 취해달라고 압박하려 애쓰는 시민들 등이 그런 예다. 첨단기술사회에서는 사람들이 하는 거의 모든 일이 정보의 흔적을 남기며, 이를 통합하면 사람들의 인구통계학적 특징이나 심지어 그들이 암암리에 품고 있는 욕구에 대해서도 놀라울 정도로 정확한 상을 그려낼 수 있다. 의료 환경에서 상업적 환경에 이르기까지 '빅데이터' 개념은, 사람들이 무엇을 학습할 수 있고 정보가 어떻게 새로운 시장을 열어주거나 더 나은 공공서비스를 제공할 수 있는지에 관한 상상력을 넓히기 시작했다. 많은 정부들이 당장 깨닫고 있는 것처럼 이 시대에는 지식 자체가 점점 더 귀중한 상품이 되었다. 다른 희귀한 천연자원과 마찬가지로 채굴되고 저장되고 개발될 필요가 있는 상품 말이다. 빅데이터 시대는 사업 기회의 새로운 지평이며, 젊은 기술기업가들은 새로운 골드러시를 추동하는 상징적 인물들이다.

오늘날 정보통신기술은 새롭고 풍족한 데이터 원천을 창의적으로 활용할 수 있는 사람이라면 누구에게나 놀라운 기회를 제공한다. 에어비앤비Airbnb나 우버Uber는 개별 가정이나 자동차의 미활용 공간을 이용해 이런 자산의 소유주들 중 자발적인 이들을 호텔 경영자와 택시 운전사로 탈바꿈시켰다. 이러한 공유경제가 작동하면 모두가 이득을 본다. 미활용 공간이 실제로 쓰이고 충족되지 않은 욕구가 좀더 낮은 비용으로 더 효율적으로 충족되기 때문이다. 호텔 숙박비를 부담할 능력이 없는 가족들은 은행계좌를 거덜내지 않고도 꿈같은 휴가를 함께 즐길 수 있다. 우버나 집카Zipcar 같은 기업들은 도로 위를 달리는 자동차의 수를 줄이는데 일조할 수 있고, 그리하여 화석연료 사용과 온실기체 배출을 줄일 수 있다. 이러한 발전 중 많은 것들은 심지어 경제가 낙후된 세계의 지역들에도 희망의 새로운 지평을 열어주었다. 실로 기술과 낙관주의는 서로 잘 부합한다. 양자 모두는 열려 있고 아직 결정되지 않은 미래를 이용해 현재 마주하고 있는 문제의 해결을 약속한다.

그러나 기술문명이 그저 장미꽃밭 같은 것은 아니다. 발명의 매혹적인 약속들을 상쇄하는 세가지 어렵고 골치 아픈 문제들이 있다. 이 문제들은 이 책에서 앞으로 다룰 내용에 기본 틀을 제공할 것이다. 첫째는 위험, 그중에서도 잠재적으로 엄청난 재난을 낳을 수 있는 차원의 위험이다. 오늘날 인류가 실존적 위험 — 지구상의 지적 생명체를 절멸할 수 있는 위험[2] — 에 직면해 있다면, 이는 우리의 삶을 좀더 쉽고 즐겁고 생산적으로 만들어준 바로 그 혁신들 때문일 것이다. 특히 화석연료에 대한 우리의 욕구는 지구를 점점 더 워워지도록 만들었고, 날씨 패턴, 식량공급, 인구

이동에서 보이는 엄청나게 파괴적인 변화들이 불편할 정도로 눈앞까지 다가와 있다. 전면 핵전쟁의 위협은 철의 장막이 무너진 이후 다소 약해졌지만, 파멸적인 국지적 핵 충돌은 여전히 가능성의 영역에 남아 있다. 대단한 성공을 거둔 전염병 관리 노력은 다루기 힘든 항생제 내성 미생물 균주를 만들어냈고 이것이 증식하면 대유행을 일으킬 수 있다. 1980년대에 영국이 처음으로 겪은 "광우병" 위기는 부실하게 규제된 농업 관행이 동물 및 인간의 생명활동과 상호 작용해 질병을 퍼뜨릴 수 있는 예상치 못한 방식의 심각한 예고편을 보여주었다.[3] 건강과 환경에 대한 위험이 우리의 상상력을 지배하고 있지만, 또한 혁신은 일을 하고 사업을 운영하던 오랜 방식을 교란하면서 뒤처진 사람들에게 경제적 위험을 안겨준다. 우버에 대한 택시회사들의 격렬한 반대 — 특히 유럽에서 볼 수 있는 — 는 최근 내가 심야시간에 택시를 타고 가다 들은 우려를 반영하고 있다. 택시운전사는 멸종위기종이라는 우려 말이다.

끈질기게 남아 있는 두번째 문제는 불평등이다. 기술의 이득은 여전히 불균등하게 분배되며, 심지어 발명은 일부 간극을 더 넓힐 수 있다. 기대수명을 예로 들어보자. 2013년 유엔 세계사망률보고서에 따르면, 평균 기대수명은 부유한 국가들에서 출생할 시 77세가 넘지만, 최빈국들에서는 겨우 60세에 그쳐 17년이나 차이가 난다.[4] 유아사망률은 1990년에서 2015년 사이에 극적으로 낮아졌지만, WHO의 추산에 따르면 아프리카의 유아사망률은 유럽보다 거의 다섯배나 높다.[5] 자원 이용 패턴도 비슷한 차이를 보인다. 빈곤 근절 활동을 펼치고 있는 비정부단체 월드 파퓰레이션 밸런스World Population Balance는 2015년에 평균적인 미국인이 평균적인 인도인에 비해 17배나 더 많은 에너지를 소비한다고 보고했다.[6] 인터넷과 실시간 커뮤니케이션의 시대에 접어들었지만, 미 인구조사국은 미국 내에서 고속 데이터통신망 접근성에 큰 격차가 있음을 보여준다. 매사추세츠주州에서는 그런 연결망을 갖춘 가정이 80퍼센트에 달하지만, 미시시피주에서는 60퍼센트를 밑돈다.[7] 동일한 기술을 캔자스에서 카불까지 세계 곳곳에서 찾아볼 수 있지만 사람들은 어디에 사는지, 얼마나 많이 버는지, 얼마나 교육을 잘 받았는지, 생업으로 어떤 일을 하는지에 따라 그런 기술을 다르게 경험한다.

세번째 문제는 자연nature, 좀더 구체적으로는 인간 본성human nature의 의미 및 가치와 관련돼 있다. 기술 발명은 연속성continuity을 뒤엎는다. 이는 우리가 누구인지뿐 아니라 우리가 지구상에서 다른 생명들과 어떻게 함께 살아가는지도 바꿔놓는다. 이런 면에서 변화는 항상 이롭다고 느껴지지 않는다. 한세기가 지나도록, 독일의 사회학자 막스 베버에서 미국의 환경주의자 빌 매키번에 이르는 저술가들은 우리가 탈자연화된 세계에서 경이로움을 느낄 능력을 상실했다고 한탄했다. 기술에 의해 기계화되고 탈주술화된 세계, 그리고 진보의 중단 없는 전진으로 위협을 받고 있는 세계에서 말이다. 탈주술화의 지평은 계속 확대되어왔다. 끝이 없는 새로운 발견들, 특히 생명과학기술에서의 발견은 인류가 자연과 인간 본성을 조작 가능한 기계로 변형할 수 있는 자기형성과 통제라는 각본을 완수하도록 유혹한다. 오늘날 자연의 내재적 가치를 수호하기 위해 애쓰고 있는 심층생태론자들은 자동차나 화학물질처럼 가장 널리 보급된 발명들 중 일부가 없는 시절로 시곗바늘을 되돌리고 싶어한다. 생태활동가 폴 킹스노스가 설립해 이끌고 있는 영국의 다크마운틴프로젝트Dark Mountain Project는 "생태학살"ecocide의 악몽, 그러니까 산업화된 인류가 "나날이 커지는 욕구를 채우기 위해 지구상의 많은 생명을 파괴하는" 것에 맞서 운동을 벌였다.[8] 이러한 작가와 창의적 예술가 집단은 인류를 덜 파괴적인 방향으로 돌릴 수 있는 예술과 문학을 통해 "비문명"uncivilization을 촉진하는 데 전념하고 있다.

다른 비평가들은 기술진보의 좀더 즉각적인 결과가 공동체의 파편화와 상실이라고 주장한다. 요컨대 인간의 삶을 의미있게 만들어주는 사회적 유대가 약화된다는 것이다. 하버드대학의 정치학자 로버트 퍼트넘은 미국이 "나 홀로 볼링"을 하고 있다고 개탄한다.[9] 그가 보기에 미국은 사람들이 교회나 시민활동에 참여하는 대신 집에 머무르며 텔레비전을 보는 나라이고, 평등과 재정적 독립을 열망하는 여성들이 어머니 역할, 교사직, 그외 공동체 중심의 직업들을 버리고 법률사무소나 기업 이사회의 고임금 직종들로 옮겨간 곳이다. 소셜미디어로 점점 더 다양한 공동체들과 연결돼 있다고 느끼는 오늘날의 20대들에게 그런 주장은 터무니없는 소리로 들릴지 모른다. 그러나 MIT의 심리학자 셰리 터클은 오늘날의 미국 젊은이들을 "다 함께 홀로" 사는 존재로 그려낸다.[10] 스마트폰이나 그외 통신기기들의 개인적이고 고독한 세상에 빠져 있고, 여기에서 벗어나 의미있고 다차원적인 현실 세계와의 연결을 형성할 수 없는 존재로 말이다.

요컨대 기술은 지난 수십년 동안 엄청난 진보를 거듭해왔지만, 그러한 발전은 좀더 깊은 분석과 현명한 대응을 요청하는 윤리적·법적·사회적 곤경들을 낳고 있다. 가장 두드러진 것은 아마도 위험에 대한 책임일 것이다. 오늘날의 복잡한 사회에서 기술의 부정적 영향을 예견하거나 미연에 방지할 임무는 누구에게 있는가? 우리는 위해를 예측하고 방지하는 데 필요한 도구와 수단을 갖추고 있는가? 불평등 역시 시급한 일군의 질문들을 제기한다. 기술발전은 기존의 부와 권력의 격차에 어떤 영향을 미치는가? 혁신이 그러한 격차를 더 벌려놓지 않도록 어떤 조치들을 취할 수 있는가? 세번째 우려들은 자연, 그리고 무엇보다도 인간 본성에 대한 도덕적으로 중요한 믿음이 허물어지고 있음에 초점을 맞춘다. 기술발전은 소중한 경관, 생물다양성, 그리고 자연스러운 삶의 방식이라는 개념 자체를 파괴할 조짐을 보이고 있다. 유전자변형, 인공지능, 로봇공학 같은 새로운 기술은 인간의 존엄성을 침해하고 인간됨의 핵심 가치를 위협할 잠재력이 있다. 이 모든 우려를 가로지르는 것은 기술의 물질적·환경적 위험을 규제하기 위해 주로 고안된 제도들이 발명의 윤리를 충분히 심사숙고할 준비가 되어 있는가 하는 실용적 질문이다. 우리가 맺고 있는 기술, 사회, 제도 사이의 복잡한 관계와 그러한 관계가 윤리, 권리, 인간 존엄성에 던지는 함의를 탐구하는 것이 이 책의 주된 목표다.

자유와 제약

"기술"technology이라는 단어는 불특정적이면서 대단히 포괄적이다. 그 속에는 놀라울 정도로 다양한 도구와 기구, 제품, 공정, 재료, 시스템이 포함된다. 그리스어의 테크네techne(숙련)와 로고스logos(~에 대한 연구)의 합성어인 "기술"은 17세기로 거슬러올라가 초기의 용례를 보면 숙련공예skilled craft에 대한 연구를 의미했다. 이 단어는 1930년대에 이르러서야 테크네를 적용해 생산된 사물을 지칭하기 시작했다.[11] 오늘날 이 단어가 상기시키는 일차적 이미지는 아마도 전자공학의 세계에서 나왔을 가능성이 크다. 컴퓨터, 휴대전화, 태블릿, 소프트웨어, 그외에 첨단기술사회의 실리콘 세상을 이루는 칩과 회로로 구동되는 것이라면 뭐든 말이다. 그러나 기술은 군대의 무기고, 제조업에서 웅웅거리는 발전기, 유전자변형생물체의 유연한 형태, 로봇공학의 기발한 장치들, 눈에 보이지 않는 나노기술의 산물, 오늘날의 이동성을 가능케 하는 탈것과 하부구조, 망원경과 현미경에 들어가는 렌즈, 생의학에서 쓰이는 방사선과 진단장치, 우리가 만지고 사용하는 거의 모든 것을 만들어내는 복합인공재료의 세계 전체도 포함한다는 사실을 상기할 필요가 있다.

판에 박힌 일상생활의 틀에 매여 있다보면 우리가 보고 듣고 맛보고 냄새 맡고 행하고, 심지어 알고 믿는 것들을 통제하는 수많은 기구와 눈에 보이지 않는 네트워크의 존재를 알아채기란 쉽지 않다. 그러나 신호등 같은 일상적 사물들 — 자동차, 컴퓨터, 휴대전화, 피임약처럼 좀더 정교한 장치들은 말할 것도 없고 — 은 우리의 정신을 확장하고 물리적 도달거리를 넓히는 능력에 더해 우리의 욕망을 관장하며, 어느정도는 우리의 사고와 행동을 전달하는 통로가 되기도 한다.

실제 존재나 열망의 표현, 그 어떤 외양을 띠건 간에, 기술은 거버넌스의 수단으로 기능한다. 이 책의 중심 주제 중 하나는 엄청나게 많은 사물들로 이뤄진 기술이 법률과 마찬가지로 우리를 지배한다는 것이다. 기술은 물질세계뿐 아니라 우리가 그 속에서 살고 행동하는 윤리적·법적·사회적 환경도 형성한다. 기술은 어떤 활동들을 가능케 하지만 다른 활동은 어렵거나 불가능하게 만든다. 마치 교통규칙이 그렇듯, 기술은 우리가 별문제 없이 할 수 있는 일과, 위험을 무릅쓰거나 높은 사회적 비용을 치르면서 하는 일을 처방한다. 스타틴은 혈중 콜레스테롤 농도를 낮춰 심혈관 건강을 향상시키지만, 스타틴을 복용하는 사람들은 자몽이나 자몽주스를 멀리하기 위해 주의를 기울여야 한다. 맥 사용자는 편의성과 우아함을 구입하지만, PC 사용자들처럼 쉽게 컴퓨터에 내장된 설계 특징들에 정통할 수는 없다. 전기자동차를 구입한 사람들은 좀더 기후친화적인 차를 몰고 다니지만, 충전소가 주유소에 비해 훨씬 드문 현실을 고려해야 한다. 부유한 국가에서 다양한 식품을 섭취하는 사람들은 전세계에서 온 놀랍도록 풍족한 신선 농산물을 즐기지만, 그들의 식습관은 가난한 사람들이나 국내산 식품만 먹는 사람들에 비해 훨씬 더 큰 탄소 발자국을 남기

고 환경에 부담을 지운다.[12]

　현대의 기술시스템들은 사회에 질서를 부여하고 이를 통치하는 힘이 있다는 점에서 법 제도에 비견할 만하다. 양자는 모두 기본적인 인간의 가능성을 실현하고 제약하며, 주요한 사회적 행위자들 사이에서 권리와 의무를 확립한다. 이뿐만 아니라 오늘날의 사회에서 법과 기술은 서로 완전히 뒤얽혀 있다. 예를 들어 붉은색 신호등은 법과 물질의 잡종hybrid이다. 그것의 규제력은 붉은색을 정지와 동일시하는 집행 가능한 교통규칙에 의지하기 때문이다. 많은 현대 기술의 가장 찬란한 약속들은 가령 계약, 책임, 지식재산을 관장하는 법률 같은 법의 뒷받침이 없었다면 실현될 수 없었다. 역으로 법은 많은 점에서 그것의 규칙이 힘과 효력을 갖도록 보증하는 기술에 의지한다. 자동차의 속도를 포착하는 카메라나 경찰관들이 찍는 카메라가 그런 예다. 그러나 수세기에 걸쳐 발전한 법이론이나 정치이론과 비교해보면, 기술이 어떤 원리에 따라 우리를 지배하는 힘을 얻는지 설명하는 체계적인 일단의 사고는 아직 존재하지 않는다. 또한 기술이 인류 공동의 미래를 정의하는 방식을 충분히 제어할 만큼 강력한 예측과 규제의 수단이 지난 반세기 동안 발명된 것도 아니다.

기술은 어떻게 우리를 지배하는가

　기술적 발명들이 우리의 행동과 기대를 얼마나 속속들이 지배하고 있는지는 아무리 강조해도 지나치지 않을 것이다. 2007년 여름까지 나는 매사추세츠주 케임브리지의 연구실 근처에 있는 T자형 교차로를 신호등의 도움 없이 건너다녔다. 하버드 광장을 드나드는 주요 간선도로인 두 도로를 따라 자동차들이 끊임없이 밀려들었다. 나는 차들이 얼마나 빨리 오고 있는지, 안전하게 길을 건널 수 있을 만큼 차들 사이의 간격이 충분히 벌어지는 때가 언제인지를 가늠해야 했다. 교통량이 너무 많아서 몇분씩이나 기다려야 할 때도 있었고, 거의 기다리지 않고 길을 건너기 시작했는데 갑자기 차가 빠르게 다가와 발걸음을 서둘러야 할 때도 있었다. 나는 언제 멈추고, 가야 하는지 개인적 결정을 내렸다. 지역의 도로와 운전자들에 대한 나의 지식만이 나를 인도해줄 수 있었다.

지금은 그 교차로에 신호등이 생겼다. 보행 신호가 들어와 길을 건너기 전까지 정지등이 최대 세번 바뀌기를 기다려야 하지만, 그다음에는 안전하게 반대편으로 건너갈 수 있는 19초의 시간을 보장받을 수 있다. 예측 가능한 주기로 일어나는 그 짧은 시간 동안 보행자들은 건널목을 소유한다. 운전자들이 그 몇초가 째깍째깍 흐르는 것을 지켜보며 붉은색 신호가 녹색 신호로 바뀌기를 기다리는 동안 자동차들은 멈춰서서 대기한다. 건널목은 이제 거의 조용하게 느껴진다. 이 유서 깊은 대학 도시에서 학생들의 생득권과 같았던 무단횡단은 급한 사람들에게 여전히 선택지로 남아 있다. 하지만 한때 판단의 문제이던 것이 지금은 거의 도덕적 질문이 되었다. 기다리면서 법을 준수할 것인가? 신호를 무시하고 불법횡단을 할 것인가? 지나가는 차의 속도를 늦출 수 있고, 오토바이에 치일 수 있고, 다른 보행자들에게 위험한 선례를 남길 수 있는데도? 눈에 띄지 않는 전문가와 전기회로의 뒷받침을 받은, 생명이 없는 신호등이 개입해 한때 위험하고 개인적이며 자유롭던 행동을 규율하게 됐다.

그러한 신호등은 기술 속에 일상적 사용자들이 접근할 수 없는 전문가의 판단과 정치적 판단이 모두 포함돼 있다고 일깨워준다. 건널목에 신호등이 필요하다는 결정이나 보행자들이 안전하게 길을 건너고 차들이 충분히 빨리 움직일 수 있게 하려면 19초가 적절하다는 결정은 누가 내렸는가? 케임브리지시^市 공무원들이 대중에게 자문을 구했는가? 19라는 숫자를 무작위로 뽑았는가, 자체 전문가들에게 의뢰했는가, 아니면 그런 작업을 전문으로 하는 자문회사에 교통신호 설계를 외주로 주었는가? 이러한 질문들은 점점 더 늘어난다. 전문가들 —— 그들이 누구이든 간에 —— 은 어떻게 교차로의 교통 흐름을 모델로 만들었고, 어떻게 차와 사람들 사이에 시간을 할당하는 방법을 결정했는가? 그들은 어떤 데이터를 활용했고 그들이 가진 정보는 얼마나 믿을 만했는가? 그들은 모든 보행자들이 동등한 정도로 신체가 강건할 거라고 가정했는가, 아니면 병약자나 장애인을 위해 추가로 시간을 할당했는가? 보통의 경우 우리는 이러한 질문들을 결코 머릿속에 떠올리지 않을 것이다. 교차로의 사고로 전문가들이 불운한 실수를 저질렀음이 밝혀지고 누군가 책임을 져야 하는 상황이 오지 않는다면 말이다.

그러한 관찰은 우리를 이 책의 두번째 주요 주제로 이끈다. 기술을 현명하게 민주적으로 통치하려면 기계의 이면을 들여다보아야 한다는 것이다. 다시 말해 허용되는 것과 그렇지 않은 것 사이에 어떻게 선이 그어졌는지를 형성한 판단과 선택을 살펴볼 필요가 있다. 흥미로운 점은 사회이론가들이 신호등 같은 훌륭한 기술적 사물들을 어떻게 설계할 것인가보다 훌륭한 법률을 어떻게 제정할 것인가를 사고하는 데 훨씬 더 정력을 쏟아왔다는 것이다. 그러한 비대칭성은 당혹감을 안겨준다. 민주주의 사회에서 통제받지 않는 권력의 위임은 자유에 대한 근본적 위협으로 간주된다. 입법과 기술 설계는 모두 위임을 포함한다. 전자는 국회의원, 후자는 과학자, 엔지니어, 제조업체들에게 말이다. 그러나 역사적으로 우리는 기술시스템에 권력을 넘겨주는 것보다 인간에게 권력을 넘겨주는 것에 훨씬 더 많이 신경을 써왔다. 물론 역사는 중요하다. 철학자와 사회과학자들은 수세기 동안 군주 권력의 남용에 우려를 표해왔지만, 기술의 잠재적으로 억압적인 힘은 좀 더 최근에 나타난 현상이다. 그러나 우리가 인간적 자유를 유지하고자 한다면 우리가 지닌 법적·정치적 정교함은 기술과 함께 진화할 필요가 있다. 기술이 통치하는 세계에서 인간의 권리를 되찾으려면 권력이 어떻게 기술시스템에 위임되는지를 이해해야 한다. 그렇게 할 때 비로소 위임에 대한 감시와 감독이 가능해지고, 정돈된 자유와 식견을 갖춘 자기통치의 욕구를 충족할 수 있을 것이다.

법과 기술 사이의 유사성이 중요한 것만큼이나 그 차이도 중요하다. 법은 전반적으로 인간들 사이의 관계, 사람들과 사회제도 사이의 관계를 규제한다. 기술 역시 개인 간의 관계에 영향을 미친다. 가령 전화가 생기면서 판매원이나 로비스트 들이, 불청객 들에겐 출입금지구역이던 사적 공간에 침투할 수 있게 된 것처럼 말이다. 그러나 법의 유효성이 인간의 행동과 해석에 좌우되는 반면, 기술은 아무 생각이 없는 죽은 사물과 마음을 쓰는 살아 있는 존재들 사이에 행위능력을 분배하는 방식으로 기능하며, 그렇게 책임과 통제에 지대한 영향을 미친다. 신호등의 사례를 계속 이어가자면, 신호등이 있는 교차로에서 일어난 치명적 사고는 신호등이 없는 교차로에서 일어난 사고와는 다른 과실과 법적 책임의 문제를 제기한다. 붉은색 신호등에서 주행한 것은 그 자체로 범법 행위의 증거다. 우리가 붉은색에 법적 효력을 부여하기로 선택했기 때문이다. 신호등이 없는 교차로에서 누가 잘못했는지 판단하기 위해서는 다른 종류의 증거가 필요하다. 가령 지나가던 사람의 판단이 그런 증거가 될 수 있지만, 이 사람은 잘못 봤을 수도 있다. 사물에 규제를 위임하는 강력한 결정을 언제 내릴지 혹은 내리지 않을지는 심오한 윤리적 문제로 남아 있다.

통념에 반대한다

새로 출현한 기술은 그저 생명이 없는 도구들의 모음, 혹은 심지어 일을 해내는 것을 용이하게 하는 상호 연결된 대규모 시스

템에 그치지 않고 자아와 타자, 자연과 인공 사이의 경계를 다시
그린다. 기술적 발명들은 우리의 몸, 정신, 사회적 교류에 침투해
우리가 다른 것(인간과 비인간 모두)과 관계 맺는 방식을 바꿔놓
는다. 이러한 변화들은 그저 물질적인 것 — 더 나은 자동차, 컴
퓨터, 의약품 — 이 아니라 인간의 정체성과 관계를 바꿔놓는다.
이는 존재의 의미에 영향을 미친다. 예를 들어 생물학적 물질을
조작하는 능력은 우리가 삶과 죽음, 재산과 프라이버시, 자유와
자율성을 사고하는 방식을 재구성해왔다. 듀폰DuPont의 1930년
대 광고 문구 "화학을 통한 더 나은 삶"Better things for better life-through
chemistry은, 인간의 몸에서 살아 있는 지구 환경에 이르기까지 생
명 자체가 설계의 대상이 되어버린 오늘날의 시대에는 가망 없을
정도로 순진하게 들린다.

　이 책은 이처럼 변화를 일으키는 잠재력을 염두에 두면서 널
리 알려져 있지만 결함이 있는, 기술과 사회의 관계에 대한 세가
지 관념을 거부한다. 기술결정론, 기술관료제, 의도하지 않은 결
과가 그것이다. 이러한 관념들은 제각기, 또 함께 작용해 사람들
이 사회 속 기술의 역할에 관해 흔히 믿고 있는 내용 중 많은 부
분을 뒷받침한다. 각각의 관념은 기술을 어떻게 잘 통치할 것인
지 사고하는 데 유용한 조언을 제공하지만, 각기 한계가 있으며
궁극적으로 사람들을 오도한다. 가장 위험한 것은 이러한 관념들
각각이, 기술을 정치적으로 중립적이고 민주적 감독의 범위 바깥
에 있다고 그려낸다는 점이다. 이런 점에서 세가지 관념은 모두
기술진보의 필연성과 기술에 대한 저항을 시도하는 것 — 기술을

중단시키거나 지연시키거나 재정향하는 것은 말할 것도 없고 — 의 무용성을 주장한다. 그러한 가정들에 도전하는 것은 기술을 좀더 통치 가능하게 만들 때 필수적인 단계다. 다시 말해 민주주의를 위해 기술을 되찾아오기 위해서는 이처럼 강력한 신화들을 제거할 필요가 있다.

결정론의 오류

'기술결정론'technological determinism의 관념은 기술변화에 대한 논의에 온통 스며들어 있다. 비록 이 용어 자체는 통념을 공유하는 모든 이에게 친숙하지 않을 수 있지만 말이다. 이는 일단 발명된 기술은 막을 수 없는 모멘텀을 가지며, 그것의 만족할 줄 모르는 요구에 맞춰 사회를 재형성한다는 이론이다. 기술결정론은 과학소설에서 흔히 볼 수 있는 주제다. 과학소설에서는 기계가 인간의 통제를 벗어나 자신의 의지를 갖게 되는 모습이 종종 그려진다. 아서 C. 클라크가 1968년에 발표한 소설 『2001 스페이스 오디세이』에 나오는 살인 컴퓨터 HAL은 이처럼 사악한 의도를 가진 것으로 그려져 대중의 상상력을 사로잡았다.[13] 입술 움직임에서 인간의 말을 읽어낼 수 있을 정도로 영리하지만 인간의 감정은 결여한 HAL은, 우주선에 타고 있던 우주비행사들이 도덕관념이 없는, 자신의 프로그램된 정신의 연결을 끊어버리려 계획하는 것을 "듣고" 이들 대부분을 죽여버린다.

2000년에 선마이크로시스템즈Sun Microsystems의 영향력 있는 창립자이자 전 수석 과학자였던 빌 조이는 잡지 『와이어드』에 「미래에 왜 우리는 필요없는 존재가 될 것인가」라는 제목의, 널리 주목받은 글을 기고했다.[14] 그는 엄청나게 강력한 21세기의 기술들 — 유전학, 나노기술, 로봇공학(그는 이를 GNR이라는 약칭으로 불렀다) — 을 우리 대다수가 생각하는 것보다 훨씬 더 심각하게 받아들여야 한다고 주장했다. 그것이 지닌 절멸의 잠재력 때문이었다. 조이는 이 새로운 시대와 이전 시기가 다르다고 보았고, 새로운 GNR 기술의 자기복제 능력과 그것을 생산하는 데 필요한 재료의 상대적 일상성을 그 이유로 들었다. 제대로 된 노하우를 가진 소수의 개인들은 "지식에 힘입어 가능해진 대량파괴"를 불러일으킬 수 있었다. 조이는 궁극적인 디스토피아적 미래를 상상했다.

나는 우리가 극단적인 악이 좀더 완벽해지는 문턱에 서 있다는 말이 조금도 과장이 아니라고 생각한다. 대량살상무기가 국민국가의 수중에 있던 수준을 넘어 이제 극단적 개인들이 놀랍도록 끔찍한 힘을 갖게 된 수준까지 악의 가능성이 확산되었다.[15]

얼른 보면 조이의 전망은 인간의 행동과 의도 — 특히 "극단적 개인들"에 의한 — 에 여지를 남겨두고 있다는 점에서 전적으로 결정론적으로 보이지는 않는다. 그러나 좀더 깊은 수준에서 보면 그는 기술 자체의 고유한 성질들이 "극단적인 악이 완벽해지는" 것을 사실상 확실하게 만들 거라고 확신하는 듯 보인다. 우리가 그러한 기술들을 경솔하게 계속 개발해나간다면 말이다. 재능 있는 컴퓨터 과학자가 쓴 이 글을 읽다보면, 인류가 기계에 대한 제어력을 유지할 수 있다고 믿기란 쉽지 않다. 우리를 파괴할지도 모를 매혹적인 능력을 개발하지 않는 식으로 비인간적 통제를 가하는 것만이 유일한 길처럼 보인다. 그러나 『2001』에 나오는 HAL의 뒤틀린 지능에는 자연스러운 것도, 운명적인 것도 없다. 살인 컴퓨터는 이전 시기의 자의식적인 인간의 의도, 야심, 오류, 계산 착오가 빚어낸 산물이었다. HAL과 같은 기구를 자율적인 존재로, 행동하거나 행동을 형성할 독립적인 능력을 가진 존재로 다루는 것은 이를 설계한 창의성을 축소하고 놀랍지만 제어 불가능한 이 기계의 인간 창조자들에게 책임을 면제해주는 결과를 가져온다.

우리는 어떻게 기술의 위험을 미리 평가할 수 있을까? 그리고 조이가 우려했듯 일단 우리가 기술혁신의 아찔한 모험에 발을 들여놓고 나면 이를 되돌리기란 정말 불가능할까? 걷잡을 수 없는 열정과 시대착오적 러다이트운동Luddism 사이에 책임있고 윤리적인 기술진보라는 중도의 길은 존재하지 않는 것일까? 조이의 글은 우리를 그런 길로 인도하지 않는다. 하지만 우리는 진보라는 매끈한 벽에서 붙잡고 올라갈 만한 다른 손잡이를 찾을 수 있다.

앞서 다룬 신호등 사례로 잠시 돌아가보자. 오늘날 미국에서 우리는 여러 종류의 교통 흐름이 제각기 교차로에서 세심히 관리될 권리를 갖고 있다고 사고한다. 어떤 행위자들 — 가령 횡단보도 위의 보행자 — 에게는 항상 다른 행위자들보다 우선하는 원칙적 우선 통행권을 주거나, (내 연구실 인근에 새로 설치된 신호등처럼) 서로 다른 유형의 교통 흐름에 순차적으로 통제되는 접근권을 주는 식으로 말이다. 도로 위의 권리에 대한 이러한 이해는 불과 백년 전에는 그 자체로 새로웠다.[16] 영국의 관습법 아래에서는 모든 거리 이용자들이 동등하게 간주되지만, 자동차가 도시의 경관을 점령하면서 보행자들이 자동차 운전자들에게 양보를 해야 했다. 자동차는 교통체증을 야기했고, 이는 오직 자동차 운전자들에게 교차로를 제외한 모든 곳에서 우선 통행권을 주어야만 해소될 수 있었다. 1920년대 텍사스에서 첫 선을 보인 신호등은 좀더 많은 비용이 드는 경찰 인력을 신속하게 대체했다. 신호등이 전세계에 빠른 속도로 확산되어 어디에서나 동일한 의미를 전달하고 거의 동일한 행동을 강제하는 장치가 된 것은 현대 기술혁신의 위대한 성공 사례 중 하나다. 일단 신호등이 자리를 잡자 무단횡단은 주목을 끄는 행동이 되었고, 이제는 어디에서든 위험하게 여겨지며 미국의 일부 주들에서는 무거운 벌금이 부과될 수 있다.

그러나 신호등에는 한계도 있다. 교통량이 너무 많아지면 신호등이 감당을 못할 수 있고 때로는 사고를 예방하지 못한다. 21세기로 접어들 무렵에 네덜란드의 도로 엔지니어 한스 몬데르만은 번잡한 도로에서의 교통 흐름 문제에 대해 근본적으로 다른 해법처럼 보이는 것을 제안했다. 그의 해법은 "공유 공간"으로 알려진 개념이었다. 몬데르만의 생각은 기술 하부구조를 복잡하게 만들지 말고 단순화하자는 것이었다. 요컨대 신호등, 표지판, 장애물, 그외 혼동을 유발하는 모든 표지들을 제거하는 것이다. 대신

그는 사용자들이 자신과 다른 사람들의 안전에 주의하도록 장려하는 방식으로 도로와 교차로를 만들자고 제안했다. 신호등, 난간, 횡단보도, 심지어 도로 경계석까지도 운전자들이 좀더 조심하도록 장려하는, 좀더 단순하고 "마을 같은" 설계에 자리를 내주었다. 서로 다른 도로 사용자들을 분리하는 물질적 구조를 활용하는 대신, 몬데르만은 존중과 배려라는 사회적 본능에 의지해 교차로를 평온한 곳으로 만들고자 했다.

2004년『와이어드』와의 인터뷰에서 몬데르만은 한때 자동차 운전자가 아닌 사람들에게 악몽과도 같았던 드라흐턴시의 원형 교차로를 언급했다.

> 아주 마음에 듭니다! 예전에 보행자와 자전거 이용자들은 이 장소를 피하곤 했지만, 지금은 보시다시피 자동차는 자전거를 주의하고, 자전거는 보행자를 주의하고, 모든 사람들이 서로서로 주의를 기울입니다. 교통표지판이나 도로 표시가 그런 부류의 행동을 장려할 거라고 기대하긴 어려워요. 도로의 설계에 녹여넣어야 하는 겁니다.[17]

몬데르만의 교통 실험은 너무나 성공적이어서, 그것의 다양한 버전들이 런던에서 베를린에 이르는 대도시 상업지역에 도입되었다. 결과적으로 그는 모든 사용자들이 도로에서 동등한 권리를 누리던 좀더 친절하고 온화했던 시기로 시곗바늘을 되돌려놓았다. 이는 기술시스템을 떠받치는 가정들을 사려 깊고 비판적으로 반성할 때 어떻게 기술을 사용하는 사람들에게 엄청난 해방적 영향을 미칠 수 있는지 보여준 작은 사례였다. 심지어 이미 깊숙이 뿌리내린 구조에 대한 대안을 상상이나 할 수 있는지 한번도 멈춰서서 물어보지 않은 사용자들에게도 말이다.

우리가 설계되고 규제된 삶의 양식을 만들어낸 힘과 의도에 종종 눈을 감는다면, 이는 아마도 "기술"이라는 단어 자체가 인간 창의성의 기계적 산물은 그것의 사회적·문화적 기반과 독립적이라고 생각하게끔 우리를 유혹하기 때문일 것이다. 미국의 저명한 문화사가인 레오 맑스는 이 단어의 의미가 숙련에 대한 연구study of skill에서 숙련의 산물products of skill로 변화하면서 이후의 사고에 엄청난 영향을 미쳤다고 지적했다. 이로 인해 우리는 기술을 "겉으로 보기에 분리된 실체 — 사실상 자율적이면서 모든 것을 포괄하는 변화의 작인이 될 수 있는 실체"로 인식할 수 있게 됐다.[18]

그러나 그와 같은 자율성의 감각은 환상에 불과하며 위험한 것이다. 좀더 사려 깊은 관점은, 기술이 결코 인간의 욕망과 의도에서 독립되어 있지 않고 처음부터 끝까지 사회적 힘들에 종속되어 있다고 본다. 기술결정론에 대한 주요 비평가 중 한 사람인 랭던 위너가 1980년에 쓴 논문에서 간결하게 표현했듯이 "인공물은 정치적이다".[19] 인간 사회가 만들어낸 기술에 대한 엄격한 결정론적 입장에 의문을 제기하는 많은 이유들이 제시된 바 있다. 생산 측면에서 보면 우리가 만든 기술들은 필연적으로 사회가 직면한, 혹은 직면했다고 생각한 필요를 조건짓는 역사적·문화적 상황에서 자라났다. 원자의 내부 작동에 대한 지식이 반드시 원자폭탄의 제조로 이어질 필요는 없었다. 그러한 결과는 교전 중인 국가들이 물리학자들의 이론적 지식을 활용해 돈으로 살 수 있는 가장 파괴적인 무기를 만들어냈기 때문에 생겨났다. 심지어 정치는 제품이 시장에 진입한 후에도 기술의 사용과 개조에 영향을 준다. 2011년 아랍의 봄을 트위터혁명이라고 부르는 것이 한때 유행이긴 했지만, 스마트폰과 사회관계망이 이를 유발하지는 않았다. 오히려 기존에 있던 저항의 네트워크——야만적인 이슬람국가 Islamic State(이라크의 후세인 정권 붕괴 이후 이슬람 근본주의 세력이 조직한 테러범죄 단체로 2010년대 초·중반 이라크 북부와 시리아 동부에서 세를 불렸지만 현재는 크게 쇠퇴했다)를 포함하는——가 전화, 비디오카메라, 트위터 같은 서비스의 유용성을 발견한 것에 가깝다. 이 지역의 권위주의적이고 종파적인 정치의 뚜껑 아래서 여러해 동안 부글거리고 있던 불만이 목소리를 내는 데 도움을 준 것이다. 이러한 관찰로 분석가들은 기술을 정치의 장소이자 대상으로 다시 사고했다. 인간적 가치들은 기술의 설계 속에 들어간다. 그리고 시간이 흐르면서 인간적 가치들은 기술이 활용되는 방식이나, 때로는 몬데르만의 평온한 원형 교차로에서처럼 거부되는 방식을 계속해서 형성한다.

기술관료제의 신화

"기술관료제"technocracy의 관념은 기술적 발명이 인간 행위자들에 의해 관리되고 통제된다는 것을 인정하지만, 오직 전문적 지식과 숙련을 갖춘 사람들만이 그 임무를 담당할 수 있다고 가정한다. 신약이 건강에 미치는 영향에 대한 의학지식 없이 신약을 승인하거나, 공학적 전문성 없이 핵발전소 인가를 내주거나, 재정과 경제학 교육을 받지 않고 중앙은행을 운영하는 것을 상상이나 할 수 있겠는가? 현대 생활이 너무나 복잡해서 보통 사람들이 관리할 수 없는 것이 됐다는 믿음은, 유럽에서 기원이 오래되었고, 19세기 초 프랑스의 귀족이자 초기 사회주의 사상가인 앙리 드 쌩시몽의 관념까지 거슬러올라간다.[20] 그의 철학을 일컫는 쌩시몽주의는 사회의 관리에 과학적으로 접근할 필요성, 그리고 이에 따라 훈련받은 전문가들에게 권위있는 지위를 부여할 필요성을 강조했다. 20세기로 접어들 무렵 혁신주의 시기의 미국에서는 과학기술에 기반을 둔 진보가 필연적이며, 모든 수준의 정부에서 전문가들이 자문 역할을 할 필요가 있다는 유사한 믿음이 퍼져 있었다. 제2차 세계대전 종식과 함께 새로운 역학관계가 작동하기 시작했다. 전시의 풍족한 공공자금 지원을 받아 양성되어 국가적 사안에서 자신이 맡은 역할을 종종 즐기고 있던 과학자들은 공공적 의사결정에 더 나은 과학을 더 많이 투입하도록 강력한 로비를 전개했다. 자문 기구 및 직위들이 크게 늘어나 사실상 정부의 "제5부"를 만들어냈다. 이는 전통적인 입법, 행정, 사법부에 더해 전문가 규제기구라는 영향력 있는 "제4부"를 보충하는 역할을 했다.[21]

그러나 기술관료들에 대한 믿음과 그들의 숙련에 대한 의존은 회의주의 및 환멸과 나란히 등장했다. 20세기의 짧은 전간기에 영향력을 발휘한 영국의 경제학자 겸 정치학자 해럴드 래스키는 1931년 발표한 소책자에서 전문성의 한계에 관해 썼다. 이는 나중에 나타난 의심과 반성을 앞당겨 보여주었다.

아울러 [전문성은] 너무나 자주 겸손함을 결여하고 있다. 이는 전
문성의 소유자들로 하여금 바로 그들 코앞에 있는 자명한 이치를 보
지 못하게 만드는 균형의 실패를 부추긴다. 또한 그 속에는 신분제도
의 정신이 어느정도 녹아들어 있고, 그 결과 전문가들은 자신들과 같
은 계층에 속한 사람들에게서 나오지 않은 모든 증거를 무시하는 경
향이 있다. 무엇보다도 인간적 문제와 관련해 아마 가장 시급한 사안
은, 전문가가 내리는 모든 판단이 그 본성상 순전히 사실적인 것이 아
니라 어떤 특별한 타당성도 갖지 못하는 가치체계를 수반한다는 것을
그가 보지 못한다는 점이다.[22]

동시대의 다른 지식인들 — 혁신주의 시기의 미국인 친구들 중
몇몇을 포함해서 — 과 달리, 래스키는 우생학과 지능검사에 과
도하게 의존하는 것에 대해서도 경고하는 선견지명을 발휘했다.
대법원 판사 올리버 웬들 홈스는 1927년 악명 높은 벅 대 벨Buck vs.
Bell 소송에서 우생학적 불임수술을 옹호했는데,[23] 그가 수정헌법
제1조에 점차 자유주의적 견해를 갖게 된 것은 부분적으로 라스
키와의 서신 교환 덕분이었다. 홀로코스트라는 전대미문의 사건
에서 독일 생물학자들이 나치의 인종적 교의에 과학적 뒷받침을
제공한 사례는 래스키의 회의주의가 충분한 근거를 갖춘 것이었
음을 비극적으로 입증했다.
좀더 최근의 수많은 기술 실패 사례들 — 그중 일부는 이어지

는 장들에서 자세하게 다룰 것이다 — 은 전문가들이 자신의 입장을 뒷받침하는 확실성의 정도를 과대평가하고 자신들이 속한 폐쇄된 계층 바깥에서 나온 지식과 비판에 눈을 감는다는 래스키의 예전 공격이 옳았음을 보여준다. 국립항공우주국NASA은 1986년에 우주왕복선 챌린저호를 잃은 후 엄청난 대중적 주목을 받은 청문회를 열었지만, 조기경보 신호의 탐지와 소통을 가로막은 조직 내부의 문제들을 찾아내지 못했다. 2003년 두번째로 우주왕복선 컬럼비아호를 잃고 사회학자 다이앤 본에게 자문을 구한 후에야[24] NASA는 자신들의 전문가 기관 문화에 결함이 있다고 시인했다. 아카데미상을 받은 다큐멘터리 「인사이드 잡」에서 찰스 퍼거슨 감독은 소수의 고위 경제자문위원들 — "의심의 여지 없이 뛰어난"[25] 로런스 서머스를 포함해서 — 이 금융규제 완화를 옹호하고 조기경보 요청을 "러다이트" 같다며 무시한 결과가 2008년 금융위기로 이어졌음을 자세히 보여주었다. 이러한 사례들은 전문가의 의사결정 과정에서 더 높은 투명성과 공공적 감독이 필요하다는 강력한 논거를 제공한다.

의도한 결과와 의도하지 않은 결과

기술결정론, 기술관료제와 종종 나란히 나타나는 세번째 관념은 "의도하지 않은 결과"unintended consequences에 관한 것이다. 기술이 때로 실패한다는 사실은 잘 알려져 있지만 실패에 대해 누가, 어떤 상황에서 책임을 져야 하는지는 그보다 덜 분명하다. 사실 실패가 극적이면 극적일수록 그것이 물건 혹은 시스템을 설계한 사람들이 염두에 둔 것임을 우리가 받아들이기는 더 어려우며, 이것이 의도된 것이었다고 생각하기는 한층 더 어렵다. 토스터가 고장나거나 추운 아침에 차의 시동이 꺼지면 우리는 고장을 수리해줄 사람을 부른다. 물건들이 인간과 마찬가지로 정해진 수명이 있음을 알게 되면 우리는 조금 투덜거리다가 더이상 쓸모가 없어진 물건을 대신해 새로운 것을 구입한다. 가전제품의 보증기간이나 예상사용수명이 끝나기 전에 고장이 나면 우리는 이를 불량품으로 규정하고 판매자에게 환불을 요구한다. 고장이 심각하거나 사람들에게 상해를 입혔을 때에는 소비자 불만을 제기하거나 법정으로 가서 배상을 요구할 수도 있다. 인간과 기계가 공유하는 삶에서 나타나는 대부분의 불운한 사고들은 너무나 흔해서 사회의 기본 리듬에 거의 파문을 일으키지 않는다. 우리는 이를 거의 자연적인 사건으로, 생물계뿐 아니라 무생물계도 괴롭히는 노화 과정의 예측 가능한 종점으로 여긴다.

만약 기술적 불운, 사고, 재난이 의도하지 않은 것처럼 보인다면 기술의 설계 과정이 대중에게 완전히 공개되는 일이 드물기 때문이다. 제철소, 초콜릿 공장, 육류포장 회사를 견학해본 사람이라면 방문객들이 제한적 투명성을 누리는 댓가로 엄격한 규칙을 따라야 함을 알고 있을 것이다. 방문객들이 볼 수 없는 장소들이 있고, 열어서는 안 되는 문들이 있다. 때때로 생산 오류가 만천하에 공개되어 설계자들에게 매우 당황스러운 결과가 빚어지는 경우도 있지만 이러한 경우는 규칙이 아니라 예외에 속한다. 2010년 7월에 그런 일화가 펼쳐졌다. 애플이 대대적 광고 공세와 함께 아이폰4를 출시해 불과 3주 만에 3백만대를 팔아치운 참이었다. 그런데 아이폰을 특정한 방식으로 쥐면 연결이 끊어지면서 통화 접속이 안 된다는 사실이 드러났다. 전설적 회사가 체면이 깎였다고 조롱하면서 시장에 선풍을 일으킨 제품을 풍자하는 글이 블로그들에 넘쳐났다. 이 사건은 이내 '안테나게이트'Antennagate라는 멸칭을 얻게 됐다. 비판자들을 침묵시키기 위해서는 애플의 공동 창업자이자 최고 비전 책임자이며 탁월한 세일즈맨이기도 한 스티브 잡스의 매끈하게 연출된 연기가 필요했다.

잡스의 기자회견과 홍보 영상은 한가지 주제를 되풀이해 강조했다. "우리는 완벽하지 않습니다. 전화도 완벽하지 않습니다."[26] 완벽하지는 않을지 몰라도 인간이 도달할 수 있는 한도 내에서 더할 나위 없이 훌륭하며, 아이폰4의 경우에는 시장에 나와 있는 그 어떤 경쟁 제품보다 훨씬 더 낫다고 그는 주장했다. 잡스는 아이폰의 안테나 성능을 시험하는 데 들어간 온갖 노력을 보여주는 자료를 쏟아내며 자신의 주장을 뒷받침했다. 한 블로거의 표현을 빌리면, 이는 "아이폰4가 골방에서 원시인이 얼렁뚱땅 조립한 물건이 아니"라고 청중들을 설득하기 위해 고안된, 고도의 예술적 기교가 넘치는 발표였다.[27] 만약 불완전함이 남아 있다면 이는 세계의 불가피한 상태 때문이었다. 그 속에서는 인간도 기계도 전적으로 확실하거나 실패의 위험에서 자유롭지 않았다. 그러나 잡스가 회사 차원의 책임을 수용했다는 점이 중요했다. 그는 애플의 직원들이 초과근무를 해 문제를 해결하고 있다고 강조하면서 애플은 모든 사용자를 행복하게 만들고자 한다는 주문과도 같은 문구를 되풀이했다. 고객들을 달래기 위한 조처로, 그는 초기 구매자들이 경험한 불편함을 보상하는 차원에서 아이폰 범퍼를 무상 제공한다고 발표했다.

의도하지 않은 결과라는 주제는 기술 실패를 완전히 다른 방향으로 돌려놓는다. 이러한 줄거리는 스티브 잡스가 고백한 인간과 기계의 오류 가능성과 같지 않다. 잡스는 애플의 엔지니어들이 어떤 문제에 관해 가능한 한 열심히 생각하고 있었고 이를 앞질러 해결하려 애쓰고 있었다고 주장했다. 설사 완벽한 숙달은 이루지 못했다고 하더라도 말이다. 같은 이유에서 그들은 드문 실수가 일어났을 때 자신들의 설계를 재고하고 다시 손보았을 것이다. 반면 의도하지 않은 결과라는 표현은 나중에 어떤 종류의 일이 결국 잘못될 것인지 앞당겨 생각하기가 불가능할 뿐 아니라 필요하지도 않음을 암시한다. 이 어구를 들먹이는 것은 보통 매우 심각한 혹은 재앙에 가까운 사건이 일어난 직후다. 가령 수십 년 동안 염화불화탄소를 성층권에 배출한 결과로 생겨난 '오존 구멍'의 발견이나, 수천명의 사망자를 낳은 1984년 인도 보팔의 치명적 가스누출 같은 중대 산업재해나, 거의 파멸에 가까운 결과를 초래한 2008년 전지구적 금융시장의 붕괴가 그런 사례다. 이는 우리를 무기력으로 몰아넣는 순간들이다. 피해를 어떻게 줄일 수 있을지는 고사하고 어떻게 대응해야 할지조차 알지 못하는 상황 말이다. 그처럼 거대한 실패가 의도되지 않은 것이라는 주장은 집단적인 마비와 죄의식을 누그러뜨린다. 이는 치명적 사건을 자연재해에 비유하며, 보험회사의 용어를 빌리자면 천재지변

act of God 으로 그려낸다. 이는 알려진 행위자들이 갖는 잘못된 결과에 대한 책임 혹은 정상을 회복시켜야 할 책임을 암암리에 면제해준다.

그러나 의도하지 않은 결과라는 관념은 골치 아픈 질문들을 남겨놓는다. 이 표현은 설계자의 원래 의도가 계획대로 실행에 옮겨지지 못했음을 의미하는가, 아니면 그들이 의도한 범위 바깥에서 — 기술이 어떻게 사용될지는 어느 누구도 미리 알 수 없기 때문에 — 일이 일어났음을 의미하는가? 두가지 해석은 판이하게 다른 법률적·도덕적 함의를 담고 있다. 전자의 경우 책임을 지울 수 있고 또 져야 하는 사람은 기술의 사용자들일 수 있다. 2008년 9월 로스앤젤레스에서 근무 중에 문자를 보내다가 치명적인 열차 사고를 일으켜 자신과 24명의 다른 사람들의 목숨을 앗아간 직무태만 기관사 로베르뜨 마르띤 쌘체스가 그런 사례이다. 전화를 설계한 사람들은, 고도의 지속적 주의력을 요하는 직무를 맡은 누군가가 자신들의 발명품을 사용하도록 의도하지 않았다고 생각하는 것이 합당할 터이다. 이에 대한 교정책으로는 법과 규제를 고쳐 제조회사뿐 아니라 사용자들도 더 높은 수준의 주의를 기울이도록 강제하는 방법이 포함될 것이다. 반면 후자의 경우에는 책임을 질 사람을 찾아내지 못할 수 있다. 예를 들어 기후과학자들이 자동차가 대대적으로 도입된 지 수십년이 흐른 뒤에야 자동차에서 화석연료를 태워 나오는 배기가스가 기후변화에 기여하는 주된 요인임을 발견했을 때처럼 말이다. 여기서의 실패는 상상력, 예측, 감독의 실패, 그리고 아마도 억제되지 않은 욕구의 실패였을 터인데, 이 중 어느 것도 예방정책이나 개선된 기술 설계로 손쉽게 치유되기 어렵다.

불행히도 두가지 시나리오는 논리적으로 구분되긴 하지만 현실에서는 종종 분리되기가 어렵다. 부분적으로 문제는 '의도하지 않은'이라는 단어의 불분명함에 있다. 기술의 의도하지 않은 결과란 대체 어떤 것인가? 그에 대한 답은 오직 실패가 일어난 후에만 판단할 수 있는가? 그럴 경우 이는 일어날 수 있는 불운한 사고를 선제적으로 사고해야 하는 설계자나 규제기관에 그리 유용하지 못하다. 그리고 이 용어의 사용에 내재된 편향이 있지는 않은가? 좋은 결과는 항상 의도된 것으로 생각되고 오직 나쁜 결과만이 사후적으로 의도되지 않은 것이라는 딱지가 붙는 식으로 말이다. 그런 경우 의도하지 않은 결과라는 표현은 기술변화가 근본적으로 진보적이고 유익한 성격을 갖는다며 우리를 안심시키는 역할을 주로 하게 된다. 이는 어느 누구도, 유익한 목적으로 인류에 봉사하도록 고안된 장치 속에 재앙의 잠재력을 의도적으로 집어넣지 않을 거라는 희망을 표현하고 있다.

두번째 문제는 "의도하지 않은"이라는 용어가 어떤 특정한 시점에서 의도를 — 적어도 도덕적 관련성을 갖는 의도를 — 고정하는 듯이 보인다는 것이다. 사용 중인 기술은 결코 고정되어 있지 않은데도 말이다. 문자를 보내던 열차 기관사 쌘체스의 이야기는 기술이 세계 속으로 들어간 지 오랜 시간이 지난 후에도 어떻게 사회와 복잡하고 변화무쌍한 관계를 획득하는지를 보여준다. 전화와 열차, 문자 발송과 통근은 오랜 시간 동안 우리 대부분에게 서로 다른 개념적 영역 속에 존재하던 것일 수 있다. 2008년 치명적 사고가 발생하기 전까지 로스앤젤레스 통근열차 시스템의 관리자들에게는 분명 그랬다. 그러나 인간은 현대 세계가 그들에게 제공한 장치들을 사용할 때 기발하고 상상력 넘치는 창의성을 발휘한다. 그러한 사용법의 변화를 추적하는 것은 누구의 책임인가? 로스앤젤레스의 비극적 사건은, 어느 누구도 사전에 계획하지 않았지만 감독자들이 주의 깊게 봤다면 상당히 널리 퍼진 현상임을 알아낼 수도 있었을, 특정한 동반 상승 효과에 주목하게 했다. 만약 한명의 기관사가 부주의를 범했다면 다른 기관사들도 비슷한 방식으로 행동하고 있었을 가능성이 높다. 실제로 치명적 충돌사고에 대한 연방 청문회의 의장을 맡았던 캐스린 올리리 히긴스는 열차 승무원의 휴대전화 사용이 국가적 문제라고 선언했다. "이것은 어느날, 어떤 열차에서, 한명의 승무원이 저지른 일입니다. 이는 내게 질문을 던집니다. 저 바깥에서는 대체 무슨 일이 일어나고 있는 걸까요?"[28]

입장과 방법

기술혁신은 인간의 다양성 자체만큼이나 폭넓고, 이를 분석적으로 이해하려는 그 어떤 시도도 모종의 프레이밍의 선택을 필요로 한다. 이 책에서 나의 선택은 어느정도는 내가 받은 전문 분야의 훈련과, 또 어느정도는 세계에 대한 개인적 경험의 영향을 받왔다. 이 책에서 다루는 경험 자료 중 많은 부분은 내가 법학자로서 과학, 기술, 법의 연결 지점에서 일어나는 논쟁들을 잘 알고 있다는 사실에서 도출됐다. 또한 나는 과학기술학STS 분야에서 내가 받은 2차적 훈련도 이러한 사례들 속에 집어넣었다. STS는 상대적으로 새로운 학문 분야로서 과학기술의 사회적 실천이, 어떻게 법과 같은 사회 속 다른 제도들의 실천과 관계를 맺는지 이해하는 데 집중한다. 특히 STS 분석은 기술적 불확실성과 사회적 불확실성이 해소되는 방식, 그리고 세계에 대한 믿을 만한 설명을 만들어내려 애쓰는 과정에서 상실되거나 단순화되는 것에 면밀하게 주목하도록 요구한다. STS는 의심은 밀쳐두고 기술시스템이 충분히 안전하고 효과적으로 작동할 거라고 선언하는 결정에 특히 관심이 있다. 그러한 시각은 이 책에서 제기하는 윤리적·도덕적 질문들에 영향을 미치는 위험평가risk assessment 등 전문가 과정들에 대해 견실한 문헌들을 만들어냈다.

두번째 방법론적 지향은 내가 오랫동안 천착해온 과학기술정책과 환경규제의 국가 간 비교에서 나왔다. 그러한 연구들은 각국이 합리적인 과학 기반의 의사결정과 정력적인 공중보건 및 안전의 보호에 완전히 몰두하고 있어도 종종 기술시스템에 서로 다른 정도와 종류의 통제를 가하고 있음을 드러냈다.[29] 독일은 강한 반핵 정서를 보이고 있지만 프랑스는 전반적으로 핵에 훨씬 더 우호적인 입장이다. 독일이나 프랑스 어느 쪽도 유전이나 우라늄 광산을 보유하고 있지 않고, 양국의 정책 차이는 경제적·지정학적 이해관계에 근거해 완전히 설명될 수 없다. 미국의 대중들 역시 핵발전을 좋아하지 않으며, 적어도 핵발전소가 자기 집 인근에 위치할 수 있을 때는 그렇다. 대다수의 미국 전문가와 기업가들이 핵발전은 화석연료에 대해 실행 가능하고 사실상 필수적이며 안전한 대안이라고 확신하고 있는데도 말이다.[30] 그러한 의견 차이는 기술의 미래에 관한 윤리적 추론에서 역사와 정치문화의 중요성을 가리키고 있다. 이는 이 책에 영향을 미친 또하나의 시각이다.

이 책 전반에 걸쳐 내가 활용한 사례들은 여러가지 수준에서 개인적 선택과 경험을 반영한 것이기도 하다. 많은 사례들은 환경 혹은 생명과학기술과 관련돼 있다. 이는 내가 오랫동안 관심을 가져온 연구영역이며, 이러한 맥락에서는 프라이버시와 감시 같은 사안들이 여전히 진행 중인 디지털 영역보다 더 앞서서 윤리적·법적 문제들이 표출되었기 때문이다. 또한 나는 남아시아, 특히 인도에서 나온 사례를 활용했는데, 이는 개인적 관심사와 지적 관심사가 뒤섞인 결과이다. 인도와 미국은 위험, 불평등, 인간 존엄성이라는 주제에서 놀랄 만한 유사성과 차이점을 보여준다. 두 나라는 모두 기술발전에 전력을 다하고 있고 민주주의 사회이며, 사회운동과 표현의 자유에서 훌륭한 전통을 키워왔다. 그러나 인도는 미국보다 훨씬 더 가난한 나라이며, 여러차례 중대한 기술사고와 재해가 빚어진 장소이기도 했다. 두 나라에서 벌어진 논쟁을 나란히 놓고 보면 불평등한 세계에서의 책임있고 윤리적인 혁신이 제기하는 도전이 부각될 것이다.

책임의 격차

인간이 만든 기구와 하부구조들은 오늘날 현대적 환경을 구성하고 있다. 이것이 주는 이득을 부인하는 것은 잘해봐야 어리석은 일이고 최악의 경우에는 위험할 정도로 순진한 일일 것이다. 그러나 기술을 인간의 무제한적 선택에 따라 발전한 사회의 수동적 배경으로 취급하거나, 기술에 우리의 운명을 형성하는 초인간적 힘을 부여하는 것은 모두 우리의 안녕을 위협하는 개념적 오류를 범할 위험을 안고 있다. 수세기에 걸친 발명들은 인간의 삶이 좀더 호사를 누리고 독립적이고 생산적이 되도록 만들어주었다. 그러나 이는 또한 고전 정치사회이론이 훌륭한 정부의 원칙을 들이대는 것은 고사하고 이름조차 붙이지 못한 억압과 지배의 형태들을 영속화했다. 기술이 사회적 상호작용의 기본 형태들 — 위계와 불평등의 구조를 포함해서 — 에 어떻게 영향을 미치는지를 우리가 더 잘 이해하지 못한다면, "민주주의"나 "시민권" 같은 단어들은 자유로운 사회를 가리키는 나침반으로서의 의미를 잃어버리게 된다.

기술결정론, 기술관료제, 의도하지 않은 결과라는 교의는 기술에 관한 논의에서 가치, 정치, 책임을 제거하는 경향을 띤다. 만약기계가 사회를 필연적인 길로 밀어붙이는 자체 논리를 갖는다면, 도덕적 결과에 대해 논쟁할 여지는 거의 남지 않을 것이다. 그런경우 기술관료들은 전문가에 의한 지배가 유일하게 실현 가능한 선택지라고 주장할 것이다. 우리가 원하는 것은 기술이 잘 작동하도록 보장하는 것뿐이며, 엔지니어링 설계와 기술 위험의 평가는 너무나 복잡해서 보통 사람들에게 맡겨둘 수 없기 때문이다. 뿐만 아니라 모든 대규모 기술시스템의 복잡성을 감안하면, 예측 불가능한 위협을 포함하는 불확실한 미래와 함께 사는 것 이외의 현실적 대안은 존재하지 않는다. 의도하지 않은 결과라는 렌즈를 통해서 보면 기술의 많은 측면들은 우리가 사전에 미리 알아내거나 그에 맞서 효과적인 방어를 해낼 수 없는 것들이다. 헨리 포드가 모델 T를 개발할 때 기후변화를 어떻게 내다볼 수 있었겠는가? 그보다는 사회가 발명에서 창의성을 발휘하고, 위험을 당연한 것으로 받아들이고, 만약 나쁜 일이 일어난다면 그때 가서 더 잘 대처하는 법을 배우는 편이 분명 더 나을 것이다!

이러한 주장들은 기술에 의해 위협받거나 제약받고 있는 현대 생활의 측면들에 대한 운명론과 절망으로 이어질 수 있다. 그러나 우리는 일반적 통념이 잘못되었음을 보았다. 기술을 본질적으로 비정치적인, 혹은 통치 불가능한 것으로 그려내는 이론들은 기술도, 기술전문가도 정치, 도덕적 분석, 혹은 거버넌스의 범위 바깥에 있는 것이 아니라는 대항 통찰을 만들어냈다. 현대사회의 도전은 기술에 대해 충분히 강력하면서도 체계적인 이해를 발전시켜, 우리가 의미있는 정치적 행동과 책임있는 거버넌스의 가능성이 어디에 있는지 알 수 있게 하는 데 있다. 인간의 능력을 향상하기 위한 계약이 반드시 파우스트의 계약이어야 하는 것은 아니다. 맹목적 무지나 더이상 줄일 수 없는 불확실성의 조건 아래서 불평등한 협상 당사자들 간에 체결되는 그런 계약이 아니라는 말이다.

그렇다면 기술이 인간의 통제에서 벗어나지 않도록 보장하는 가장 유망한 수단은 무엇일까? 그리고 그 수가 불어나고 있는 생명이 없는 창조물들을 통제하기 위해 우리가 활용할 수 있는 개념적·실천적 도구들은 무엇이 있을까? 이 책의 남은 부분에서는 사회가 기술적 발명들과 좀더 책임있는 방식으로 함께 살아가기 위해 반드시 답해야 하는 위험, 불평등, 인간 존엄성의 문제를 들여다봄으로써 이러한 질문들을 다뤄볼 것이다. 2장에서는 거의 모든 기술혁신에 수반되는 위험을 살펴보면서 그것이 어디서 유래했고 어떻게 통치되고 있는가 하는 질문을 던질 것이다. 기술 위험은 어떻게 출현하고, 누가 그것을 평가하며, 어떤 기준이 그 증거와 증명에 활용되고, 어떤 종류의 감독 내지 통제를 받는가? 3장과 4장은 기술선진사회에서의 불평등, 그리고 불공평의 구조적 기반이라는 주제를 다룬다. 3장은 기술시스템에서 일어난 몇몇 극적 실패들을 탐구하면서, 위험과 전문성이 국가 간에 불균등하게 배분되고 예측과 보상의 책임이 정확히 밝혀지기 어려운 세계에서 어떻게 더 윤리적인 거버넌스 체계를 고안할 수 있는가 하는 질문을 던진다. 4장은 식물과 동물의 유전자변형을 둘러싼 논쟁을 추적하며, 과학자들이 전지구적 규모에서 자연에 간섭할 때 일어나는 초국적인 윤리적·정치적 딜레마를 드러낸다. 이어지는 3개 장은 새로 출현한 기술시스템에서 개인의 자유와 자율성의 변화하는 역할을 서로 다른 방식으로 살펴본다. 5장은 생의료

과학기술의 변화가 던지는 윤리적·도덕적 함의를 염두에 두고 인간 생명현상 조작의 한계에 관한 결정이 내려지는 제도와 과정을 탐구한다. 6장은 빠른 속도로 팽창하고 있는 정보와 소셜미디어의 세계를 파고들면서 디지털혁명의 초기 수십년 동안 등장한 프라이버시와 사상의 자유에 대한 도전을 그려낸다. 7장은 지식재산이라는 골치 아픈 문제로 눈을 돌려 자유로운 탐구라는 이상과 독점적 지식이라는 현실 사이의 긴장을 지배하는 규칙들을 살펴본다. 마지막 2개 장은 통제와 거버넌스의 문제를 탐구한다. 8장은 대중들의 참여를 위한 다양한 메커니즘들을 개관한다. 이는 대중들이 기술의 미래를 설계하고 관리하는 데서 좀더 적극적인 역할을 담당할 수 있도록 고안된 것이다. 9장은 이 책의 첫머리로 돌아가 궁극적인 질문을 던진다. 어떻게 하면 너무나 빠르고 예측 불가능하고 복잡해서 훌륭한 정부의 고전적 관념이 적용될 수 없는 것처럼 보이는 기술적 힘에 대한 민주적 통제를 복원할 수 있을까?

2장

위험과 책임

가장 단순하게 정의하자면, 기술은 어떤 목표를 이루기 위한 수단이다. 혹은 근대로 접어든 이후에는 실용적 목표를 달성하기 위한 전문가 지식의 적용이다. 그러나 이러한 기술의 이해는 확연한 한계를 얼버무린다. 이는 발명의 "목표"가 미리 알려져 있음을 암시한다. 독창성은 주로 미리 정해진 목표를 달성하기 위해 작동하기 시작한다는 것이다. 원시적인 인류 발달 단계에서 이것이 참이었음은 의심의 여지가 없다. 우리 조상들은 식량을 채집하고 피신처를 찾거나 날씨와 적들로부터 자신을 보호하는 데 주로 관심이 있었다. 땅 위를 달리거나 하늘을 나는 동물들을 잡아야 했기에 새총과 화살을 발명했다. 강과 호수를 건너야 했기에 다리를 만들고 속을 파낸 통나무를 띄워 배로 삼았다. 선사시대 박물관에 가보면 원시시대 도구 제작자의 먼지 쌓인 작품들로 가득 찬 진열장을 어디서나 볼 수 있다. 이곳에는 날카롭게 다듬어진 부싯돌, 가공된 도끼머리, 돌로 만들어진 절구와 절굿공이, 조악한 농경 도구 등이 일견 끝도 없이 전시돼 있다.

그러나 현대의 기술은 그처럼 일차원적인 것이 거의 없다. 수단과 목표 사이의 어떤 단순한 일대일대응이 불가능한 것이다. 한가지 이유는 사회 속에서 기술의 목표가 결코 고정돼 있지 않으며, 기술시스템은 생명체와 마찬가지로 그것이 배태된 사회와 함께 진화한다는 데 있다. 가장 유용하고 오래가는 기술적 발명들은 쓰임새가 대단히 다양해진 것들이다. 바퀴, 기어, 전기, 트랜지스터, 마이크로칩, 개인식별번호PIN처럼 말이다. 성공한 기술들은 사회적 필요가 성숙하고 가치가 변화하는 데 적응한다.[1] 심지어 평범한 전구조차도 형태와 기능이 다양해졌다. 새로운 재료를 이용할 수 있게 되고, 사람들이 소형 형광등과 LED등으로 예전의 백열등이 쓰는 에너지의 몇분의 1만 가지고도 가정과 도시에 빛을 밝힐 수 있음을 깨달은 결과다. 오늘날의 자동차는 헨리 포드의 모델 T와 엄청나게 달라 보인다. 경주용 자동차에 열광하는 사람들에서 캠핑이나 장거리 운전을 좋아하는 대가족까지 수많은 유형의 사용자들에게 맞추어졌기 때문이다. 적응하지 못하는 기술들은 종종 시대에 뒤떨어진 것이 되어 조용히 사라진다. 예를 들어 유선전화는 하나의 고정된 지점에서 다른 지점으로 인간의 목소리를 주고받는 한가지 목적에 아주 잘 부합했다. 이동전화가 통상적 전화를 밀어내고 그 자리를 차지하게 된 것은 통화를 가능하게 할 뿐 아니라 이동성도 갖추었기 때문이다. 그리고 이러한 장치들은 스마트폰 때문에 다시 밀려났다. 스마트폰은 전화 통화에 더해 문자 발송, 인터넷 접속, 극적인 환경에 처한 소유자의 기념사진 촬영 등 수많은 다른 기능도 제공한다.

이뿐만 아니라 수단과 목표를 연결하는 기술들은 한층 더 복잡해졌다. 운전자들 중에 오늘날 자동차를 안전, 청정, 자율주행(자율주차)의 이상에 좀더 근접하게 만든 수많은 특징들을 제어하는 소프트웨어를 이해하는 사람은 거의 없을 것이다. 그러나 숨겨져 있어 접근이 어려운 장치들은, 가령 에어백이 예고 없이 너무 급격하게 팽창하는 경우처럼 새로운 종류의 치명적 사고를 일으킬수 있다. 소프트웨어로 구동되는 자동차는, 한때 소음기나 배터리가 고장임을 우리에게 알려줬던 우르릉거리는 소리나 펑펑 하는 소리도 없이 공공도로에서 완전히 멈춰버릴 수 있다. 폭스바겐사건은 새로운 시대의 위험을 보여주는 교과서적 사례이다. 2015년 가을에 세계에서 가장 존경받는 자동차회사 중 하나인 폭스바겐은 배기가스 시험 도중에 디젤엔진에서 잘못된 수치가 나오도록 소프트웨어를 의도적으로 조작했음을 시인했다.[2] 이러한 "임의설정장치"defeat device는 폭스바겐 자동차가 실제 도로 조건에서 주행할 때 훨씬 성능이 떨어진다는 사실을 은폐했다. 1100만명의 소비자들은 갑자기 전매 가격이 떨어진데다 해당 대기오염 기준도 충족하지 못하는 자동차를 보유하게 됐다. 폭스바겐은 이 사실을 시인함으로써 법률적 요건을 의도적으로 어겼을 뿐 아니라, 폭스바겐 자동차 소유주로서의 미래를 기대하는 고객들에게도 실망을 안겨줬다.

수단과 목표 사이의 연계가 느슨해지면서 기술의 경로는 덜 선형적이고 더 예측하기 어려운 것이 됐다. 오존층 파괴 현상은 정신이 번쩍 드는 사례를 제공한다. 염화불화탄소는 불활성의 무독성, 불연성 냉매로 1960년대에 널리 쓰이게 됐고, 이어 에어로졸 분사제 같은 수많은 용도로 새롭게 응용됐다. 캘리포니아대학 어바인캠퍼스의 화학자 두 사람, F. 셔우드 롤런드와 마리오 몰리나가 놀라운 발견을 해낸 것은 1972년의 일이었다. 그 화학물질들이 성층권에 있는 오존층을 위험천만하게 고갈시키고 있다는 것이었다. 대학과 산업체의 화학자들은 처음에 그들의 발견을 무시했고, 두 사람의 작업이 받아들여지기까지 15년이 넘는 시간이 걸렸다(노벨상으로 인정을 받기까지는 그보다 더 오랜 시간이 걸렸다). 결국 국제 공동체는 몬트리올의정서라는 조약을 체결했고, 인간 사회는 이처럼 생명을 위협하는 화학물질 — 한때 너무나 안전한 것처럼 보인 — 의 생산과 사용을 중단했다.

수십 년 동안 우리는 기술발전을 둘러싼 불확실성과 우려 중 많은 부분을 위험이라는 주제로 묶어서 다뤘다. 규제기관들은 위험을 평가하고 피해가 발생하기 전에 이를 통제하기 위해 최선의 노력을 했다. 사전적 정의에 따르면 "위험"은 단지 상해나 손실이 일어날 가능성을 의미한다. 비행기에 탄 승객이 사망할 가능성이나 화재로 집을 잃을 가능성처럼 말이다. 기술 위험은 특히 인간이 기구나 시스템을 만들어 사용하고 운영하면서 생겨나는 위험이다. 이는 지진, 폭풍, 역병처럼 우리가 통제한다고 여기지 않는 자연재난의 위험과 대조를 이룬다. 상호의존적 세계에서 그러한 구분 자체는 지속되기 어렵다. 예를 들어 기후변화는 자연재난과 기술 위험 사이의 구분선을 넘나든다. 이는 오늘날 일각에서 인류세[3]—인간의 활동이 지구 환경에서 지배적인 영향력을 발휘한 시기로 정의되는—라고 이름 붙인 시대에 인간이 유발한 자연 현상이다. 산업화의 부상 및 확산과 함께 인간 창의성의 부산물로 나타나는 위험도 삶의 거의 모든 측면으로 퍼져나갔다. 이는 우리의 건조환경built environment의 일부로 존재하며, 심지어 기후변화의 사례에서는 바람, 날씨, 해류의 동역학으로 자연화되기도 한다. 위험 제로의 이상, 즉 기계와 장치 들이 하기로 되어 있는 일만 정확하게 수행하며 아무도 다치지 않는, 완벽하게 기능하는 기술 환경의 이상은 도달 불가능한 꿈으로만 남아 있다.

1986년에 독일의 사회학자 울리히 벡은 기술이 실패할 때 위협, 불확실성, 통제의 결핍이 결합된 형태로 드러나는 것을 포착하기 위해 "위험사회"Risikogesellschaft라는 용어를 창안했다.[4] 새로운 위험은 방사능이나 오존층 파괴처럼 감지할 수 없으며, 이전의 경험 중 어떤 것도 그러한 위험이 현실화할 때 어떻게 대응해야 하는지를 우리에게 알려주지 못한다. 벡은 우리가 근대성의 새로운 단계로 접어들었다고 주장했다. 여기서 사회는 인종, 계급, 젠더처럼 오래된 사회적 계층화를 통해서뿐 아니라 다양한 형태의 관리 불가능한 위험에 대한 노출을 통해서 특징지어진다. 체르노빌 원전사고와 같은 해에 출간된 벡의 분석은 독일에서 불안의 심층을 건드렸고, 그의 치밀하고 학술적인 사회학 저작은 뜻밖에 수만권이 팔려나갔다. 이 책의 영향력은 체르노빌 참사의 여파보다 더 오래 지속되었다. 이 책은 현대사회가 기술적 모험의 함의와 결과에 대해 좀더 깊이 성찰하고 책임을 져야 한다는 경고성 메시지로 읽혔다.

벡은 우리 사회의 통치기관들의 "조직적 무책임"에 주목했다. 이러한 통치기관들 중 어느 것도 우리를 둘러싼 위험의 전체 규모를 이해하거나 통제하고 있다고 내세울 수 없다. 벡은 과학이 우리 시대의 불안을 잠재우는 데 상대적으로 기여할 수 있는 부분이 거의 없다고 주장했다. 새로운 지식은 의심과 회의주의의 한계를 더욱 넓히는 경향이 있기 때문이다. 벡이 자신의 선구적 저작을 집필할 때 여전히 맹아기였던 기후과학은 지식의 대대적 진보가 어떻게 중요한 불확실성을 새롭게 만들어내는지 설득력 있게 보여주는 사례이다. 우리는 인간의 활동을 통해 지구가 더워지고 있음을 알고 있고, 기상이변의 빈도가 증가할 거라는 점도 알고 있다. 하지만 이러한 작은 변화들이 세계 여러 지역들에 어떤 영향을 미칠지는 불확실성에 싸여 있으며, 특정한 사회경제적 집단들의 삶과 생계에 미칠 영향은 그보다도 더 불확실하다.

이 장의 남은 부분에서는 기술 위험을 막기 위해 지난 한세기 동안 만들어진 공식적 거버넌스 기제들과 그것이 시민들의 힘을 강화 혹은 약화하는 데서 했던 역할을 살펴본다. 이러한 분석은 위험평가에서 가장 흔히 쓰이는 방법들이 가치중립적이지 않으며, 달성 가능하고 바람직한 인간의 미래에 대한 분명한 지향들을 포함하고 있음을 보여준다. 위험평가에 내포된 한가지 편향은 변화를 선호하는 암묵적 가정이다. 새로운 것이라면 그것이 오늘날의 기준으로 판단할 때 용인할 수 없는 피해를 입히지 않는 한

받아들여야 한다는 생각 말이다. 또다른 편향은, 좋은 결과는 사전에 알 수 있는 반면, 위해는 좀더 추측에 근거를 두고 있으므로 계산 가능하고 즉각적인 것이 아니라면 무시해도 된다는 것이다. 이 장은 기술 실패가 일어난 후에 이를 의도하지 않은 결과로 재해석하는 전형적 술책을 설명하며 시작한다. 이러한 술책은 오직 적절한 미래예측foresight이 결여돼 있을 때만 피해가 발생한다는 관점을 영속화한다. 이어 위험이 발생하는 상황의 복잡성과 모호성을 축소하여 잠재적으로 통치 불가능한 미래를 통치 가능한 것으로 보이게 만드는 계산의 기법들을 살펴본다. 이러한 사례들이 보여주는 것처럼, 전반적으로 볼 때 전문가 위험평가는 연속성보다 변화에, 환경과 삶의 질에 대한 지속적·장기적 영향보다 단기적 안전에, 사회의 다른 구성원들에 대한 공정성보다 개발자들의 경제적 이득에 높은 가치를 두는 경향이 있다.

안심 보증의 서사

기술 위험은 인간과 비인간이 함께 작용한 산물이다. 가장 평범한 것에서 가장 복잡한 것까지 모든 제조된 물건들은 인간이 형편없는 설계나 부적절한 조작을 하여 잘못 다룰 때는 위험하게 변할 수 있다. 그러나 사실상의 무지 혹은 의도된 무지로 인해 우리는 종종 물질적 인공물에는 아무런 잘못도 없다고 생각한다. 인공물과 이를 조작하는 인간을 구분하여 사람들을 안심시키는 것이다. 그러면 기술은 유용하고, 사람들에게 힘을 부여하고, 지속적으로 진보하는 것으로 그려질 수 있다. 그것의 부정적 결과는 불운한 인간의 실수로 무시하면서 말이다.

널리 보급돼 있는 몇몇 기술들 —— 가령 총, 자동차, 기분전환용 약물recreational drug 같은 —— 의 사례에서, 사람들은 설사 발명이 크게 피해를 입힌다고 하더라도 발명을 탓하기를 꺼리는 듯 보인다. 총은 미국에서 특별히 보호받는 지위를 누리고 있다. 수정헌법 2조에서 무기를 소지할 권리를 보장하고 있기 때문이다. 그 조항의 의미가 개인적 무기에는 적용되지 않는다는 타당한 해석이 나와 있는데도 말이다. 매년 미국에서 총기로 인한 사망자 수가 3만여 명에 달하고 심지어는 교통사고로 인한 사망자 수를 추월했는데도 불구하고, 미국의 강력한 총기 로비단체인 전미총기협회National Rifle Association, NRA는 "총이 사람을 죽이는 게 아니라 사람이 사람을 죽인다"는 잘 알려진 입장을 굽히지 않고 있다. NRA의 주장에 따르면, 사상자가 발생하는 이유는 본질적으로 해방적인 장치가 나쁘거나 부주의한 사람의 손에 들어가기 때문이다. 이러한 관점에서 보면 "총기 폭력"은 부정확한 단어이며, 그 점만 빼면 칭찬받아 마땅한 미국 총기 문화의 의도하지 않은 부산물이다. 어떤 행위자들은 병들었거나 미쳤거나 자신의 무기를 책임있게 다루지 못했고, 사상자들은 사고가 발생했을 때 애석하게도 그들의 시야 안에 우연히 있었을 뿐이다. NRA의 호전적 상상 속에서는, 그 희생자들 역시 총으로 무장해 다른 사람들의 병적 행동에 맞서 스스로를 지킬 준비가 되어 있었다면 상당수가 살아남았을 지도 모른다.

어떤 기술이 개인의 삶에 미치는 해로운 영향을 한데 모아서 이해하지 못하면 중대한 위험이 오랜 기간 주목받지 못한 채 남아 있을 수 있다. 1980년대와 1990년대에는 일회용 라이터가 폭발해 상해와 사망을 유발한 사고가 수천건이나 일어났다. 이러한 사고들은 건별로 합의가 이뤄져 법정 기록이 봉인되었다. 그 바람에 희생자들이 마침내 산업체에 소송을 제기해 더 엄격한 기준을 받아들이도록 압력을 행사할 때까지 눈에 띄지 않은 채로 남아 있었다. 그로부터 15년쯤 뒤에는 제너럴모터스GM의 쉐보레 코발트와 그외 소형차들에서 점화스위치 불량으로 에어백이 부풀지 않는 바람에 수십건의 사망과 상해 사고가 발생했다. 나중에 법정 소송을 통해 회사 내부에서 스위치에 뭔가 문제가 있다는 인식이 있었는데도 GM이 여러해에 걸쳐 자동차를 리콜하지 않고 방치해왔음이 밝혀졌다.[5] 좀더 일반적인 차원에서 보면, 미국에서 매년 3만명이 넘는 교통사고 사망자가 발생하는데도 자동차는 계속해서 우리의 도시와 공공도로를 가득 메우고 있다. 이 수치는 베트남전 전체 기간을 통틀어 작전 중에 사망한 미군 병사의 수와 대략 일치한다. 군사기술은 받아들일 만한 안보상의 필요를 넘어 비인간적 규모의 죽음을 야기하도록 설계되어 있지만, 대중들은 해마다 그것의 생산을 다시 승인한다. 그러는 동안 무장 충돌로 인한 전세계 사망자 수가 한데 집계되는 일은 드물며, 그 결과 대중의 의식에서 지워져버린다.

많은 대중의 주목을 받은 기술 실패에 뒤이어 열린 청문회들은, 인간이 조금만 더 주의를 기울였다면 안전했을 거라며 사회가 스스로를 안심시키는 행동을 좀더 분명하게 보여준다. 미국은 두대의 우주왕복선 챌린저호와 컬럼비아호를 1986년과 2003년에 잃었다. 교정되지 않은 설계의 결함이 원인이었고, 두 사건에서 각각 일곱명의 승무원이 사망했다. 값비싼 댓가를 치른 비극적 사건으로 NASA의 명성을 크게 손상시킨 우주왕복선 참사는 기술시스템의 윤리적·민주적 거버넌스에서 대단히 중요한 위험 분석의 몇몇 특징을 보여준다.

첫째, 위해의 예측은 심지어 가장 철저하게 연구되고 주의 깊게 시험된 기술에조차 여전히 정밀과학이 못 되었다. 실패로 이어질 수 있는 인과적 연쇄는 무한정 다양했고, 따라서 결코 사전에 완전히 알 수 없었다. 복잡한 시스템에서는 아주 작은 오작동도 재난에 가까운 결과를 초래할 수 있는데, 이는 사회학자 찰스 페로우가 지적했듯이 구성요소들이 너무 단단하게 결합돼 있어서 파괴적 연쇄가 일단 작동하면 시스템이 최초의 오류를 상쇄하기에 충분할 정도의 회복력이 없기 때문이다.[6] 챌린저호 사건에서는 고무로 된 오링O-ring이 저온에서 탄성을 잃어 발사 순간에 우주왕복선의 고체로켓부스터에서 뜨거운 가스가 새어나가지 못하게 하는 데 필요한, 단단한 밀폐를 유지하지 못했다. 새어나간 가스는 옆에 붙은 외부 연료탱크를 뒤덮었다. 화염, 열, 폭발로 인해 핵심 연결부품이 휘어져 끊어졌고, 발사 후 2분도 채 못 되어 우주선 전체가 공중분해됐다. 공포에 질린 시청자들이 텔레비전에서 이 광경을 생중계로 지켜봤다. 승무원들이 탄 격실은 내부

압력을 잃지 않고 폭발을 견뎌냈지만, 바다 위로 떨어질 때의 충격 때문에 누구도 생존할 수 없었다.

컬럼비아호 사건에서는 우주왕복선의 외부 연료탱크에서 떨어져나온 작은 단열재 조각이 왼쪽 날개 가장자리에 충돌했고, 지구 대기권 재진입 시의 열에서 우주선을 지켜주는 보호계통이 손상을 입었다. NASA의 고위 관리자들은 임무 도중에 수리가 불가능하다고 생각해 손상된 부위를 육안으로 점검하라는 지시를 내리지 않았다. 우주선과 승무원들의 운명은 최초의 파편 충돌 순간에 사실상 결정된 셈이었지만, 승무원들은 어떤 일이 일어날 수 있는지 모르고 있었다. 2주 후 우주왕복선의 지구 귀환 예정 시각 16분 전에, 정확히 우려했던 대로 뜨거운 가스가 손상된 날개 부위로 뚫고 들어갔고, 우주선이 분해되면서 모든 승무원이 사망했다.

둘째, 좀더 심란한 점으로, 우주왕복선 참사는 조기경보 신호가 각각의 사건 이전에 있었지만, 그런 신호가 인식되거나 존중받지 못했음을 보여주었다. 어떤 사람이 아는 사실은 기술시스템 내에서 그 사람이 받은 훈련, 성향, 지위에 의존한다. 예를 들어 비극으로 이어진 상황을 세심하게 복원한 결과, 엔지니어들이 실패한 비행 임무가 있기 훨씬 전부터 치명적 사고를 유발한 결함을 알고 우려를 품고 있었음이 드러났다.[7] 두 사례 모두에서 몇몇 전문가의 목소리가 일이 심각하게 잘못될 수 있음을 경고했다. 로저 보졸리는 NASA의 도급회사이자 챌린저호에 들어간 부스터 로켓의 제조회사인 모턴 티오콜Morton Thiokol에서 일하던 엔지니어였다.

그는 1월 말 플로리다주 기준으로는 예외적으로 추운 날씨에 챌린저호를 발사하는 것에 반대하는 권고를 했다. 그러나 이미 여러차례 연기된 공개 행사를 그대로 추진하고 싶어했던 회사 상급자들과 NASA 관리자들은 보졸리의 의견을 무시했다. 낙관론자들은 이전 비행들에서 챌린저호의 오링이 오작동한 적이 있긴 하지만, 그때에도 두번째 예비 오링이 밀폐에 완전히 실패하는 걸 막아주었다는 사실에 안심했다.

마찬가지로 단열재 파편이 컬럼비아호의 동체를 훼손한 일은 불운한 마지막 비행 이전에도 있었지만, 더 많은 예방조치를 촉발할 만큼 손상이 심하지는 않았다. 대신 잠재적으로 치명적인 오작동은 상상 속의 완벽함과 실제 현실 사이에 예상되는 간극의 일부로 여겨졌고, 각 사례에서 위험은 수용 가능한 범위에 있는 것으로 무시되었다. NASA가 현실안주적 문화(안테나게이트 이후 스티브 잡스가 애플에는 결코 일어나지 않을 거라고 주장했던 종류의 현실안주성)를 키워왔음을 시인한 것은 사건이 터진 후의 일이었다. 이러한 현실안주적 문화는 심각한 경고로 받아들여졌어야 하는 것을 일상적인 작은 사고로 다시 개념화할 수 있게 했다. 사회학자 다이앤 본은 이러한 현상을 "일탈의 정상화"normalization of deviance라고 불렀다.[8] 이는 조직들이 재앙의 잠재력이 큰 기술을 운용하는 경우에도 적절한 수준의 경계를 유지하지 못하게 방해하는 일종의 구조적 망각이다.

우주왕복선 참사가 부각한 세번째 지점은 벡이 지적했듯이, 복잡한 기술시스템의 관리 책임은 해명 의무를 제한하는 방식으로 배분된다는 것이다. 부품을 제조하는 회사들은 최종 제품을 조립하거나 운용하지 않으며, 운용 책임은 종종 경영상의 의사결정에서 분리돼 있다. 챌린저호 사례에서 이는 모턴 티오콜의 기술 전문가들과 정치적으로 예민한 NASA 지도부 사이에 지식과 권위가 나뉘어 있다는 점에서 잘 드러난다. 사물들이 현실에서 어떻게 작동하는가 하는 세부사항에 가장 정통한 사람들 — 선견지명을 보인 엔지니어 보졸리 같은 — 은 종종 상층부의 사고에 영향을 미칠 수 없다. 상층부는 기술 전문성이 가장 느리게 갱신될 가능성이 높고 경제적·정치적 형편에 굴복할 가능성이 가장 크다. 비극적인 것은 두차례의 우주왕복선 참사에서 그처럼 분산된 관리감독, 그리고 그와 연관된 기계적·인간적·제도적 실수들의 결과가 무고한 희생자들에게 닥치는 경향을 보인다는 점이다. 그들은 자신들의 운명을 지배한 의사결정에 거의 혹은 전혀 발언권을 갖지 못했다.

책임 소재를 명확히 가리는 어려움은 의도하지 않은 결과라는 신화의 이면으로 볼 수 있다. 명시적 의도 없이 피해가 발생하는 이유는 바로, 기술과 관련된 너무나 많은 상황에서 어떤 단일한 행위자가 전체적인 큰 그림을 책임지고 있지 않기 때문이다. 로스앤젤레스에서 불운한 로베르뜨 마르띤 싼체스와 함께 목숨을 잃은 24명의 통근자들은 자신들이 운명적 여정에 나서고 있음을 알 수 없었다. 열차 기관사가 운전 중에 문자를 보낼 생각을 할 거라고 그 누구도 추측할 수 없었기 때문이다. 승객들에게 이날은 북적거리는 서부의 거대도시에서 여느 때와 같은 하루였고, 다만 우연히 비극적인 결말로 이어진 것이었다. 우주왕복선 발사는 통근 열차 탑승만큼 일상적인 활동이 결코 되지 못했고, 매 발사마다 인간이 만든 그 어떤 기계보다도 더 신중하게 준비되고 시험을 거쳤다. 그러나 다시 한번, 어떤 단일한 행동 혹은 행위자가 그들의 운명적 비행에 책임이 있지는 않았다. 챌린저호 승무원과 동행한 교사 크리스타 매콜리프나, 미국인 우주비행사들과 함께 컬럼비아호에 탑승한 이스라엘 공군 대령이자 홀로코스트 생존자의 아들 일란 라몬의 죽음에 대해서도 마찬가지였다. 이러한 개별 사례들에서 볼 수 있는 책임의 파편화는 세계화와 함께 한층 더 멀리까지 퍼져나갔다. 이는 다음 장에서 다시 살펴볼 것이다.

위험과 미래예측

우주왕복선 참사는 어떤 측면에서 보면 찰스 페로우의 용어인 "정상사고"normal accident에 해당했지만, 다른 측면에서 보면 결코 정상적이지 않았다. 두 참사는 모두 위험전문가들이 확률은 낮고 결과는 심각한low-probability, high-consequence 사건이라고 부르는 것에 속했다. 이는 드물게 일어나며 오직 불완전한 예측만 가능하다. 하지만 한번 일어나면 그 영향은 조직, 공동체, 심지어 국가에 엄청난 충격을 줄 수 있다. 챌린저호와 컬럼비아호 사건의 인명 손실은 앞서 언급한 14명의 매우 용감한 사람들로 국한되었지만, NASA, 우주 프로그램, 국가 전체에 미친 경제적·심리적 영향은 심대했다. 미국 국민들은 유인 우주비행을 자국의 기술적 역량과 전세계적 지위의 궁극적 상징으로 여기도록 훈련받아왔기 때문이다.

핵발전소, 비행기, 처방약은 그것이 도입되기 이전에, 도입되는 와중에, 그리고 도입된 이후에도 극단적 미래예측이 횡행했고, 그 덕분에 이들 각각의 실패, 사고, 부작용은 대체로 확률은 낮고 결과는 심각한 사건의 범주로 뭉뚱그려져왔다. 물론 심각한 결과를 일으키는 오작동이 실제로 일어나는 것은 사실이다. 그러나 기술 위험은 확률과 결과에서 여러 단계로 나타난다. 자동차 사고는 차량의 안전장치가 크게 개선되었음에도 매년 수많은 목숨을 계속해서 앗아가고 있다. 따라서 사회에 미치는 총합적 영향의 측면에서, 자동차 이용은 확률은 높고 결과도 심각한 high-probability, high-consequence 위험으로 분류하면 합당할 것이다. 화석연료의 배기가스가 지구온난화와 기후변화에 기여하는 부분을 고려하지 않는다고 해도 그렇다. 반면 사다리나 자전거 낙상 사고, 잔디깎기 사고, 고장난 온수 손잡이 때문에 덴 상처 등은 보통 치명적인 결과로 이어지지 않는다. 전체로 보아 이는 사회에 상대적으로 낮은 비용을 부과한다. 비록 매년 상당수의 불운한 사람들에게 심각하거나 치명적인 부상을 입힐 수 있긴 하지만 말이다. 이뿐만 아니라 사람들이 사다리를 오르거나, 잔디를 깎거나, 집에서 온수를 틀 때는 대체로 자신이 사용하고 있는 도구에서 무엇을 기대할지 알고 있다. 그렇다면 이와 관련된 사고들은 확률은 높지만 상대적으로 결과는 심각하지 않은 high-probability, low-consequence

표 1 위험의 유형 분류

결과＼확률	낮음	높음
심각하지 않음	짧은 정전 (개발도상국)	유독성 악취 사다리 낙상 사고
심각함	백신 부작용 핵발전소 사고	교통사고 사망 총기 사망(미국)

사건의 사례로 볼 수 있다. 확률은 낮고 결과는 심각한 위험과 비교하면, 그 빈도와 사회경제적 영향에서뿐 아니라 사용자와 사용되는 기구 사이에 깔린 친숙성의 관계에서도 차이가 난다.

복잡한 기술의 생산자와 소비자 들은 관련된 위험을 얼마나 많이 알고 있는지, 또 예방적인 행동을 취할 수 있는지 하는 측면에서 볼 때 매우 다른 운동장에서 활동한다. 핵발전소 인근에 거주하는 사람들은 대개 발전소의 안전 기록을 모르고 있고 사고가 일어날 때 스스로를 보호할 능력이 없다. 비행기 승객들은 조종사의 비행 경험이나 정신건강이 그들의 생명에 영향을 미칠 수 있음에도 이에 대해 모르고 있다. 가령 2015년 저먼윙스 Germanwings의 부기장 안드레아스 루비츠는 기장이 자리를 비웠을 때 조종실 문을 잠그고 비행기를 삐레네산맥으로 추락시켜 탑승자 전원이 사망했다. 처방약을 복용하는 환자들은 많은 정보를 가지고 있을지 모르지만, 그럼에도 자신이나 자녀들에게 일어날 심각한 부작용을 예측하거나 예방할 수는 없다. 윤리적으로 수용 가능한 모든 위험 거버넌스 시스템은 위험한 기술의 스펙트럼에 따라 원인, 결과, 지식 배분의 편차가 매우 크게 나타난다는 점을 고려해야 한다.

이러한 도전에 맞서기 위해, 기술 선진국들의 정부는 규제 위험평가를 거의 보편적으로 활용해왔다. 다시 말해 시민들이 심대한 혹은 널리 퍼진 위해에 노출되기 전에 체계적·공공적 위험분석을 실시하고 뒤이어 그러한 위험을 줄이는 데 필요한 규제조치를 시행하는 것이다. 그 개념에 있어 이러한 발전은 19세기 중반부터 보험산업이 부상하고 국가의 복지 프로그램과 제휴관계를 맺은 것에 크게 빚지고 있다. 위험 분산의 원리 — 위험에 노출된 집단의 모든 구성원에게 소액의 돈을 걷어서 실제로 위해를 입게 된 소수의 사람들에게 보상하는 것 — 는 고대에서 그 기원을 찾을 수 있다. 바빌론의 함무라비법전은 농부들이 폭풍이나 가뭄으로 작물을 망치거나 작황이 형편없을 때 채무자의 대출을 1년간 유예해주는 식으로 초보적인 보험을 제공했다. 오늘날에는 위해를 유발할 수 있는 거의 모든 사회적 활동이 보험에 가입돼 있다. 예를 들어 캘리포니아에 근거를 두고 있는 소방수보험기금 Fireman's Insurance Fund은 스턴트 연기와 모의 재난으로 인한 상해에 대해 영화산업에 보험을 제공한다.

그러나 정부가 국민들에게 집단적 문제, 가령 직업재해, 자동차 사고, 노화와 실업, 질병과 장애 등에 대한 보험을 일상적으로 제공하게 된 것은 근대 국민국가의 등장 이후의 일이었다. 이는 누구나 인생을 살아가면서 언젠가 겪을 수 있는 위해지만, 피해를 입은 사람의 사회적 위치에 따라 생계나 사회적 지위에 입는 손실의 정도는 다르다. 근대 독일 국민국가를 수립한 오토 폰 비스

마르크는 유럽의 다른 복지국가들에 모델이 된 일련의 연금 및 보험 설계를 확립한 인물로 잘 알려져 있다. 심지어 복지국가 모델에 대한 정치적 반대가 계속해서 남아 있던 미국에서도 20세기로 접어들면서 주별로 노동자보상법이 줄줄이 제정되어 직무 중에 상해를 입은 직원에게 자동적으로 보상이 적용됐다. 오바마 대통령 시기의 기념비적 입법 성과인 2010년의 부담적정보험법 Affordable Care Act은 보험원리의 또다른 확장을 나타낸다. 이번에는 모든 미국인의 건강을 포괄하기 위한 것이었다.

위험평가는 정치적 수단이며 그 자체가 목적은 아니다. 이는 보통 건강, 안전, 환경을 보호하기 위해 마련된 규제조치들에 선행하며 도움을 준다. 사회보험 설계와 마찬가지로 규제 위험평가는 영향받는 사람들에게 위해가 미칠 확률을 사전에 계산할 수 있다는 원리에 근거한다. 그러나 여기서의 목적은 상해와 손실에 대해 개인들에게 지불할 충분한 돈을 마련하는 것(공보험과 사보험 모두의 일차적 목표)이 아니라 중요한 기술발전에 따른 위해의 총합이 사회가 관용할 수 있다고 보는 한계 내에 있는지 확인하는 것이다. 국가는 위험한 기술에 대한 위험평가를 수행하면서 인간이 만들어낸 위험에서 시민의 생명과 건강을 보호하는 매우 일반적인 책임을 확인한다. 미국 법률에서 약, 살충제, 식품첨가물, 의료장치는 그것이 부과하는 위험에 대한 사전평가 없이 시판될 수 없으며, 대부분의 경우 정부의 명시적인 승인이 있어야 판매할 수 있다.

국가가 후원하는 위험평가는 이러한 위험을 평가하고 경감하는 부담을 짊어짐으로써 적어도 원칙적으로는 울리히 벡이 비판한 조직적 무책임을 반박한다. 또한 이는 민주주의의 기능에도 기여한다. 많은 국가들에서 행정절차를 밟으려면 기술 위험에 관한 정보를 대중적으로 공개하고 이해당사자들이 국가와 기업의 위험전문가들에게 질문을 던질 기회를 주어야 한다. 결국 규제 위험평가는 기술의 내부 작동을 들여다볼 수 있는 창을 제공한다. 그러한 평가가 없었다면 산업생산의 과정을 들여다보는 것은 불가능했을 것이다. 이는 시민들에게 근대성이 낳은 눈에 보이지 않는 위험 중 일부에 대해 알 권리를 부여한다.

기술 위험평가의 장치는 실제로 어떻게 작동하는가? 20세기 중반 이후로 많은 사건이 있었고, 그 결과 위험평가 과정이 일상화된 동시에 친숙하고 실현 가능한 것으로 보이게 됐다. 1983년에 미국 국가연구위원회National Research Council, NRC는 위험에 기반을 둔 규제의 결정을 둘러싸고 장기간 이어진 정치적 논쟁에 대응해,[9] 위험의 평가와 규제를 담당하는 모든 연방기구를 위해 위험평가 과정을 체계화한 보고서를 발간했다. 감탄스러울 정도로 명료하고 간결한 NRC의 분석틀은 미국 내에서뿐 아니라 국제적으로도 널리 받아들여졌다.[10] 그 핵심에는 "위험평가"를 대체로 과학적인 활동으로 간주해야 하며 그뒤에 이어지는 가치에 기반을 둔 의사결정 과정 — NRC가 "위험관리"risk management라고 이름 붙인 — 에서 분리해야 한다는 강력한 요청이 있었다. 이러한 계획에 따르면 위험평가는 서로 구분되는 선형적 단계들로 이뤄져야 한다. 각각의 단계는 이용 가능한 과학적 증거에만 기반해야 하고, 모두 정책의 선택지들을 발전시키기 전에 수행돼야 한다. 핵심적인 단계들은 위해 파악hazard identification, 노출량-반응 평가 dose-response assessment, 노출 평가exposure assessment, 위험 특성파악risk characterization이었다.

얼른 보기에 NRC의 제안은 매우 타당해 보였다. 위험을 이해하는 것이 일차적으로 자연과 사회에 관한 사실들을 학습하고 평가하는 문제라면, 사실 발견의 과정을 정치적 조작으로부터 보호하는 것이 중요하다. 따라서 위험평가를 위험관리에서 분리하는 것은 분별있는 정책처럼 보였다. 1983년 NRC 보고서에서 개관한 위험평가의 네 단계도 마찬가지로 간단해 보였다. 위해의 존재를 인식하는 것은 위험을 최소화 내지 경감하려는 그 어떤 시도에서도 논리적인 출발점이 된다. 암에 대한 국가적 우려가 커지던 시기에, NRC 저자들은 환경 화학물질이 건강에 미치는 유해한 영향을 전형적인 사례로 삼았다. 그 결과 위험평가 과정의 두번째 단계가 독성학에서 영감을 끌어온 것은 그리 놀라운 일이 아니다. 독성학에서는 피해가 항상 노출량에 비례한다고 이해되기 때문이다. 노출량-반응 평가는 신체적 노출이 어떻게 영향의 심각성과 연관되는지 결정하는 과학적 시도인데, 이러한 계산은 독성 화학물질뿐 아니라 방사능에도 적용된다. NRC 분석틀의 세번째 단계인 노출 평가는 위해에 누가, 어떤 경로를 거쳐 노출되는지 연구해 위해가 주어진 인구집단에 미치는 영향을 측정한다. 대기오염 물질이나 납 같은 잔류성 물질처럼 어디에나 퍼져 있는 화합물들은 가령 소수의 제한된 부류의 환자들을 치료하는 데 쓰이는 특제 의약품에 비해 더 높은 수준의 인구 노출을 수반한다. 마지막으로 위험 특성파악 단계는 인구집단 전체에 걸쳐 다양한 수준의 노출에서 피해의 양과 분포를 추산한다. 여기에는 어린이, 임산부, 기저질환자 등 특히 취약한 집단들의 피해를 측정하는 것이 포함될 수 있다. 이러한 결정은 다시 사회에 대한 전반적 위험 수준을 낮추는 합당한 정책 선택지를 정의하는 데 도움을 준다.

위험의 프레이밍: 가치의 문제

NRC의 위험평가 분석틀은 합리적으로 보이지만 정당한 비판을 받아왔다. 위험평가가 때로는 미묘하게, 때로는 노골적으로 기술혁신에 제기될 수 있는 질문들을 협소하게 만든다는 점 때문이다. 가장 기본적인 한계는 위험평가가 집단의 안녕에 최적화된 결과를 만들어내지 못할 수 있는 방식으로 문제를 프레이밍한다는 점이다. 미국의 사회학자 어빙 고프먼은 사회학과 사회이론에서 프레이밍framing 개념을 대중화했다.[11] 프레이밍은 그것을 통해 개인과 집단이 이전에 조직되지 않은 경험을 이해하는 널리 인정된 사회적 과정이다. 고프먼은 심지어 가장 흔한 사건들조차도 우리가 그것의 요소를 파악하고 분류해서 서로 연관지을 수 없다면 우리에게 아무런 의미가 없다고 지적했다. 예를 들어 화성인이나 자동차 문화 이전에 살았던 사람은 '붉은색 신호에 차를 모는 것'running a red light이 갖는 특유의 의미를 알지 못할 것이다. 그러한 행동을 불법적인 것으로 해석하려면 전지구적 운전 문화의 일원이 되어야 한다. 그러나 의미를 이해하려 노력하는 과정에서 프레이밍은 이미 사회 시스템에 내재해 있는 편향을 강조할 수 있으며, 이는 중대한 윤리적 문제를 야기할 수 있다.

프레이밍은 필연적으로 감각 경험들을 서로 다른 중요성의 층위들로 분류할 것을 요구한다. 어떤 요소들은 이야기 안에 속하지만 다른 요소들은 그렇지 않으며, 전체는 오직 요소들이 적절히 배열될 때에만 의미를 갖는다. 우리가 저녁에 산책을 나갔다가 모르는 사람을 만났다고 하자. 그 사람은 혼자 뭔가 중얼거리고 있는 듯 보였고, 이를 정신질환의 징후라고 생각한 우리는 그 사람을 피해 길을 건넜다. 다시 한번 우리가 저녁에 산책을 나갔다가 바로 그 모르는 사람을 만났다고 하자. 이번에도 그 사람은 혼자 뭔가 중얼거리고 있었지만, 이번에는 우리가 그 사람의 귀에 꽂힌 이어폰을 눈치챘다. 그 사람은 혼잣말을 하는 것이 아니라 누군가와 통화를 하고 있었고, 우린 갑자기 두려워할 일이 없어져버렸다. 이제 상황은 정상적인 듯 보였다. 이는 휴대전화와 함께 부상한 행동 패턴과 부합했기 때문이다. 이러한 행동 패턴은 이전까지 이상했던 행동(공공장소에서 눈에 보이는 상대도 없이 혼자 중얼거리는 것)을 이해 가능하고 위협적이지 않은 행동(공공장소에서 눈에 보이진 않지만 실재하는 상대방과 통화하는 것)으로 바꿔놓았다.

우리가 정상으로 간주하는 것과 우리가 비정상으로 보고 설명을 구하는 것은 객관적인 지각도, 중립적인 지각도 아니다. 이는 깊이 뿌리내린 문화적 경향을 반영한 결과다. 2012년 2월 무장하지 않은 흑인 십대 소년 트레이본 마틴이 외부 출입이 통제되는 플로리다주의 마을에서 총격을 받아 숨진 사건은 프레이밍에서 발휘되는 문화의 힘을 잘 보여준다. 많은 논평가들이 지적했듯, 히스패닉 자경단원 조지 짐머맨은 동일한 상황에서 백인 소년을 발견했다면 그를 눈여겨보지도, 추적하지도, 그의 죽음에 이른 실랑이를 벌이지도 않았을 것이다. 이러한 맥락에서 인종은 의심의 프레임을 만들어냈고, 비극적 결과를 낳았다. 따라서 누가, 어떤 목적으로 위험한 상황을 프레이밍하는가는 철저하게 정치적인 질문이며, 정치는 이후의 유사한 사건들에서 프레임을 변화시킬 수 있다. 무장하지 않은 십대들이 총격으로 사망한 후속 사건들 ─ 2013년 미시간주 교외에서 레니샤 맥브라이드, 2014년 미주리주 퍼거슨에서 마이클 브라운이 사망한 사건 ─ 은 미국 전역에서 논쟁을 촉발했고, 브라운의 경우 그의 고향에서 지속적인 시민 소요사태가 벌어졌다. 맥브라이드를 죽인 사람은 민간인으로 징역 17년형을 선고받았고, 브라운을 죽인 사람은 브라운에게 주먹질을 당한 경찰관으로서 기소되지 않았다. 이러한 사례들은 프레임의 변화가 일어나는 것을 보여준다. 우리 사회는 법 집행 과정에서 젊은 흑인이 목숨을 잃는 것을 당연하게 받아들이지 않으려 한다. 그 결과 '흑인의 생명은 소중하다'Black Lives Matter 운동이 출범하기도 했지만, 동시에 치명적인 물리력의 사용에 대해 경찰관을 과도하게 처벌할 준비는 되어 있지 않다.

통상의 위험평가가 갖는 두번째 문제점은 위험이 전체적으로 미치는 분배상의 결과를 무시한다는 것이다. 보편화에 입각한 벡의 위험사회 관념과 달리, 위험한 기술은 현실에서 무작위로 확산되지 않으며 심지어 공간과 사회집단을 가로질러 균등하게 퍼져나가지도 않는다. 이는 좀더 가난하고 정치적으로 혜택을 받지 못한 구역에 (그리고 점차 세계의 좀더 가난한 지역에) 밀집되는 경향을 보인다. 이곳에 있는 사람들은 위험한 발전을 자신들이 거주하는 지역 바깥으로 몰아내는 데 필요한 기술적 전문성도, 연줄과 영향력도 갖고 있지 않다. 1970년대에 산업세계 전역에서 많은 부유한 공동체들은 조직화를 통해 쓰레기소각장, 공항, 핵발전소 같은 위험한 내지 유독한 기술 시설들을 몰아내고자 했다. 이러한 노력들이 널리 퍼지면서 님비NIMBY, "not in my backyard" 증후군이라는 그 나름의 명칭도 얻었다. 예를 들어 뉴욕주 이타카의 시민들은 코넬대학의 과학자들을 동원해 뉴욕주 가스전기회사New York State Gas and Electric Company가 한폭의 그림처럼 아름다운 카유가 호수에 핵발전소를 짓지 못하게 막았다.[12] 매사추세츠주 케임브리지는 과학심사위원회를 설립해 시내에서 고위험 유전공학 연구를 수행하는 것이 적절한지 자문을 제공하게 했다. 위원회는 가장 위험한 실험(가장 엄격한 수준의 봉쇄를 의미하는 이른바 'P4' 시설)의 경우 시 경계 내에 허용되어서는 안 된다는 결정을 내렸다.[13] 두 사례는 시민들이 대학 도시에서 동원할 수 있는 전문성의 뒷받침을 받을 때 님비증후군이 성공을 거둘 수 있음을 보여준다. 그러나 전국적 혹은 심지어 지역적 규모에서 보면 그런 자원들에 접근할 수 있는 곳은 많지 않다. 이에 따라 훌륭한 기술적 논증을 제기할 만한 역량이 있고 정치권력에 더 잘 접근할 수 있는 사람들이 거부한 사업들은 그러한 자원이 결여된 장소로 이동하는 경향을 띠게 된다.

세번째 비판은 통상의 위험평가가 분석 과정에 들어가는 증거의 범위를 제한하는 방식에 초점을 맞춘다. 거의 필연적으로 위험평가를 수행하는 규제기관들은 통상적으로 이해되는 과학 — 동료심사 학술지에 발표된 논문을 통해 얻어진 지식이나 공인된 전문가 자문 과정을 통해 생산된 지식 — 처럼 보이지 않는 지식을 무시하도록 강제를 당한다.[14] 이는 일반 시민들의 지식이 주관적 혹은 편향적이고 따라서 믿을 만한 증거가 아니라 단순한 믿음에 불과하다며 이를 제쳐두는 경향이 있음을 의미한다. 일반 시민들의 지식은 오랜 역사적 경험에 근거하고 있고 공동체의 관찰에 의해 되풀이해 확인된 것일 수 있는데도 말이다.[15] 그러한 경험적 지식은 기계나 자연환경과의 직접적 상호작용에 근거할 때 특히 귀중한 것이 될 수 있다. 산업노동자들은 작업장의 위험을 설계 엔지니어보다 더 잘 이해할 수 있으며, 농부들은 들판에서 보이는 작물의 생애주기를 전지구적 기후모델 제작자보다 더 잘 알 수 있다. 이뿐만 아니라 위험평가 분석틀은 인식 가능한 특정 위해에 초점을 맞추기 때문에 특정한 시설에서 나오는 개별 화학물질이나 배기가스 같은 단일 원인을 강조하는 경향이 있고, 그 결과 복수의 유해 노출이 동반 상승 효과를 일으킬 가능성을 평가절하한다. 그러나 일상생활에서 개인은 수많은 다른 형태로 하나 이상의 원천에서 나오는 위험에 직면하는 경향이 있다. 그처럼 결합된 노출은 위험평가 기관의 분석틀에서 완전히 벗어난 효과를 일으킬 수 있다.

복잡성은 흔히 쓰이는 선형적 위험평가 모델로 포착하기 어렵다. 선형 모델은 잘 정의된 단일 위해에서 출발해 그것의 경로를 인구집단 전체에 걸친 노출 연구를 통해 추적한다. 우리는 저소득 구역에서 수명이 단축되고 건강 지표들이 악화된다는 사실을 알고 있다. 저소득 구역의 사람들은 영양실조, 약물 및 알콜 남용에서 실직의 스트레스, 결혼생활의 파경, 정신질환, 도시의 폭력에 이르는 신체적·심리적 상해에 지속적으로 노출된다. 말쑥하게 구획화된 위험평가의 분석틀은 동료심사를 거친 과학 연구에 강조점을 두고, 한번에 한가지 노출에만 초점을 맞추기 때문에, 빈곤이 집중된 지역을 만들어내는 복잡한 사회적·자연적 원인들을 다루는 데는 거의 혹은 전혀 강점이 없다. 무지는 불평등을 악화시킨다. 위험이 밀집하는 경향이 있는 장소들은 기준이 되는 물질적·생물학적·사회적 조건들에 관해 믿을 만한 데이터를 산출해낼 자원을 가장 덜 보유한 장소들이기도 하다.

위험을 통치하기 위한 NRC의 접근법 중에서 네번째이자 어떤 점에서는 가장 심란한 문제는 기술이 아직 구상 중에 있거나 초기 단계일 때, 그러니까 상당한 경제적·물질적 투자가 이뤄져서 철회나 근본적 재설계는 상상도 할 수 없게 되기 전에, 대중이 편익을 숙의할 수 있는 여지를 거의 혹은 전혀 남겨두지 않는다는 것이다. NRC 모델에서 보통 비용-편익 분석의 형태를 띠는 편익 계산은 상대적으로 일이 한참 진행된 시점인 위험관리 단계가 되어야 등장한다. 다시 말해 위험평가-위험관리 패러다임은 정해진 기술 경로에 대한 대안—해당 기술을 추진하지 않는 선택이나 좀더 느린 속도로 신중하게 추진하는 선택도 여기 포함된다—을 초기에 대중이 고려하는 것을 허락하지 않는다는 말이다.

예를 들어 위험평가 기관은 일반적으로 대안적인 시나리오들 사이에서 위험과 편익을 비교해볼 수 있는 위치에 있지 않다. 핵폐기물 관리의 사례에서 위험평가 기관은 네바다주의 유카산 같은 특정 장소의 영구 지층 처분장에 고준위 방사성폐기물을 안전하게 저장할 수 있는가 하는 질문을 다룰 수 있다. 그들이 본격적으로 대안을 연구할 권한은 없다. 가령 지금 있는 곳에 폐기물을 그대로 보관할지(미국 전역에 걸쳐 1백곳이 넘는 상대적으로 불안정한 임시 시설에 폐기물이 보관돼 있다), 아니면 이를 수용하려는 경향이 좀더 큰 다른 나라로 폐기물을 실어보낼지 같은 대안들이 여기 속한다. 미국의 핵 위험평가 기관은 핵발전을 단계적으로 완전히 퇴출하는 것 같은 극단적 시나리오를 한번도 고려한 적이 없다(반면 오스트리아나 독일에서는 이러한 시나리오를 논의해 다양한 결과를 얻은 바 있다). 어떤 기술적 경로를 거부할 것인가 하는 질문이 미국에서는 과학적 문제가 아니라 정치적 문제로 간주되며, 따라서 표준적 위험평가의 일부분이 되지 못한다.

그러나 과거의 경험으로 보면 기술적 위험분석에서 그 밑에 깔린 정치적 가치들을 분리해내려는 시도는 종종 역효과를 일으키며, 많은 비용 소모와 매우 다루기 어려운 논쟁을 야기한다. 미국은 유카산 처분장 연구에 20년이 넘는 시간과 1백억 달러의 자금을 투입했지만, 결국 2009년 오바마 행정부는 유카산 프로젝트의 포기 의사를 밝혔다. 그 일그러진 역사 내내 네바다주 사람들은 그들이 사는 주를 미국의 핵폐기물 처분장으로 사용하는 것을 결코 묵인하지 않았다. 유카산을 포기하기로 한 결정은 미국 에너지부Department of Energy의 암묵적 결론이 반영된 것이었다. 그들은 과학적 분석만 가지고 단일 핵폐기물 처분장의 건설에 얽힌 매우 다루기 어려운 윤리적·정치적 난제를 풀어낼 수는 없다고 결론 내렸다. 그러한 처분장의 건설은 미국 전체의 에너지 탐욕으로 인해 하나의 주가 가장 큰 타격을 받는 결과를 초래하기 때문이다. 이와 같은 맥락에서 사실 주장에 대한 도전은 단지 사회적 선호에서 해결되지 못한 대립이 표출된 징후일 뿐이다. 그처럼 논쟁적인 영역에서 과학만으로 완벽하고 대중이 수용할 수 있는 안전성의 증명을 이루어내기란 불가능했다. 논쟁을 봉합하기 위해서는 더 많은 것이 필요하다. 목적, 의미, 가치에서의 단합이 이뤄져야 하는 것이다.

정치적 셈법

프레이밍에 못지않게 위험평가의 유용성에서 핵심이 되는 것이 수량화이다. 위험평가 기관들은 서로 다른 유형의 피해에 체계적으로 수학적 확률을 부여하여 엄청나게 다양한 원천에서 나오는 위협들을 비교할 수 있다. 대기오염과 실업, 생물다양성 상실과 기근의 위험, 말라리아 예방과 방울새 개체군의 떼죽음처럼 매우 다르게 보이는 것들을 비교할 수 있는 것이다. 이러한 위험 대 위험 비교는 다시 정책결정자들에게 어떤 위험이 가장 통제할 만한 가치가 있으며, 필연적으로 자원이 제한된 세상에서 각각의 위험을 얼마나 엄격하게 통제해야 하는가를 결정하기 위한 일견 탄탄해 보이는 근거를 제공한다. 이러한 미덕들은 20세기의 마지막 사반세기 동안 왜 위험평가가 기술 위해를 통제하는 가장 인기있는 수단 중 하나가 되었는지 설명하는 데 도움을 준다. 하지만 피해의 개연성에 수치를 설정하는 것은 위험평가의 정치에 또 다른 복잡성의 층위를 더한다.

어떤 시나리오에 수치를 부여하는 것은 그 자체로 프레이밍의 수단이며, 따라서 일종의 정치적 행동이다. 수량화는 거의 필연적으로 어떤 쟁점에서 쉽게 수량화될 수 없는 차원들을 평가절하하게 된다. 그것이 대중의 복지에 결정적으로 중요할 수 있는데도 말이다. 로버트 F. 케네디 상원의원은 1968년 대통령 선거운동에서 국민총생산GNP을 비판하면서 이러한 계산의 측면에 관해 설득력 있는 연설을 했다.

하지만 국민총생산은 우리 아이들의 건강, 그들이 받는 교육의 질, 혹은 그들이 하는 놀이의 즐거움을 고려하지 않습니다. 우리가 지은 시의 아름다움이나 결혼 생활의 힘을, 공개 토론에 담긴 지성이나 공무원들의 정직성을 포함하지 않습니다. 우리의 기지나 용기도, 지혜나 학습도, 동정심이나 조국에 대한 헌신도 측정하지 않습니다. 요컨대 국민총생산은 모든 것을 측정하지만, 삶을 가치있게 만드는 것들은 측정하지 않습니다. 이는 미국의 모든 것을 말해주지만, 왜 우리가 미국인임을 자랑스럽게 여기는지는 말해주지 않습니다.

일국의 국내총생산^{GDP}보다는 좀더 작은 규모지만 기술 위험과 편익의 수량화에 대해서도 비슷한 진술을 할 수 있다. 무엇을 측정하고 측정하지 않을지 하는 선택이 사람들의 삶과 건강에 즉각적이고 직접적인 영향을 미친다는 단서조항을 여기에 추가로 달아야겠다.

많은 화학제품과 생물제품 — 살충제, 식품첨가물, 의약품, 작업장 내 화학물질, 유전자변형생물체^{GMOs} — 을 평가하는 데 쓰이는 방법들은, 미래예측의 일차적 수단으로 수치를 활용하는 것의 한계를 일부 드러내고 있다. 수량적 위험평가는 매우 특별한 종류의 피해들을 측정한다. 보통 특정한 위해 원천에 노출되어 알려진 질병 혹은 상해가 발생하는 경우다. 그 결과 위험평가 방법은 가령 벤젠이나 염화비닐처럼 특성이 잘 알려진 독성 화학물질에 다양한 농도로 노출된 사람에게서 암 발생 확률이 얼마나 커지는지를 높은 정확도로 추정할 수 있다. 위험평가는 잠재적으로 해로운 유전자가 GMO에서 조작되지 않은 근연종으로, 혹은 그 유전자를 받아들이도록 지정되지 않은 생명체로 이전될 가능성에 대해 그럴듯한 추정치를 만들어낼 수 있다. 그러한 평가들은 흔히 위해의 규제를 위한 근거로 쓰인다. 예를 들어 벤젠이나 염화비닐의 작업장 내 혹은 대기 중 허용 농도의 기준을 정하거나 GMO를 파종한 농장 지역과 비GMO로 남아 있어야 하는 지역 사이에 유지되어야 하는 거리를 정하는 경우가 이에 해당한다.

하지만 그러한 전형적 위험평가 활동들은 언제나 사람들이 우려하는 몇몇 문제를 다루지 않는다. 예를 들어 화학물질의 경우 우리는 힘든 경험을 하며 제품별 위험평가는 복수의 오염물질이 일으키는 동반 상승 효과에 주목하지 않는다는 사실을 알게 됐다. 특히 이것이 위험한 산업의 유입에 대항해 스스로를 지킬 힘이 없는 가난한 공동체들에 집중될 때 그렇다. 이를 인식한 클린턴 대통령은 1994년 모든 연방기구가 "그 임무의 일환으로 환경 정의를 달성할" 것을 의무화한 행정명령(행정부의 활동에 적용되는 규칙)을 발령했다. 그러한 명령하에서 미국 연방기구들은 자신의 프로그램과 정책이 소수집단과 저소득층의 "건강과 환경에 미치는 불균형적으로 높은 악영향"을 파악해 대처해야 한다. 여기서 주목할 점은 환경정의가 위험관리 정책 분야에서 상대적으로 최근에 등장한 개념이라는 것이다. 모든 인간이 안녕과 생존을 위해 환경에 의존해야 하는 세상에서 이를 근본 원칙으로 삼는 것이 마땅한데도 말이다. 처음에는 "표준적" 노출에서 "표준적" 몸에 미치는 위험의 최소화를 목표로 하는 수량적 위험평가가 모든 공동체의 모든 사람들에게 동일한 수준의 보호를 보장해주지 못한다는 것을 예상하지 못했다. 일차적으로 개인의 안전을 보장하기 위해 설계된 정책 접근들은 위험 불평등이라는 좀더 깊은 차원의 구조적 정치를 가려버리는 효과를 낳았다.

다른 중요한 쟁점들 역시 수량적 위험평가에 기반을 둔 정책결정에서 줄곧 옆으로 밀려났다. 하나는 상대적 비용과 편익의 문제이다. 일반적으로 평가는 신제품을 개발하고 판촉하는 것 같은 하나의 기술 프로젝트가 이미 한참 진행 중인 시점이 되어서야 비로소 이루어진다. 위험평가 기관은 영향이 덜한 대안을 이용할 수 있는지 여부를 고려할 의무도, 사실적 기반도 지니고 있지 않다. 따라서 어떤 제품이나 공정을 완전히 배제하는, 귀무 선택지 null option를 포함한 대안들은 결코 직접적으로 탐구되지 않는다. 또한 동일한 결과를 성취하는 다른 방식들의 상대적 위험과 편익에 대한 비교도 보통 이루어지지 않는다. 그 결과 새로운 화학 살충제는 인간의 건강이나 환경에 부당한 위험을 가하지 않는다는 조건 아래 한번에 하나씩 승인된다. 위험평가에서 살충제 사용 자체를 이와 근본적으로 다른 해충 관리 접근법들의 편익 및 위험과 나란히 놓고 보는 일은 없다. 마찬가지로 GMO는 그 자체로 따로 떼어져 평가되며 (나중에 5장에서 다시 살펴볼 것처럼) 대안적 농업생산 형태들과의 관계 속에서 평가되지는 않는다.*

가장 수량적인 위험평가에서 생략된 좀더 기본적인 요소는 기술의 작동을 가능케 하는 사회적 행동이다. 물론 우리는 위해의 가능성이 단지 기술시스템의 무생물 구성요소들에 있지 않고 사

* 생명공학 산업은 유전자조작으로 만들어진 해충저항성을 지닌 GM 작물이 화학 살충제에 비해 더 자연적이며 환경에 덜 피해를 준다고 예전부터 주장해왔다. 그러나 다른 종류의 산업적 농업에 대한 시장 지분을 만들어내려는 이러한 노력은 이와 경합하는 다양한 대안들──유기농 생산이나 통합적 해충 관리 같은──과 나란히 시험된 적이 없다.

람들이 사물과 상호 작용하는 수많은 방식에 있음을 알고 있다. 담배는 사람들이 피울 때만 유해하다. 총은 사람들이 쏠 때만 그들을 죽인다. 차는 누군가 몰아야 충돌 사고를 일으키거나 탄소를 대기 중으로 내뿜는다. 화학물질이 대기, 물, 먹이사슬 속으로 들어가려면 선반에서 꺼내어져 사용돼야 한다. 다시 말해 근대성의 위험은 순전히 기술적인 것 — 기계 내부의 단순한 오작동 — 이 아니라 잡종적·역동적·사회기술적인 것이다. 그러나 위험관리는, 기술이 사회의 작동 속에 배태돼 있다는 점을 단지 불완전하게만 고려한다.

인간 행동의 몇몇 기본적 측면들은 위험분석의 노출 평가 단계를 이루는 요소로 다뤄진다. 위험평가 기관은 개인과 인구집단이 주어진 위해와 접촉하는 기간, 강도, 정도를 계산할 때 사람들이 할 법한 행동을 고려해야 한다. 예를 들어 위험에 처한 집단이 오염원인 공장 인근에 거주하는 사람들로 구성되어 있다면, 그들은 평생을 공장으로부터 같은 거리에서 살아가는가, 아니면 일정 기간 후에는 이사를 갈 가능성이 더 높은가? 그러한 질문들에 대해 원칙적으로 수많은 답변들이 제시될 수 있지만, 여기에는 과도한 단순화와 부정확성이 끼어들 여지가 많다. 의류산업에서와 마찬가지로, 우리가 노출을 측정하고자 하는 '전형적인' 사람이란 유용한 허구의 산물이다. 내가 기계의 불합리함을 경험한 소소하면서도 상대적으로 무해한 사건을 예로 들어보겠다. 신원이 확실한 여행자trusted traveler 지위를 얻으려고 미국 국경보안 당국에 갔을 때의 일이다. 처음에는 정부의 지문인식기가 두번의 시도에도 내

지문을 제대로 등록하지 못했다. 나중에 친절한 직원이 "여성분들의 경우 기계가 간혹 말썽을 부린다"고 내게 설명해주었다. (알고 보니 손가락을 스크린에 대기 전에 핸드로션을 바르면 문제가 해결되었다.) 그처럼 우둔하게 설계된 기계가 항상 별 탈 없이 넘어가는 것은 아니다. 때로는 표준 사용자에 맞게 만들어진 안전장치가 표준이 아닌 몸과 만나 비극이 발생하기도 한다. 미국에서 앞좌석에 탄 어른 승객을 보호하기 위해 만들어진 에어백이 너무 강하게 팽창해 수십명의 어린이들을 죽게 한 사건들이 그런 사례다.

인간과 기술시스템의 상호작용에 관한 좀더 복잡한 질문들은 위험분석에서 완전히 간과되는 경향이 있다. 예를 들어 사람들이 매우 다른 수준의 신체적 숙련과 지적 성숙도에 기반해 기술을 사용한다는 사실을 위험평가에서 어떻게 고려해야 하는가? 안전한 자동차를 설계할 때 가상의 운전자는 어떤 사람으로 설정해야 하는가? 착실한 중년의 부모인가, 무모한 십대인가, 상습적 술꾼인가, 경주용 차에 열광하는 사람인가, 눈이 침침한 노인인가, 아니면 이 모두를 인위적으로 뒤섞은 인물인가? 오늘날 너무나 많은 기술이 지역과 정치적 경계를 가로지른다는 점을 감안하면, 제조업체의 위험평가가 어떻게 서로 멀리 떨어진 국가들에 있는 최종 사용자의 매우 다른 지식과 습관을 적절하게 담아낼 수 있겠는가? 가장 단순한 생략이 치명적 결과로 이어질 수 있다. 예를 들어 영어로 쓰인 살충제 경고 문구는 비영어권 국가의 농부들에게 경고의 메시지를 전달하지 못했다. 반대로 수입된 기술의 위험을 평가할 때, 기술을 제공하는 회사나 기술을 적절하게 평가하는 데 필요한 정보의 정확성, 신뢰성, 혹은 정직성을 수치에 담아낼 수 있겠는가? 악명 높은 폭스바겐의 "임의설정장치" 사례(2장을 보라)는 분명 그렇지 않음을 시사한다.

요컨대 20세기의 마지막 3분기에 정책결정자들이 실행하게 된 위험분석은 민주주의에 중대한 고민거리를 안겨준다. 이는 현실에 대한 상대적으로 얇은 기술thin description에 근거하고 있고, 기술 발전 과정에서 너무 뒤늦게 이뤄지는 경향이 있으며, 사회기술 시스템의 복잡성에 대한 피상적 인식 위에서 작동한다. 이는 현실 세계의 사회기술적 상호작용이 갖는 복잡성과 역동성을 축소한 전형적이거나 표준적인 시나리오를 구축하며, 그 자신의 규범적 가정들에 대해 몰역사적이고 사려 깊지 못한 태도를 취한다. 기술의 거버넌스를 향상시키려면 사람들이 미래를 숙고할 때 관심을 갖는 가치의 전체 범위를 더 잘 고려할 필요가 있다. 변화의 가치뿐 아니라 연속성의 가치, 신체적 안전뿐 아니라 삶의 질, 경제적 편익뿐 아니라 사회정의까지도 고려할 수 있도록 말이다. 이어지는 장들에서는 특정 기술 분야를 통치할 때 계산적 합리성의 한계와 그 실패를 조명하는 몇몇 사례를 살펴보도록 하겠다.

3장

재난의 윤리적 해부학

재난은 인류가 자신의 기술적 창의력의 산물과 조화롭게 살아가지 못하고 있음을 보여주는 극적인 사례다. 재난은 종종 특정한 장소명과 결부되어 재앙이 일어난 현장으로 역사에 메아리친다. 1976년 이딸리아 북부 밀라노 인근의 쎄베소에서 아이들의 피부에 염증을 일으키고 수천마리의 동물들을 죽인 독성 다이옥신 유출, 1984년 난개발이 진행 중이던, 인도 중부의 도시 보팔을 뒤덮은 치명적 이소시안화메틸Methyl isocyanate의 짙은 장막, 1986년 우끄라이나의 도시 체르노빌과 2011년 일본의 후꾸시마에서 일어난 파국적 핵사고, 그리고 1957년 영국의 윈즈케일(나중에 쎌라필드로 개칭)과 1979년 펜실베이니아주 해리스버그 인근의 스리마일섬 발전소에서 일어난, 피해는 덜했지만 미래를 예견케 했던 핵사고 등이 그런 사례들이다. 세계 어디서든지 산업국가라면 석탄광산, 석유 굴착 장치, 공공도로, 철도 건널목, 경기장, 댐, 다리, 입체교차로, 공장에서 일어난 지역적 비극으로 기억되는, 그리 알려지지 않은 장소명의 목록을 줄줄 인용할 수 있다. 기술사고로 의한 인명피해, 환경오염, 기업 파산, 병에 걸리거나 불구가 된 몸을 헤아리는 일은 결코 끝나지 않을 것이다.

기술재난은 상실보다 실패를 의미한다. 또한 기술재난은 부주의와 과도한 욕심에 부치는 교훈극이기도 하다. 이러한 사건들의 줄거리에는 우리가 기술을 다룰 때 흔히 저지르는 종류의 실수들과 우리가 예견하지 못할 가능성이 높은 종류의 결과들에 관한 교훈이 담겨 있다. 그러한 교훈들은 지금의 시대에 특히 중요하다. 한편으로 부와 인구밀도의 증가, 다른 한편으로 자본과 산업의 이동성 때문에 재난의 충격이 커진 반면 그것의 원인을 예측하고 정확히 밝히기는 점점 더 어려워진 시대 말이다. 아울러 재난은 사회적 불평등의 동역학에 관한 통찰도 제공한다. 이 때문에 재난은 윤리적·정치적 분석의 주된 소재가 되고 있다.

통계는 재난에 관해 한가지 공통되면서도 당혹스러운 얘기를 들려준다. 가난한 사람들이 부자들보다 더 큰 고통을 겪는다는 것이다. 가난한 사람들은 더 위험한 조건에서 더 오래 일하고, 덜 보호된 주거지에서 생활하며, 재난이 닥쳤을 때 스스로를 지킬 수 있는 자원을 덜 갖고 있다. 종종 그들이 속한 공동체는 좀더 주변적 위치에 있고, 상실과 고통에서 보호해달라고 관리들에게 압력을 가할 능력이 없다. 2013년 봄 방글라데시의 직물공장에서 일어난 사고는 이처럼 익숙한 각본을 비극적으로 상연했다. 4월 24일에 다카의 교외공업지에 위치한 9층짜리 라나플라자 빌딩이 무너져내렸고, 그 안에서 일하던 1129명의 노동자들이 사망했다고 알려졌다.* 놀라운 것은 이 건물이 무너졌다는 사실이 아니라 가능성이 있는 온갖 경고들에도 불구하고 이 건물이 수천명이 일하는 작업장으로 쓰이고 있었다는 사실이다. 라나플라자의 인상적인 푸른색 유리 입구 외관과 넓은 정면 계단은 세상에 잘못된 인상을 심어주고 있었다. 이 건물은 기준에 못 미치는 자재로 건설됐고 콘크리트에 모래가 너무 많이 섞여 있었으며 질퍽질퍽한 습지 위에 지어졌다. 검사관과 행정 당국의 인허가 과정도 미심쩍었다.[1] 이미 약한 구조물 위에 8층이 불법적으로 증축되었고 9층이 추가로 증축되는 과정에서 건물이 무너졌다. 건물 상층부에서 가동되던 무거운 발전기들은 다카의 잦은 정전에 대비해 예비 전력을 제공했다. 이 기계들이 가동되면 건물이 진동으로 흔들렸고, 벽과 지지대를 약하게 해 종국에는 4월의 그날 아침에 치명적인 붕괴사고로 이어졌다.

재난이 일어나기 전날, 모든 노동자들이 대피해 있을 때 한 엔지니어가 건물의 벽과 내력 기둥에 심각한 수준의 금이 간 것을 발견했다. 공장 소유주와 3500여명의 의류 노동자들은 사고 당일 아침 바깥에서 공장에 들어가도 되는지 알아보기 위해 초조하게 기다렸다. 할당량은 채워야 했고 계약은 완수해야 했다. 두 사람 ─ 그중 한명은 구조 엔지니어였다 ─ 이 불려와 금이 간 것을 검사했고, 그들은 건물이 안전하다고 선언했다. 나중에 몇몇 사

---

* 늘 그렇듯 이런 숫자는 결코 완벽하게 확실한 것이 아니다. 라나플라자 붕괴 사고로 인한 사망자 수는 1127명에서 1131명 사이로 오락가락 보도되었다.

람들은 그들이 건물 소유주인 소헬 라나에게 고용된 이들이라고 말했다. 35세의 라나는 암흑가 스타일의 사장으로, 방글라데시의 다수당인 아와미연맹Awami League과 유착관계였고 이것이 그의 수상적은 부동산 거래와 (들리는 소문으로는) 마약 거래가 합법화되는 데 도움이 되었다. 노동자들이 출근 시간에 맞춰 건물로 들어간 후 30분이 지난 8시 30분에 전기가 나갔고, 발전기가 죽음의 가동을 시작했다. 채 10분도 못 되어 건물의 한쪽 구석이 붕괴했고, 몇분 후에는 건물 전체가 무너져내렸다. 당시 라나 자신은 건물 지하에 있었다. 그는 목숨을 건졌고 검거를 피해 도피하려 했지만 인도 국경에서 체포되어 다카로 송환된 후 살인죄로 재판정에 섰다.

소헬 라나의 체포와 투옥에 이르기까지, 그의 이름이 들어간 건물이 붕괴하는 과정은 위험과 빈곤에 관한 모든 서글픈 예상을 확인해주는 듯 보였다. 가난한 노동자들이 푼돈을 벌기 위해 디킨즈 소설에 나옴직한 부당한 조건에서 일하는 동안 부자들은 이윤을 얻고 더 부유해지고 있다. 생산과 소비는 기나긴 공급망 때문에 분리된다. 겨우 월 15달러의 임금을 받으며 일하는 방글라데시 노동자들이 저 멀리 유럽과 미국에서 그 몇백배의 돈을 버는 구매자들을 위해 지퍼와 셔츠 칼라를 꿰매고 있다. 원산지와 판매지 사이에 존재하는 부와 권력의 엄청난 간극은 라나가 관리들에게 준 것과 같은 뇌물이 일상으로 자리잡은 부패의 가능성을 열어놓는다. 일이 절망적으로 잘못될 때, 가장 큰 타격을 받고 때로 다수가 죽어나가는 이들은 가난한 사람들이다. 반면 부자들은 살아서 후일을 도모할 수 있다.

그러나 기술 세계에서는 위험이 반드시 부자들에게 친절하지 않다. 우리 모두는 다소 취약성을 내포한 위험사회의 시민들이다. 2011년 독일에서 유행한 치명적인 식품매개 대장균 중독 사건은 라나플라자 이야기에 유익한 반대 논점을 제공한다. 그해 5월 21일부터 독일 보건 당국은 특히 젊은 여성들 사이에서 급성설사 증상과 함께, 종종 그러한 감염에 뒤따라 나타나며 신부전과 사망으로 이어질 수 있는 용혈성 요독증후군이라는 증상이 늘어나고 있다고 보고하기 시작했다.[2] 7월 말 관리들이 유행이 끝났다고 선언했을 때에는 유럽 전역에서 두가지 질병이 4천건 이상 보고되었고 그중 대다수는 독일 북부의 함부르크시 인근에 집중돼 있었다. 위기가 종식된 시점까지 53명의 사망자가 나왔는데 두명을 빼면 모두 독일인이었다.[3] 살아남은 희생자들 중 많은 이들이 영구적인 장애를 입었고, 투석과 같은 장기적 의료 처치를 필요로 했다. 이 사건은 두 세대 만에 일어난 최악의 대장균 오염 사례였다. 세계보건기구가 대략 13억 달러로 추산한 농부들과 관련 산업체들의 경제적 손실은, 아마도 역사상 이전의 그 어떤 식품매개 질환 사례도 넘어서는 것이었다.

그처럼 충격적인 공중보건의 위기가 어떻게 세계에서 가장 부유하고 가장 건강을 의식하며, 가장 기술적으로 세련된 국가들 중 하나에서 일어날 수 있었는가? 초기에 감염의 원인을 찾는 데 어려움을 겪었다는 사실은 식품 생산의 분산적 성격과 함께, 심지어 부유한 서구에서도 소비자들과 규제기구가 식품을 식탁까지 가져다주는 공급망을 통제하지 못하고 있음을 분명히 보여준다. 동일한 장소에서 식사를 한 후 증상을 보인 집단과 그렇지 않은 집단을 비교해 원인을 정확히 밝히려는 초기의 노력은 신선한 샐러드와의 연결고리를 암시했다. 이러한 발견은 비정상적으로 많은 수의 성인 여성들이 증상을 보였다는 사실과도 부합했다. 요리하지 않은 샐러드 재료, 특히 상추, 오이, 토마토를 섭취하지 말라는 공식적 조언이 뒤따랐다. 함부르크의 공중보건 당국은 처음에 스페인산 오이에 비난의 화살을 돌렸고, 오이에서 문제를 일으킨 독소가 검출되었다고 확신에 찬 주장을 했다. 독일 연방 당국은 좀더 신중했고, 이후 연방 당국이 시행한 검사에서는 그 오이에 치명적인 박테리아 균주가 포함되어 있지 않다고 결론 내렸다. 그러나 이때쯤이면 스페인의 채소 재배 농가들이 그 평판에 심각한 손상을 입은 후였다. 혼란이 지속되던 6월에 러시아는 유럽연합으로부터 모든 신선 농산물의 수입을 한달간 중단한다고 선언했다.

독일에서 처음 보고가 있은 지 한달쯤 뒤에, 이와 비슷하지만 규모는 훨씬 작은 유행이, 프랑스 보르도시 인근에서 열린 행사에서 같이 식사를 한 일군의 사람들에게 발생했다. 일견 연관이 없어 보이는 질병 클러스터를 따라 조사 작업을 벌인 결과 함부르크에서 80킬로미터 떨어진 작은 마을인 비넨뷔텔의 특정한 유기농 농장에서 나온 발아 호로파 종자에서 원인을 찾을 수 있었다. 연쇄는 거기가 끝이 아니었다. 나중에 보건 당국은 이집트에서 수입된 호로파 종자가 가장 가능성이 높은 범인이라고 결론

지었다. 문제의 박테리아 균주를 비넨뷔텔 농장에서 찾은 종자에서 실제로 분리해내지는 못했다. 유럽식품안전청European Food Safety Authority은 이 사건을 조사해달라는 요청을 받자 대충 얼버무리고 넘어가려 했다.

대장균 O104:H4가 의심되는 종자에 존재한다는 점을 입증하지 못한 것은 뜻밖의 일이 아니다. 표본 수집이 이뤄졌을 때 오염된 종자가 더이상 남아 있지 않았을 가능성도 있고, 설사 남아 있었다 해도 오염의 수준이 낮아서 미생물의 분리가 불가능했을 수도 있다. 그러나 이것이 종자와 발아 종자에 장내세균이 존재하지 않았음을 의미하지는 않는다.[4]

요컨대 유럽에서 으뜸가는 보건연구소들의 전문성이 모였다지만 공급망을 따라서 전파된 질병과 연관된 모든 불확실성을 해소하지는 못했다. 어떤 단일한 국가나 규제기구도 공급망 전체를 감시할 수 없었다.

라나플라자 붕괴와 독일의 대장균 유행은 둘다 위험이라는 전 지구적 시장에서 되풀이되는 분배 정의의 문제를 가리킨다. 재난에서 가장 큰 타격을 받는 사람들은 종종 인명피해를 초래하는 환경을 통제할 힘을 가장 적게 가진 사람들이다. 그들은 기나긴 생산망의 시작과 끝에 있는 이들이다. 위험한 공장에서 일하는 사람들과 수입된 식품류의 소비자들 말이다. 그들이 고통을 겪거나 죽음을 맞은 이유는, 밝혀진 바에 따르면 그들이 신뢰했던 중 개인이나 더 높은 지위의 사람들 — 고용주, 관리, 전문가, 상품 공급업자 — 의 지식과 판단에 결함이 있었기 때문이다. 또한 재난은 전개가 빠르고 혼란을 야기한다. 불확실하고 동요를 일으키는 환경에서는 엉뚱한 사람들에게 비난의 화살이 돌아갈 수 있으며, 이는 다시금 더 많은 상실과 슬픔을 유발한다. 스페인의 채소 농부들이 재배한 오이는 결국 대장균에 오염되지 않았다고 밝혀졌지만, 때는 너무나 늦었다. 스페인 경제는 위기가 최고조에 이르렀을 때 매일 850만 달러로 추산되는 손실을 감내해야 했다.[5] 재난 이후 도움의 손길은 종종 늦게 도착하며, 도착했을 때는 적절성이 떨어져 피해자를 만드는 순환과정을 영속화한다. 대규모 중독 사건은 많은 비용이 들고 장기간에 걸친 치료를 요하는, 건강에 대한 만성적 영향을 유발할 수 있다. 법률적 절차는 배상 요구를 여러해 동안 묶어놓을 수 있다. 이는 부분적으로 재난이 진행되는 동안, 그리고 그 이후에 수집된 증거가 종종 신뢰성이 떨어지고 불완전하기 때문이다. 그 어떤 경우에도 부모가 자식을 잃거나 어린아이가 부모나 가장을 잃은 것을 적절하게 보상해줄 수 있는 방도는 없다.

기술에 대한 윤리적 거버넌스에서 중요한 단계는, 왜 이처럼 부당한 패턴이 재난을 둘러싸고 계속 나타나며 최악의 영향을 완화하기 위해 어떤 일을 할 수 있는지를 이해하는 것이다. 이러한 목적을 위해 재난의 세가지 차원을 면밀하게 들여다볼 필요가 있다. 전문가 예측의 한계, 보상의 제한, 기술시스템 관리의 구조적 불평등의 원천이 바로 그것이다. 이 세가지 차원은 세계 최악의 산업재해에서 아주 분명하게 드러났다. 1984년 인도의 보팔에 있던 유니언카바이드Union Carbide Corporation의 자회사가 소유한 화학공장에서 이소시안화메틸 가스가 누출된 사고다. 끝없이 연구되고, 끝없는 논쟁이 벌어진 보팔 참사는 그 어떤 원인과 결과의 일관된 서사도 완강하게 거부하고 있다.[6] 이는 이 사건을 재난의 윤리적 해부학을 탐구하는 데 특히 유용한 사례로 만들어준다. 이러한 의미에서 보팔의 서사는 세월이 흘러도 여전히 유효하다. 물론 외부인은 거의 방문하지 않을 도시에서 한 세대 전에 일어난 사건이긴 하지만, 보팔 가스 참사는 그것을 유발한 비극적 실패와 함께 오늘날 인간의 과욕과 태만을 상징하는 우화가 되었다.

한밤중에 들이닥친 죽음

조지 오웰은 모든 것을 꿰뚫어보는 권위주의 국가가 시민들의 개인주의 정신을 짓밟는 세계를 묘사해 1984라는 숫자를 디스토피아의 대명사로 바꿔놓았다. 1984년 말의 인도는 지도력과 비전이 전무해 보이는, 목표를 상실한 국가라는 점에서 또다른 방식으로 디스토피아적이었다. 자와할랄 네루의 딸 인디라 간디는 세번째 수상 임기의 4년 차를 맞고 있었다. 그녀는 앞서 1977년 선거에서 수치스러운 패배를 당하며 수상직에서 물러났는데, 이는 이른바 비상사태 기간에 그녀가 2년간 시행한 권위주의 통치에 대한 압도적인 심판이었다. 1980년 권좌에 복귀한 간디는 계속 반대자들을 용납하지 않는 태도를 보였지만 인도를 하나로 묶을 수는 없었다. 그녀는 북부 편자브주의 시크교도들이 시작한 분리주의 운동에 맞서 시크교의 성지인 암리차르 황금사원에 군대를 보내 유혈진압을 했다. 4개월 후인 1984년 10월 31일에 간디는 암리차르 사건의 보복으로 두명의 시크교도 경호원들에 의해 암살됐다. 이후 수도인 델리를 중심으로 폭력적인 반시크교도 시위가 벌어지면서 수천명이 사망했고 그보다 훨씬 더 많은 수의 사람들이 삶의 터전을 잃었다.

보팔 사고는 그러한 유혈참극과 정치적 혼란을 배경으로 전개되었지만, 그 뿌리는 오래전에 인도가 정치적 독립뿐 아니라 경제적 독립을 성취하려 분투한 역사 속에 심어져 있었다. 인디라 간디가 수상으로 재임한 초기는 인도에서 녹색혁명이 일어난 시기와 일치했다. 농업 혁신을 통해 인도가 수입 곡물에 대한 굴욕적 종속에서 벗어날 수 있었던 시기였다. 과학의 기적으로 상찬 받은 녹색혁명의 종자들은 미국의 선구적 농학자 노먼 볼로그에게 충분한 자격이 있는 노벨상을 안겨주었다. 그러나 종자들은 집약적 관리 없이는 잠재력을 발휘할 수 없으며, 볼로그가 키워낸 줄기가 짧고 튼튼한 고수확 품종 역시 예외가 아니었다. 녹색혁명의 많은 비판자들이 "고투입 품종"high-input varieties이라며 조롱한, 이 생명을 구하는 곡물들은 어마어마한 양의 물, 비료, 농약, 전기를 투입해야 했다. 여기에 들어가는 총비용과 불평등한 분배의 영향은 극찬을 받은 이 사회기술적 성취의 역사의 일부다. 고수확을 위해 점점 더 화학물질에 의존하게 된 농업생산 시스템과 결부된 공장에서 일어난 보팔의 재난 역시 마찬가지다.

1960년대 말에 미국 코네티컷주 댄버리에 본부를 두고 있는 화학회사인 유니언카바이드UCC가 보팔에서 사업을 시작했다. 처음에는 배터리를 생산했다. 1974년에 UCC는 자사의 대표 제품 중 하나인 세빈Sevin의 생산을 위한 대규모 신규 공장의 건설 허가를 얻었다. 세빈은 카바릴이라는 화합물을 함유한 살충제의 상표명이었다. 모회사는 인도에서 자회사인 유니언카바이드 인도 유한회사Union Carbide India, Limited, UCIL를 통해 사업을 했다. 당시 인도법은 인도 회사의 외국인 소유 지분을 50퍼센트 이하로 제한했지만, 유니언카바이드는 농화학물질의 주요 공급업체라는 중요성 덕분에 예외적으로 회사 주식의 50.9퍼센트를 보유해 지배 지분을 유지하도록 허용됐고, 인도의 금융기관과 개인 투자가 들이 나머지 49.1퍼센트를 보유했다.

카바릴은 DDT와 달리 동물조직이나 환경에 축적되지 않으며, 따라서 식량 작물에 사용하기에 특히 바람직한 농약이라고 여겨졌다. 그러나 이것이 해충과 익충에 무차별적으로 작용한다는 우려가 계속 남아 있었고, 이에 따라 다수의 국가가 이 화합물을 농약으로 사용하는 것을 불허했다. 보팔 이야기에서 좀더 중요한 점은 세빈을 제조할 때 쓰이는 성분 중 하나가 이소시안화메틸MIC이라는 독성 중간물질이라는 사실이다. 이 화합물은 액체 MIC를 가스로 변환해주는 물과 반응성이 높다고 알려져 있었다. MIC는 극소량으로도 눈, 코, 목구멍에 극심한 통증을 유발하고 피부에 화상을 입히며, 내부 장기를 손상하고 폐에 물이 차 기침, 질식,

그리고 많은 경우 사망으로 이어지도록 한다.

1984년 12월 2일 늦은 저녁에 UCIL 공장의 이소시안화메틸 지하 저장탱크 중 하나에 다량의 물이 흘러들었다. 자정 직후 가스로 변한 MIC가 공장 외부의 대기 속으로 누출되기 시작했다. 가스가 새어나가기 전에 중화하도록 설계된 세정시스템은 작동하지 않았다. 사고가 일어났을 때 공장 외부의 공동체에 이 사실을 알렸어야 할 경보시스템은 너무 늦게서야 작동했다. 30분이 채 못 되어 짙은 가스 안개가 공장 남동부의 인구밀도가 높은 노동계급 거주 구역에 있는 수만의 가정에 스며들었다. 단출한 집에서 잠을 자던 사람들은 자신들을 에워싼 것이 무엇인지도 모른 채로 잠에서 깨어 숨을 헐떡거리다 눈이 멀었다. 많은 사람들이 잠을 자다가 변을 당했다. 그렇지 않았던 사람들은 거리로 쏟아져나와 질식을 유발하는 증기를 피해 달아나려 애썼다. 1주일 후 보팔에서 보도기사를 쓴 『뉴욕타임즈』 기자는 끔찍한 광경을 이렇게 묘사했다.

사람들은 수천명씩 길거리로 비틀거리며 나왔고, 숨을 헐떡거리고 구토를 하고 불타오르는 듯한 눈에서 눈물을 쏟아내며 우르르 몰려다니는 사람들 무리에 합류해 사방에 떠다니는 듯한 증기의 고통에서 달아나려 애썼다. 어떤 이들은 공황 상태 속에서 자동차와 트럭에 치였고, 다른 이들은 쓰러져 더 나아가지 못하고 물소, 개, 염소, 닭들과 함께 시궁창에서 죽음을 맞이했다.[7]

그날밤에 적어도 2천명의 사람들이 사망한 것으로 추정되며, 또다른 1500명이 그 직후에 숨을 거뒀다. 공식 추산에 따르면 현장에서 사망한 사람이 3500명 내외지만, 많은 사람들은 노출이 일어난 이슬람교도 거주 구역에서 팔린 수의의 양을 근거로 실제 사망자는 8천명이 넘을 거라고 믿고 있다. 공황 상태 속에서 40만명이 도시를 탈출했고, 추산에 따르면 15만에서 20만명이 심각한 가스 관련 상해를 입었다. 사망자와 부상자의 총 숫자는 현재까지도 논쟁거리로 남아 있으며, MIC의 장기적 영향이 더 많은 생명을 뒤덮으면서 그 수는 점차 늘어나고 있다. 분명한 사실은 이 사건이 민간인들을 덮친 독가스 공격으로는 사상 최대 규모였고, 전쟁이라는 맥락 바깥에서 일어난 일이라는 것이다.

오늘날 UCIL 공장 부지는 버려졌고, 철사 울타리와 문으로 둘러싸인 부지 주변에서는 암소들이 풀을 뜯고 있다. UCIL은 더이상 독립된 기업으로 존재하지 않는다. 이 회사는 1994년에 (인도) 매클러드러셀 유한회사Mcleod Russel Limited에 매각되어 에버레디산업Eveready Industries으로 명칭이 바뀌었다. 유니언카바이드 자체는 예전 회사에서 뼈대만 남았고, 다우화학회사Dow Chemical Company가 100퍼센트 지분을 가진 자회사가 되었다. 직원 수는 2400여명으로 참사 당시 고용돼 있었던 9만 8천명에 비하면 거의 없다시피 한 수준이다. 그러나 보팔과 카바이드라는 명칭은 대중의 기억 속에서 떼려야 뗄 수 없이 연결돼 있다. 이러한 기억은 좀처럼 잊히지 않고 있으며, 더이상 현존하지 않는 회사가 여전히 웹사이트에서 이를 제어하고 미화하려 애쓰고 있다.

전문성의 비대칭성

UCC 웹사이트에 가보면 회사의 역사 — 거대 다국적회사의 부상과 몰락을 보여주는 연대표 — 에 대한 링크가 달려 있다. 1984년에는 이런 설명이 붙어 있다. "12월, 인도 보팔의 공장에서 파괴 행위로 인해 유발된 가스누출로 비극적인 인명손실이 발생하다."[8] 이는 유니언카바이드가 재난 직후부터 법정 소송과 공개 성명서에서, 그리고 자체적인 자기 이해의 일부로 완강하게 고수해온 입장이다. 회사에 따르면 보호시스템이 훌륭하게 작동하고 있었기 때문에 공장에 우연한 사고로 물이 들어가는 것은 불가능했다. 이는 "불만을 품은 직원"이 고의로 저지른 행위였고, 회사는 일찍이 1986년부터 그 사람의 신원을 확인했다고 주장했다. 회사는 인도정부도 이 사실을 알고 있지만 신원을 공개하면 UCC가 법률적 책임에서 면제되기 때문에 공개하지 않고 있다고 주장했다. 유니언카바이드를 제외하면 보팔 참사의 그 어떤 행위자도 불만을 품은 직원 이론을 공개적으로 지지한 적이 없다.

가스누출을 파괴 행위 탓으로 돌리는 것은 재난 이후 눈에 보이게 된 지식 격차와 권력 비대칭성에 관한 핵심적인 질문들을 솜씨 좋게 피해 간다. MIC가 인간의 건강에 미치는 장기적·단기적 영향은 이전에 얼마나 많이 알려져 있었는가, 아니면 알려져 있지 못했는가? 그처럼 독성이 강한 물질이 왜 밀집된 도시 환경 속에 있던 현지에 보관돼 있었는가? 어떤 비상조치들이 마련돼 있었으며, 그것이 그토록 무력했던 이유는 무엇이었는가? 사고 직후에만이 아니라 장기적으로도 만성질환에 대한 의료적·사회적 모니터링을 실시해 희생자들을 돌보는 것은 누구의 책임이었는가? 사고가 아니라 악의적 의도가 재난을 유발했다는 UCC의 기본 주장은 결과적으로 회사가 공개 포럼에서 그러한 질문들에 답해야 할 그 어떤 의무도 면제를 받을 수 있게 했다. 비난을 피하려는 회사의 노력에도 불구하고, 회사를 괴롭힌 수십년간의 조사와 법정 소송의 결과로 어느정도 답변을 얻을 수 있게 되었지만 말이다.

MIC는 독성학 분야의 표준 기법들을 써서 연구하기가 어렵다. 독성학자들은 흔히 쥐나 생쥐 같은 동물들을 인간의 대용물로 써서 최대 2년에 걸쳐 대상 화학물질에 노출됐을 때 받는 영향을 관찰하는 것이 보통이다. 1984년에는 MIC에 대해 알려진 것이 거의 없었다. 어느정도는 이 매캐한 화합물이 독성학자들이 작업하기에 너무나 불쾌해서 이를 철저하게 시험하는 연구를 수행하지 않았기 때문이었다. 그 결과 우리는 오늘날 MIC의 만성적이거나 장기적인 영향(예를 들어 폐, 생식계통, 정신건강에 미치는)에 관해 알려져 있는 내용 대부분을 가능한 최악의 방식으로 이루어진 자연적 실험에서 얻었다. 이에 동의하지 않은 인간 피험자들이, 그 성질이 사전에 충분히 잘 이해돼 있지 않아 장기적 치료법은 고사하고 응급 대응조차 어려운 물질에 사전 계획 없이 노출된 것이다.

사고 이후 격렬한 의학적 논쟁이 터져나왔다. 이를 본 수많은 보팔 희생자와 그 간병인 들은, 회사와 주정부가 책임을 회피하는 데 급급한 동안 가스에 노출된 사람들이 간절하게 필요했던 치료법을 빼앗겼다고 확신하게 됐다. 의견 차이는 시안화물 중독의 해독제로 알려져 있던 티오황산나트륨의 배포와 활용을 중심으로 표출됐다. 당국은 공장에서 누출된 가스에 시안화수소가 함유된 것으로 밝혀질 경우 홍보활동에 심각한 역풍이 불 거라고 우려한 듯싶다. 희생자들은 티오황화물 주사를 맞고 효과를 봤다고 했고, 일부 부검 결과 역시 시안화물 중독과 일치하는 듯 보였다. 그러나 유니언카바이드 임원들의 후원을 받은 주州 관리들은 그처럼 개인적인 보고들을 신뢰할 수 없고 어쨌든 시안화물 노출은 일어나지 않았다고 강변하며 그러한 주장들을 부인했다. 마디아프라데시주는 보팔에 우후죽순처럼 생겨난 민중 진료소들에 경찰을 배치해 티오황산나트륨을 나눠주는 것을 금지했다. 심지어 희생자들을 위해 일하던 몇몇 자원활동 의사들을 일시적으로 투옥하기까지 했다.

그러한 병원들 중 하나에서 일하던 의사 마이라 사드고팔은 희생자들이 보고한 경험과 기성 의료계가 취한 입장의 간극을 이렇게 묘사했다.

하지만 사람들은 두통, 근육통, 불면증, 흉통, 호흡곤란, 심계항진, 시야 흐려짐 등의 특정 증상들이 분명한 완화를 보였다고 말하고 있다. 반응이 한결같지는 않지만, 대단히 분명한 증상 완화의 증거인 것은 분명하다. 하지만 보팔에 있는 거의 모든 의사들은 현재까지 이러

한 결과를 받아들이지 않고 있다. 그들은 항상 징후가 나타나시 않았다고 말한다.[9]

한편에는 가난하고 과학적 지식을 갖추지 못한 사람들의 주관적 느낌이 있었고, 다른 한편에는 존경받는 인도의학연구회Indian Council of Medical Research를 포함한 정통 의료과학의 전문성이 있었다. 관리들의 생각에는 어느 쪽 견해가 우위를 점해야 하는지에 대해 거의 의문이 없었다. 그러나 사건이 있은 지 한참 뒤에 UCC에 대한 법률적 심리에서 수집된 문서들은 믿을 만한 지식이 충분치 않았음을 시사한다.

12월 3일 금세 현장에 도착한 UCC의 의료 인력은 기본적으로 독성학적 무지 상태에서 활동하고 있었다. 그들은 MIC가 인체에 어떻게 작용하는지 혹은 대규모 노출이 장기적으로 인구집단 규모에서 어떤 결과를 가져오는지 상세한 내용을 알지 못했다. 보팔 사건을 논의하기 위해 1985년 1월 3일에 소집된 화학제조회사협회Chemical Manufacturers' Association(나중에 미국화학협회American Chemistry Council) 회의의 의사록에는 충격적인 진술이 나온다. "사고 직후 보팔에 파견된 의사들은 대다수 생존자들의 경우 당장 나타난 신체적 문제들이 아마도 사라질 거라고 말하고 있다."[10] 이러한 낙관적 평가는 전적으로 부당했음이 밝혀졌고, 눈, 폐, 생식계통, 그외 장기의 질병들뿐 아니라 심리적 충격이 재난 이후 수십년에 걸쳐 계속 축적되었다. 체화되고 경험에 입각한 희생자들의 지식과, 추측적이고 증거의 뒷받침을 받지 못한 의사들의 지식 사이의 다툼에서는 전자가 더 많은 신뢰를 받았어야 했다고 생각하는 것이 합리적이다. 그러나 현실에서는 티오황산염을 배포하던 진료소들이 문을 닫은 것에서 볼 수 있듯, 객관적 과학의 이름으로 활동하던 기성 의료계가 희생자들의 증언을 냉담하게 묵살했다. 공식적 입장을 뒷받침할 만한 견고한 증거가 거의 없었는데도 말이다.

법의 부당성

의학 전문성은 고통의 나날을 보내던 보팔 희생자들에게 도움을 주지 못했다. 인도나 미국의 법률기관들 역시 마찬가지였다. 과실로 인해 피해가 발생했다는 혐의가 있는 이러한 사건은 불법행위tort의 범주에 들어간다. 이는 사적 행위자들이 유발한 상해를 다루는 법의 갈래다. 불법행위법tort law의 원칙들을 보팔 사건에 적용하려 노력하는 과정에서 두가지 중대한 실천적 문제가 즉각 대두되었다. 첫째, 당시 인도는 신흥 산업국가였고 인도 법원은 피해를 입은 도시에서 일어난 것과 같은 규모의 법적 책임 청구에 대응할 준비가 안 되어 있었다. 둘째, 수십년 뒤에 일어난 라나 플라자나 비넨뷔텔에서의 사건을 예견하기라도 하듯, 보팔 참사는 그 원인과 결과가 국경을 넘나들며 나타났다. 미국에서 수입한 제조업 전문성에 근거를 둔 미국 회사의 사업이 인도에서 밝혀지지 않은 수천명의 사람들에게 피해를 입혔다. 누가 그 숫자를 정확히 알 수 없는 일군의 희생자들을 가장 효과적으로 대변할 수 있을까? 희생자들의 배상 청구가 긴급한 것에서 미심쩍은 것, 아마도 기회주의적인 것에까지 폭넓게 걸쳐 있었고, 재난이 미친 충격의 전체 그림이 드러나면 수많은 새로운 배상 청구들이 추가로 제기될 마당에? 하나의 대륙에 걸친 규모의 소송에서 어느 나라가 관할권을 가져야 할까? 원고들의 배상 청구는 어떤 법률에 따라 심리가 이뤄지고 판결이 내려져야 할까? 보팔 소송에 관한 모든 것이 전례 없는 일이었고, 20년이 넘는 시간 동안 이러한 질문들에 답하는 과정에서 소송이 겪은 우여곡절은 그 자체로 기념비적인 역사가 되었다. 그러나 재난의 윤리적 함의를 검토하는 이 자리에서는 보팔의 특수성을 넘어선 몇몇 측면들이 특히 두드러지게 부각된다.

사고 소식이 알려진 것과 거의 동시에, 대규모 불법행위 소송의 경험이 있는 일군의 저명한 미국 법정 변호사들이 유망한 의뢰인들을 확보할 요량으로 보팔에 당도했다. 미국의 소송 변호사들은 상당한 액수의 성사 사례금을 받고 일하는 데 익숙했다. 선불로는 최소한의 금액만 받지만 소송이 끝난 후 최종적으로는 원고들에게 지급 판결이 내려진 배상금의 4분의 1 내지 3분의 1을 사례금으로 받았다. 미국의 불법행위 소송 변호사들에게 그처럼 지독한 피해가 발생한 사건은 보상금의 액수가 기록적인 수준에 달할 거라는 상상만으로도 구미가 당기는 일이었다. 만약 재판이 유니언카바이드 본사가 속한 관할권인 미국에서 진행된다면 희생자들은 단일한 집단 소송으로 한데 뭉쳐 회사에 상당한 압박을 가할 수 있었다. 또한 높은 징벌적 손해배상금을 기대해볼 만한 이유가 충분했고, 이에 따라 원고들의 법률팀 역시 높은 순이익을 기대할 수 있었다. 그렇다면 흥분의 도가니이던 사고 직후에 미국 소송업계에서 가장 이름이 널리 알려진 몇몇이 보팔 인근에서 마치 거대한 벌집 주위의 꿀벌처럼 붕붕거리며 돌아다닌 것도 그리 놀라운 일이 못 될 터이다.

이에 대해 많은 이들은 국경을 넘어서까지 사고를 쫓아다니며 소송을 제기하는 꼴사나운 사례라고 생각했고, 이를 종식하기 위해 인도정부가 개입했다. 사고 후 넉달이 지난 3월 29일에 인도 의회는 1985년 보팔 가스누출 재난(배상 청구 처리)법 — 줄여서 보팔법으로 알려져 있다 — 을 입안했다. 이 법은 관습법에서 유서 깊은 국가 후견parens patriae의 원칙 — 이에 따르면 국가는 스스로를 보호할 수 없는 국민들을 보호할 권한을 갖는다 — 에 입각해, 그 운명적인 12월 밤에 일어난 사건에 대해 배상 청구를 했거나 앞으로 하게 될 모든 사람을 대변하는 배타적 권리를 인도정부에 부여했다. 이러한 권리에는 보팔 배상 청구인들의 편에서 소송을 제기하거나 추진할 권한뿐 아니라 소송에서 합의에 이를 권한도 포함돼 있었다. 이 법은 보팔의 대규모 재난에서 막대한 이익을 얻고자 했던 민간 변호사들의 희망을 산산조각으로 만들었지만, 아울러 희생자들이 품은 모든 희망이 인도정부의 능력에 달려 있게 하는 결과도 초래했다. 희생자들의 배상 청구를 효과적으로 대변하고, 정당하고 공평한 법적 결과가 나오도록 보장할 수 있는 능력 말이다.

보팔법은 누가 희생자들을 대변해야 하는지 결정했지만, 어디서 대변해야 하는지를 명시하지는 않았다. 이 문제는 불편의법정 不便宜法廷, forum non conveniens 원칙에 근거해 해결되어야 했다. 하나 이상의 재판 관할권이 포함된 사건의 경우 소송은 피고나 증인들에게 과도한 어려움을 제기하지 않는 장소에서 진행되어야 한다는 뜻이다. 보통의 경우 불법행위 소송에서 이 장소는 상해가 발생한 관할권이 된다. 그 법정이 부적절하다고 판명되지 않는다면 말이다. 그러나 이 사례에서는 기묘한 입장의 역전이 나타났다. 인도정부는 자국의 사법체계가 이 정도 규모의 논쟁을 다룰 능력이 없기 때문에 미국에서 소송을 진행해야 한다고 어쩔 수 없이 주장한 반면, 유니언카바이드는 인도 법원이 충분히 임무를 다할 수 있다고 역으로 주장한 것이다. 양측은 경험적 근거에 입각해 자기 주장의 정당성을 입증하기 위해 각기 상대방 국가에서 전문가를 고용했다. 인도는 위스콘신대학의 법학 교수이자 인도 법체계에 대해 미국에서 가장 널리 알려진 권위자인 마크 걸랜터를 수석 전문가로 고용했다. UCC는 N. A. 팔키발라와 J. B. 다다찬드지를 고용했는데, 두 사람 모두 인도 대법원에서 많은 경험을 쌓은 법률가이자 상급 변호사였다. 팔키발라는 1977년부터 1979년 사이에 주미 인도대사로 일한 적이 있었다.

중대한 판결을 내릴 책임은 미국 뉴욕 남부 지방법원의 존 F. 키넌 판사에게 맡겨졌고, 그는 판결에서 카바이드의 손을 들어주었다.[11] 키넌에게 중요했던 것은, 대부분의 문서들과 논란이 된 모든 행동 및 결정, 그리고 희생자들 자신까지도 인도에 있다는

UCC의 항변이었다. 따라서 소송을 뉴욕으로 옮기는 것은 이치에 맞지 않았다. 이는 미국의 사법 자원에 부당한 부담을 지운다고 판사는 결론 내렸다. 아울러 키넌은 이 소송이 인도의 주권에 민감한 정치적 결정을 수반한다고 보았다. 이에 따라 인도 법체계가 혁신과 적응을 통해 특별한 절차를 만들어낼 능력이 있을지를 둘러싼 온갖 논점에 대해, 키넌은 걸랜터의 비관적인 역사적·사회학적 평가를 거부하고 저명한 인도 변호사들이 뒷받침하는 카바이드의 보증을 받아들였다. 위기의 순간에 처한 인도가 난국에 잘 대처할 거라고 본 것이다.

키넌은 63면에 달하는 의견서의 결론에서 인도가 국제사회에서 점하고 있는 지위에 대해 호소력 있는 찬가를 바쳤다.

> 1986년의 인도는 세계적 강국이며, 인도의 법원은 공평하고 평등한 정의를 부과할 수 있는 입증된 역량을 갖추었다. 인도 사법부가 전 세계 앞에 당당히 나서 자국민들 편에서 판결을 내릴 수 있는 이러한 기회를 빼앗는 것은 인도가 겪은 굴종과 예속의 역사를 되살리는 일이 될 터이다.

아이러니한 것은 보팔의 원고들이 미국 법원에서 재판받을 기회를 봉쇄함으로써, 키넌은 그들이 법률상의 혁신이 주는 이득을 누릴 기회도 박탈했다는 점이다. 가령 미국의 대규모 불법행위 희생자들이 배상받을 수 있는 길을 열어준 집단소송이나 소송 사례금 같은 것 말이다. 그는 원고들의 소송에 과도하게 나쁜 영향을 미칠 수 있는 두 법체계의 딱 두가지 차이점에 대해서만 양보를 했다. 그는 통합된 소송을 인도로 돌려보내는 조건으로 유니언카바이드가 미국 연방법원의 변론 전 증거개시 규칙을 따라야 하며 — 이는 원고들이 소송과 관련된 기록에 훨씬 더 자유롭게 접근할 수 있게 해주었다 — 회사가 인도 법원이 내린 그 어떤 판결도 준수해야 한다고 규정했다.

인도 법체계 내에서 한가지 중대한 혁신 시도가 실제로 있었다. 하지만 이것이 좌절되면서 결국 키넌 판사의 낙관적 전망은 실현되지 못했다. 이는 "다국적기업 책임"multinational enterprise liability 의 원칙으로, 모회사가 자사의 활동이 피해를 유발하지 않았음을 분명히 하기 위해 스스로의 의무를 위임할 수 없다고 규정했다. 이 규칙이 받아들여졌다면, 카바이드가 보팔 참사의 책임은 전적으로 자율적으로 운영되는 자회사인 UCIL에 있고 댄버리에 있는 UCC 본사에는 아무 책임도 없다고 주장하지 못했을 것이다. 인도 법률가들은 비공식적인 자리에서 기존 법 내에 기업의 책임을 규정하는 선례가 전무하다는 사실을 시인했지만, 이처럼 전례 없는 사건이 터지면서 새로운 규칙이 요구되고 있다는 입장을 취했다. 그렇지 않으면 다국적기업들은 모국의 회사와 개발도상국에서 수행되는 위험한 활동 사이에 자회사라는 방화벽을 만드는 식으로 항상 법적 책임에서 스스로를 보호할 수 있을 터였다. 카바이드의 답변은 선례가 없음을 근거로 들어 제안된 규칙을 일언지하에 거부하는 것이었다. "피고는 '다국적기업'multinational corporation이나 '단일 다국적회사'monolithic multinational 같은 개념이 법률 용어에 존재하지 않는다는 의견을 제시한다."12

결국 다국적기업 책임 규칙의 타당성은 한번도 소송에서 다루지 못했다. 카바이드가 장기간에 걸친 소송절차의 비용과 난처한 상황 — 치명적인 판결의 가능성은 말할 것도 없고 — 을 감내하는 대신 언제든 소송에서 합의를 보려 할 가능성이 높았다. 단지 문제는 언제, 어떤 배상 청구에 대해, 그리고 무엇보다도 얼마나 많은 금액에 쌍방이 최종적으로 타협을 보는가였다. 인도정부가 청구한 액수는 30억 달러가 넘었지만, 1989년 2월에 양측이 합의한 금액은 4억 7천만 달러였다. 최초 요구액의 15퍼센트에 불과한 액수로, 15만에서 20만에 달하는 희생자들에게는 그들이 겪었고 또 여전히 겪고 있는 모든 고통의 보상으로 터무니없이 부족한 금액이었다. 그럼에도 12월에 인도 대법원은 보팔법의 조항에 따라 이 합의가 적법하다고 판결했고, 그렇게 보팔을 둘러싸고 소용돌이치던 가장 두드러지고 고통스러운 논쟁에 종지부를 찍었다.

그러나 기업 책임의 개념을 둘러싼 언쟁은 인도의 법률적 혁신에 대한 키넌 판사의 고결한 희망, 그리고 현실에 존재하는 회사법과 불법행위법의 제약 사이의 거의 메워질 수 없는 간극을 보여주었다. 선진국에서 그런 제약은 미처 예상치 못한 책임에서 기업들을 안전하게 지켜주기 위해 여러 세기에 걸쳐 발달했다. 인도와 미국 모두가 영국에서 물려받은 관습법은 경제적·정치적 권력과 관련해 중립적이지 않다. 이는 혁명을 억제하기 위해 고안되었다. 관습법은 바로 그 논증의 형태와 그것이 법원의 역할을 사고하는 방식에서 현 상태status quo를 보존하려는 경향을 갖는다. 하나의 사실 상황에서 또다른 사실 상황으로 유추할 때, 그리고 순수 원리로부터 추측하거나 논증을 펴는 것에 저항할 때, 관습법의 판결은 단호하게 경험적이며, 영국의 정치문화와 마찬가지로 점진주의를 신봉하고 "어떻게든 일을 해내는 것을" 선호한다. 이뿐만 아니라 관습법 법원은 이전의 판례와 해석의 규칙들에 얽매여 있다. 이는 어떤 주어진 순간에 적용 가능한 법률이 무엇을 함의하는지 합의된 입장에서 너무 멀리 벗어나지 말 것을 요구한다. 허용 가능한 해석의 한계를 벗어나 새로운 규칙을 적용하는 것처럼 보이게 되면 법원이 정책을 만드는 셈이 되는데, 관습법 법률가들은 이것이 입법부와 행정부가 담당해야 할 기능이며 따라서 사법권의 관할 바깥에 있어야 한다고 본다.

당시 인도는 독립국이었지만 소송에 대한 접근법을 자유롭게 선택할 수 없었다. 보팔 시민들이 제기한 소송을 진행해야 하는 법체계의 기반에는 변화에 대한 저항이 내재돼 있었다. 심지어 가장 기본적인 책임 규칙조차도 축적된 재산과 조직된 자본의 이해관계를 선호하는 보수적 편향을 반영했다. 재판에서 승소하려면 원고의 주장이 "증거 우위"preponderance of evidence의 뒷받침을 받아야 했다. 다시 말해 원고의 주장이 사실이라는 증거가 더 많아야 한다는 말이다. 보팔에서는 법률적 규칙과 추론 방식이 과학적 불확실성과 결합해, 통상적인 재판의 틀 내에서 희생자들의 주장이 승소하기 어렵게 했다.

화학물질에 노출된 사건은 특히 심각한 증거와 증명의 문제를 제기한다. 암이나 만성병과 같은 결과는 종종 노출 시점에서 오랜 시간이 지난 후에야 나타나 인과성 주장을 흐려놓으며, 노출의 정확한 양과 기간을 확실하게 알 수 있는 경우가 드물기 때문이다.[13] 농장노동자나 주유소 직원같이 임시직이나 옥외 직종에 종사하는 사람들은 정기적으로 작업장에서의 노출 정도를 점검받지 못하는 경우가 흔하다. 공동체가 독성물질에 노출되는 것을 정확하게 확인하기란 한층 더 어렵다. 재난 이후의 상황에서는 양질의 증거를 생산하기가 더욱 더 어려워진다. 책임 계통은 가변적이고 불분명해진다. 신뢰할 만한 데이터를 모으는 방법의 기준을 구할 수 없고 의견 대립이 난무한다. 보팔에서는 티오황산나트륨 논쟁에서 서로 다른 시각을 가진 의학전문가들이 현재 상황이 어떻고 무슨 일을 해야 하는지를 놓고 다투면서 앞으로 닥칠 문제들의 전조를 보여주었다. 그리고 엄청난 규모 역시 대응을 어렵게 했다. 세계 어느 곳의 의료기관도 가스 구름의 영향을 받은 수십만명의 사람들을 진료하는 부담을 지거나 현재 진행되고 있는 건강 문제의 성격, 정도, 심각성을 판단하는 복잡한 문제에 대처할 수는 없었을 것이다.

결국 국경을 넘어서는 법적 소송은 통상의 회계 방법을 통해서 계산될 수 없는 일종의 불균형을 드러낸다. 복수의 관할권이 겹쳐 있는 갈등에서 부유한 피고와 가난한 원고가 조우할 때는 누구의 정의 관념이 승리를 거둬야 하는가 하는 질문이 문제시된다. 대체로 경제적 우위를 누리는 피고는 안정성과 견고하게 확립된 규범들의 적용을 고집하는 반면, 원고는 그들이 처한 문제를 낳은 바로 그 규칙 구조를 고쳐야 할 필요를 느낀다. 이는 힘겨운 싸움이다. 1984년에서 1년여쯤 지났을 무렵, 나는 당시 강의하고 있던 코넬대학에서 보팔에 관한 세미나를 조직했다. 초청 연사 중 한 사람은 유니언카바이드를 대변하는 뉴욕의 대형 법률사무소 소속의 저명한 변호사였다. 나는 그녀에게 "다국적기업 책임" 원칙이 성공을 거둘 가능성에 대해 물어보았다. 그녀는 무시하는 어조로 답했다. "그건 법률적으로 아무런 근거도 없어요." 그녀에게 이는 순전한 가공의 산물이었고, 전문가의 법률적 사고에서 지위를 인정받을 만한 가치가 없는 것이었다.

공식적으로는 그녀가 옳았는지도 모른다. 이 문제가 소송에서 아예 다뤄지지 않으면서 그에 대한 답은 알 수 없게 되었지만 말이다. 그러나 좀더 깊은 논점은 기업 책임이라는 새로운 원칙이 법에서 확립된 전문가 추론의 양식이 아닌, 실제 상황 ─ 이 경우에는 전례를 찾아볼 수 없는 공포와 상실의 경험 ─ 에서 정당성을 얻은 정의감을 반영했다는 데 있다. 이는 극적으로 새로운 사고방식을 요구하는 상황에 대한 혁명적 대응이라는 의미가 있었고, 따라서 위해 사업이 전세계로 퍼지기 한참 전에 성문화된 기업 책임의 규칙에서 의식적으로 벗어난 것이기도 했다. 그러나 경험이 많고 서구에서 훈련받은 기업 변호사들이 내면화한 실천으로서의 법률 자체는, 정의를 최우선으로 하는 새로운 법적 질서를 개념화하는 편에 서 있지 않았다. 특히 기업법은 안정성, 예측 가능성, 현 상태를 향한 내재적 편향이 있는데, 이 모든 것은 자본의 이해관계에 유리하다. 키넌 판사는 인도가 혁신의 요구를 감당할 수 있다고 믿었지만, 이러한 요구는 대체로 급진적 새로움을 저해하도록 설계된 논리와 선례의 필터를 통과해야만 했다. 따라서 어떤 의미에서 보팔 소송의 역사는 법과 정의 사이의 투쟁으로 볼 수 있으며, 전반적으로 볼 때 여기에서 법이 우위를 점했다.

분명한 것은 1989년의 합의가 망자들에게서, 그리고 예전 UCIL 공장의 버려진 부지에서 마치 유령처럼 계속 출현한 다수의 이차적 소송을 중단시키지 못했다는 점이다. 법에 따라 자신들의 일차적 소송에 대해 어떤 직접적 판결도 얻지 못하게 된 보팔 희생자들은 다양한 이차적 행동들을 추진했다. 가령 카바이드 공장에서 유출된 물질이 여러해에 걸쳐 유발한 환경오염으로 인한 신체적 피해와 재산 피해에 소송을 제기하는 것처럼 말이다. 희생자들과 그들의 지역적 대변자들이 자신의 증상을 연구하고 스스로의 힘으로 소송을 제기하는 방법을 학습하면서, 그들의 전략은 더욱더 정교한 것이 됐다. 그러나 시간은 그들의 편이 아니었다. 1989년 합의에 따라 소송들은 불가능하다거나 너무 오래되어서, 입증하기가 너무 어려워서, 혹은 적절한 소송 청구인이 대표하지 않아서 등등의 이유로 계속 기각되었다. 소송 청구인들은 소송이 시작되기도 전에 사망했다. 전체적으로 보면 모든 이차적 피해 소송은 1984년의 재난에서 시작된 최초 소송과 마찬가지로 분명한 결론을 내지 못했다. 그들이 20년 가까이 미국과 인도를 오가며 미국 연방법원에서 소송을 계속 추진했는데도 말이다.[14]

심지어 부유한 국가들에서도 법이 항상 시의적절하거나 효율적인 정의를 구현하지는 못한다고 주장할 수 있을 것이다. 햄릿은 "법의 지연"에 대해 불평했고, 찰스 디킨즈는 끝없이 이어지는 법정 소송의 고난을 1852년에 발표한 걸작 『황폐한 집』*Bleak House*의 근간으로 삼았다. 그러나 그 모든 번잡한 성질들에도 불구하고 법이 인도에서보다 미국에서 더 빨리 반응하고 더 빠른 결과를 만들어낸다는 사실을 부정한다면 지나친 단순화일 것이다. 노스캐롤라이나주에 본사를 둔 듀크에너지Duke Energy가 댄강에 대량의 석탄재를 방류해 110킬로미터에 달하는 구간을 오염시켰을 때, 연방 조사관들은 즉각 조치해 회사에 책임을 물었다. 1년여 뒤에 듀크에너지는 방류로 유발된 오염을 정화하기 위해 1억 2백만 달러의 벌금을 내는 데 합의했다. 그해 말에 이 회사는 청정대기법Clean Air Act에 따라 15년간 계류 중이던 소송에서 합의하면서 추가로 540만 달러를 지불하기로 했다.[15] 2015년 9월 폭스바겐이 자사의 디젤자동차에 대한 미국의 배출기준을 체계적으로 회피하기 위해 조작된 소프트웨어를 사용했다는 놀라운 폭로가 나온 뒤에도 이와 비슷하게 열렬한 고발과 조사가 뒤따를 조짐이 있었다.

권력의 불균형

인도가 "전세계 앞에 당당히 나설" 수 있는 역량을 갖추었다는 키넌 판사의 믿음은 행위자들이 가진 힘에 대한 신뢰를 반영한다. 혹자는 이것이 미국 사회사상의 특징이라고 말할지도 모른다. 이는 의지와 상상력을 갖춘 행위자—특히 규모가 큰 국민국가 수준의 중량감을 가진 행위자—라면 이용 가능한 법률적·정치적 보상 경로에 따라 자신이 원하는 결과를 얻을 수 있다는 관념에 기반해 있다. 키넌 판사는 인도 법원이 "공평하고 평등한 정의를 부과할 수 있는 입증된 역량"을 갖추었다는 구체적인 언급도 했다. 그러나 공평성은 보팔에서 쟁점이 아니었다. 문제는 인도 법원이 카바이드에, 그들의 사업으로 유발된 손실에 상응하는 규모로 보팔 희생자들에게 보상하도록 강제할 수 있는 도구나 권위를 보유했는가였다. 인도 현지의 관찰자들이 보기에 이 문제의 답은 명백히 '아니오'인 듯했다. 인도 사람들의 눈에는 키넌이 암암리에 인도 법체계와 미국 법체계를 동등한 것으로 상정했다는 점이 위험스러울 정도로 순진해 보였다. 이는 전지구적 위계에서 아래쪽에 위치한 이들이 위에서 저지른 잘못에 대한 보상을 효과적으로 추구하는 것을 막는, 켜켜이 쌓인 권력구조를 무시하는 처사였다.

보팔의 희생자 집단들이 가장 주목한 점은 재난의 전제조건을 만들어낸 협상력의 불평등이었다. 카바이드가 보팔 시설의 주식을 절반 이상 소유하고 있었다는 사실—UCC의 변호사들은 보팔 시설의 운영 책임이 전적으로 UCIL에 있었기 때문에 이 사실은 아무런 상관도 없다고 주장했다—은 인도처럼 식민지에서 벗어난 국가들을 1970년대에도 여전히 괴롭히던, 좀더 뿌리 깊은 종속을 의미했다. 인도의 초대 총리 자와할랄 네루가 열렬하게 옹호한 기술적 근대화는 종속을 해소하지 않은 채 그 방향을 변경했다. 1970년대 중반에 인도가 카바이드에 세빈 생산을 허가했을 때는 인도의 식량안보 문제를 해결해야 할 필요성이 분명하고 긴요했지만, 그 결과 인도는 유니언카바이드에게서 위험천만하게 닫혀 있는 기술적 암흑상자를 사들인 셈이 됐다. 공장과 제조공정을 수입하는 것은 시스템에 내재된 위험에 대한 완전한 지식이나 연관된 안전 및 관리 실천에 대한 전문성의 획득과 달랐다. 예를 들어 웨스트버지니아주 인스티투테에 있는 보팔의 자매공장은 화학산업에서 여러 세대에 걸쳐 훈련된 노동자들이 운전했다. 그랬는데도 재난 이후 벌어진 조사는 인스티투테 공장에서 경고성 일화들이 있었음을 밝혀냈다. 이러한 일화들은 UCC의 인도 사업에 시의적절한 경보를 울릴 수도 있었다. 누군가가 사전에 올바른 질문을 던지는 법을 알았다면 말이다.

불평등은 희생자들과 정부의 관계에도 침투했다. 정부는 희생자들을 돌보고 종국에는 당연히 소송절차에서 그들을 대변하는 역할을 맡아야 했다. 하지만 인도정부도, 사고가 일어난 마디아프라데시주도 재난 이후의 현장에 왔을 때 전적으로 떳떳하지는 못했다. 유니언카바이드는 세빈 생산 공정과 공장을 설계했다. 유니언카바이드는 범죄자처럼 냉담하게 아직 제대로 시험되지 못한 기술—화학산업에서 가장 치명적인 화합물 중 하나를 이용하는—을 세계에서 가장 인구 밀집도가 높은 지역 중 하나에 도입하도록 허용했다. 공장 감독을 소홀히 하고 앞서 나온 경고 신호들을 무시한 점에서는 지방정부 당국도 비난에서 결코 자유로울 수 없었다. 세정기가 작동하지 않았고 재난 당일 밤에 경보 사이렌이 울리지 않았다는 사실은 설계, 관리, 시행의 실패를 의미한다. 보팔 시민들은 파멸적인 수준의 비극이 벌어진 이후에야 고위 권력자들이 자신들의 생명을 놓고 벌인 러시안룰렛의 존재를 깨달았다.

재난의 결과가 무방비의 약자들에게 압도적으로 부과된다는 것은 서글프게도 널리 알려진 사실이다. 극단적 조건들이 단단하게 자리잡은 불평등을 심화하는데, 이는 심지어 좀더 부유한 국가들에서도 그렇다. 조금 다르게 말하자면, 구조가 중요하다. 허리케인 카트리나 이후의 뉴올리언스나 2004년 거대한 쓰나미가 휩쓸고 간 이후의 반다아체에서, 부자나 수완가 들에 비해 훨씬 더 많은 수의 여성, 어린이, 노인, 빈민 들이 목숨이나 재산을 잃었다.[16] 보팔도 예외가 아니다. 우연히도 그날밤 바람은 슬럼 구역 쪽으로 가스를 몰아갔고, 이곳은 도시에서 좀더 가난한 이슬람교도 거주 구역이기도 했다. 대기가 상대적으로 덜 요동쳤기 때문에 가스는 낮은 고도에 정체됐고, 판자촌에 전형적인 단층 건물에 살던 사람들은 이를 들이마실 가능성이 가장 높았다. 보팔에서 정의와 배상을 계속 요구하고 있는 지도자들은 1984년 12월 2일 바람이 남서쪽이 아닌 다른 방향으로 불었다면 법의 수레바퀴가 좀더 빠르고 효과적으로 굴러갔을 거라고 확신한다.

권력의 질서를 감안해보면, 회사 임원들에게 개별적인 책임을 묻고자 하는 희생자들의 강렬한 욕구가 대체로 충족되지 못했다는 점은 별로 놀라운 일이 못 된다. 재난이 일어나고 며칠 후 카바이드의 CEO 워런 앤더슨은 비행기로 보팔에 왔다가 체포되어 잠시 구금되었지만 이내 보석으로 풀려났다. 그는 즉각 미국으로 돌아갔고, 여생 동안 다시는 인도를 찾지 않았다. 그곳에서 수천 명이 그의 재판과 투옥을 계속해서 부르짖었고, 1992년 법원이 그를 도망 범죄인으로 규정했는데도 말이다. 2010년 6월에 인도 법원은 마침내 일곱명의 나이 든 전직 UCIL 임원들에 대해 과실치사homicide by negligence 혐의로 유죄 판결을 내렸다. 이는 원래 적용됐던 고의적 살인culpable homicide에서 혐의가 가벼워진 것이다. 이것이 너무 가볍고 뒤늦은 판결이었다는 말로는 보팔의 사법 활동가들이 느낀 경멸과 좌절감을 도저히 담아낼 수 없다. 많은 이들은 보팔에서 일어난 일을 2001년 9월 11일에 뉴욕과 워싱턴에서 있었던 사건에 필적할 만한 중대성을 가진 범죄로 간주한다. 그들이 보기에 두개의 비극에서 나온 엄청나게 불균등한 결과는 그들스스로 뒤집을 만한 힘을 갖고 있지 못한 불평등의 이야기를 다시 한번 분명하게 보여준다. 보팔의 시위대는 종종 워런 앤더슨의 사진에 "수배"라고 적힌 플래카드를 들고나왔다. 2004년에 내가 본 플래카드에는 이렇게 적혀 있었다. "당신들은 오사마를 원한다. 우리에게 앤더슨을 달라." 하지만 그러한 요구는 보팔에서 인정받기를 원하는 다른 수많은 탄원과 마찬가지로 무시됐다.

결론

라나플라자 참사 이후 방글라데시 내무부의 마이누딘 칸다커가 집필한 5백 페이지 분량의 보고서는 주요 행위자들 모두가 책임을 져야 한다고 보았다. 탐욕스러운 임대주의 전형인 소헬 라나 자신, 이른바 전문가들, 공장 소유주, 관련된 정부까지 말이다. 독일의 시사 잡지 『슈피겔』Der Spiegel의 기자들에게 칸다커는 문제를 좀더 극명하게 제시했다. "그날, 4월 24일은 전지구적 시장이 낳은 필연적 결과였습니다." 다시 말해 구조가 행위자들보다 더 중요하다. 설사 특정한 종류의 사악한 행위자들이 부당한 구조 속에서 힘을 얻을 수 있다 하더라도 말이다.

이 장에서 묘사한 종류의 기술재난들은 근대성이 소중하게 여기는 수많은 경제적·사회적 성취를 지탱하는 윤리적 모순들을 부정적으로 조명한다. 세계가 점점 더 가까워지고 돈과 상품의 전지구적 흐름이 더 치밀해지면서 그런 모순들은 종종 비극적으로 눈에 띈다. 첫째는 전지구적 시장에서 기술 상품 및 서비스의 생산자와 소비자 들을 종종 갈라놓는 지식과 권력의 가늠할 수 없는 간극이다. 당하는 사람들 — 라나플라자의 노동자들, 독일에서 발아 종자를 구입한 사람들, 보팔에서 카바이드 공장 인근에 거주한 사람들 — 은 그들의 일상적 존재의 경계 바로 바깥에 있는 위험을 알 수 있는 위치에 한번도 있어보지 못했다. 일이 잘못되자 부상을 입거나 사망한 그들의 몸은 타인들의 탐욕과 배려 결핍에 대한 무고한 증인이 되었다. 울리히 벡이 열정적으로 비판한 세계 위험사회의 무력한 희생자들은 그것의 설계나 관리 과정에서 아무런 발언권도 갖지 못했다.

재난이 부각한 전지구적 시장의 두번째 특징은 시장의 기능을 가능하게 하는 규칙과 규범 들의 비대칭성이다. 외국 자본을 끌어들이기 위해 그러한 투자의 수혜자들은 계속해서 양보를 하도록 몰아세워진다. 카바이드가 이례적으로 보팔 공장의 주식을 절반 이상 소유한 것이나 라나플라자 제조업자들이 심각한 경고에 직면해서도 직원들에게 다시 일을 시키는 데 열중한 것은 경제권력이 얼마나 불평등하게 작동하는지를 보여주는 사례들이다. 그러나 사고가 발생하면 희생자들은 미심쩍은 규제결정을 내린 바로 그 당국자들로부터, 재분배 요구로부터 자본을 보호하는 바로 그 법 구조 내에서 배상을 추구해야 한다. 보팔 소송이 보여주었듯 부당함을 인식하고 큰 소리로 외치는 것만으로는 법의 경직성을 극복하기에 충분치 못하다.

　법과 시장은 공개된 정보와 공정한 게임의 규칙 아래 모두에게 동등하며 평평한 경기장에서 사회적 상호작용이 벌어질 수 있다고 상상한다. 이는 편리한 허구의 산물이다. 실제로 평평한 경기장이란 없으며, 그러한 경기장 자체에 내재된 경사와 갈라진 틈 자체에서 유래한 주장들을 가려낼 수도 없다. 그렇다면 재난에서 무엇을 배울 수 있는가? 내가 "겸허의 기술"technologies of humility이라고 부른 것에 새롭게 주목하는 것이 해답의 일부가 될 수 있다.[17] 이러한 겸허의 수단들에는 기술 위험이 프레이밍되고 측정되는 방식에 대한 더 많은 관심, 가장 취약한 처지에 있는 사람들의 필요에 대한 주목, 불평등한 기술 분배의 영향에 대한 평가, 그리고 과거의 실수를 기억하려는 의식적인 노력이 포함된다. 이처럼 소소한 규칙들을 적용할 적기는 위험한 프로젝트를 수행한 이후가

아니라 그 이전이다. 우리는 마지막 장에서 다시 이러한 점들을
좀더 길게 다뤄볼 것이다.

4장

자연을 다시 만들다

낡은 것을 위한 새로운 식물

혁신의 기나긴 역사에서 자연은 협력자, 자원, 때로는 마지못한 스파링 파트너로서 무수히 많은 방식으로 인류에 도움을 줬고, 이제는 과학이 인간의 영향에서 독립된 자연이 과연 지구상에 존재하는가 하는 질문을 던지기에 이르렀다.[1] 농업은 지구의 동역학에 대한 대규모의 인간 개입에 쓰이는 가장 초기의 수단 중 하나로 출현했다. 인간은 가는 곳마다 식량을 찾았고, 결국에는 그들이 지닌 경험적·이론적 지식의 힘을 최대한 이용해 지구가 그들의 욕구를 충족하고 사회적 친목 형태를 유지하게 해주는 상품들을 더 많이 내놓도록 하는 데 성공했다. 미국의 역사가 윌리엄 크로넌은 선구적 저서 『자연의 대도시』*Nature's Metropolis*에서 시카고 주변의 후배지가 도시의 성장과 식량 수요에 따라 어떻게 알아볼 수 없을 정도로 변모했는지 기록했다. 대초원이 옥수수밭으로 바뀌었고, 야생 버펄로떼는 도륙됐으며, 숲은 베어져 사라졌다. 시카고는 자연을 재구성하는 능력이라는 면에서 인간이 지구 전체에 미친 영향을 대신해서 보여준다. 이러한 측면에서 시카고는 소우주이자 축소된 세계이다.

우리의 수렵 채집인 조상들은 정착해서 정주 농업을 시행한 시점부터 새로운 동식물 종자를 선택해 교배하기 시작했다. 그들의 동기는 이용 가능한 자원을 최대한 활용하는 방법을 찾겠다는 실용주의적인 것이었다. 시간이 흐르면서 농부들은 수확이 많고 맛이 좋으며 구미가 당기고, 나중에는 점점 더 거리가 멀어진 된 시장을 위해 잘 상하지 않는 종자를 생산하려 애썼다. 식물 육종에는 미학적 요소나 오감을 만족하는 새로운 향기와 색채를 만들어내려는 욕망으로 추동된 좀더 가벼운 측면도 있었다. 네덜란드의 튤립 재배자들은 난제로 남아 있던 칠흑같이 검은 튤립 종자를 키워내려는 노력을 수세기에 걸쳐 기울였다. 좀더 최근에는 일본의 산토리 양조 회사가 유전공학으로 파란 장미를 만들어내는 경연대회를 후원했다. 여러해에 걸친 노력으로 만들어진 꽃은 차분히 들여다보면 진짜 파란색보다는 연보라색에 더 가깝다. 과일과 채소 재배자들은 계속해서 엄청나게 많은 잡종 종자를 내놓고 있다. 이는 씨없는수박에서 플루오트(자두와 살구의 교배)와 탄젤로(오렌지와 자몽의 잡종) 같은 이국적 산물까지 다양하다.

이처럼 자연을 조작한 오랜 역사를 배경으로 한 20세기 말의 농산업은 새로운 유전공학 기법들을 활용해 식물 육종과 동물 사육을 현대화하는 것이 아무런 문제도 없다고 보았다. 19세기 중반 이후 미국에서 농부와 재배자 들은 대학에서 훈련받은 농업과학자들과 기꺼이 협력해 연구와 응용을 결합했다.[2] 이제 대학 연구실에서 개발된 정교한 유전자변형의 형태들이 새로운 유전자변형생물체GMOs 품종들의 풍요를 약속했다. 이러한 품종들은 소출의 증대, 새로운 약리적·영양학적 성질, 극단적 환경 스트레스에 대한 내성 등 상업적으로 가치있는 특성들을 갖추었다. 과학자들은 종 사이에 유전자를 이동시켜 정상적 진화 과정에서 자연적으로는 나타나지 않았을 형질전환 계통들을 만들어낼 수 있었다. 이러한 성질들은 식물이 해충에서 가뭄, 그외 기후변화의 다른 결과들까지 자연의 가장 완고한 위협들 중 일부와 맞서는 데 도움을 줄 수 있었다. 그러나 원대한 약속에도 불구하고, 농업 생명공학은 근래 들어 가장 논쟁적인 기술적 응용 중 하나로 드러났고, 현대의 산업생산에 폭넓은 변화를 도입하려 할 때 피해야 하는 상황을 보여주는 모범 같은 사례가 되었다.

그토록 매력적으로 보인 기법 — 창의적이며, 실현 가능하고, 폭넓게 응용 가능하며, 가난하고 배고픈 사람들에게 엄청난 잠재적 이득을 줄 수 있고, 상업적으로 수지가 맞는 — 이 왜 수그러들기를 거부하며 맹렬하게 타오른 윤리적·정치적 항의를 촉발한 것일까? 이러한 수수께끼를 이해하려면 "녹색 생명공학"을 새천년에 접어든 전지구적 농업생산의 정치경제 — 실제로는 복수의 정치경제들 — 라는 맥락에서 이해해야 한다. 아래에서 보겠지만, 이러한 기술발전을 둘러싼 논쟁은 앞선 장에서 기술한 보팔 참사로 이어진 발명, 시장 확장, 전지구적 순환이 중첩된 동일한 역사의 결과물이었다.

실험실에서 유래한 발견들은 과학 연구자들에게는 가치중립적인 것처럼 보일지 모르지만, 그것이 현장과 산업으로 들어가게 되면 골치 아픈 거버넌스의 문제를 제기한다. 선진 산업국가의 과학기술 성취가 세계의 다른 지역들로 퍼져나감에 따라 예상치 못한 갈등들이 일어날 수 있다. 그곳에서 과학기술은 위험, 안전, 자연의 가치와 관련해 근본적으로 다른 농업 관행과 소비자 선호에 맞닥뜨린다. 미국 과학자들이 처음 유전자변형기법을 고안했을 때 그러한 고려들은 높은 우선순위를 점하지 않았다. 대학 과학자들, 산업체, 정책기관들은 모두 GMO가 건강과 안전에 주목할 만한 위험을 제기하지 않는 한 의심의 여지가 없는 이득으로 받아들여질 거라고 가정했다. 이뿐만 아니라 위험평가는 생물학적 과정을 이해하는 전문가들이 하는 일이었다. 대체로 볼 때 소비자들은 제품 개발의 초기 단계에서 그들의 선호를 묻는 자문의 대상이 되지 못했다. 소비자들은 자신들이 먹는 식품과 그것이 재배되는 방식에 분명하면서도 정당한 견해를 갖고 있음이 사후적으로 밝혀졌다. 정책적 만회를 위한 노력이 이뤄졌지만 초기에 나타난 대중적 숙의의 결함을 보상해주지는 못했다.

21세기로 넘어가는 시점의 농업 생명공학의 이야기는 야심에 찬 기술 주창자들의 희망, 그리고 생명공학을 통치 불가능한 힘이자 파괴적인 문화 가치의 담지자로 보는 사람들의 의심과 두려움 사이를 중재할 때 기존의 제도가 무기력한 모습을 보인 것과 많은 연관이 있다. 이득과 관련해 많은 사람들은 신생 산업이 추구하는 생산물과 과정의 혁신이 세계에서 가장 궁핍한 사람들에게 도움을 주는 데 최선인가 하는 질문을 던졌다. 다른 사람들은 기술발전을 추동하는 수익추구 기업이 위험을 온전하고 공정하게 평가하는지 질문했다. 사익을 도모하는 제조업체들이 실험실에서 빠져나와 자연의 생물다양성을 압도하거나 인간과 환경에 독성을 가질지 모를, 폭주하는 생명체를 만들어낼 위험을 책임있게 계산할 수 있을까? 위험과 편익에 관한 논의 자체가 전통적 생활방식과 전지구적 식량안보를 위협하는 사회기술적 변화를 가리는 위장막은 아닐까? 이러한 질문들은 수십년 동안 논의되어 왔지만, 이에 대한 답변들은 그 밑에 깔린 정치적 입장만큼이나 서로 동떨어져 있다.[3]

전략적 오류

과장된 주장과 전략적 실수들이 곧장 초기부터 농업 생명공학을 괴롭혔다. 혁신을 이끈 요소는 재배자들의 필요보다 산업이 무엇을 상상하고 실행할 수 있는지에 따라 더 많이 좌우됐고, 고객들이 어떤 식품을 구입하거나 먹기를 원하는지는 완전히 도외시됐다. 초기의 몇몇 아이디어는 정치적으로 파괴적이고 상업적으로 실행 불가능한 것으로 드러났다. 미국에서 최초로 창안된 것은 심지어 식물도 아니었다. 그것은 슈도모나스 시링가에

Pseudomonas syringae, P. Psyringae라는 흔히 볼 수 있는 박테리아를 변형시킨 것으로 일명 아이스 마이너스Ice Minus로 불렸다. 이 변형 박테리아는 한개의 유전자를 삭제해 표면에 얼음 결정을 형성하는 능력을 감소시킨 것이었다. 옹호자들은 유전자를 삭제한 박테리아를 딸기 같은 취약한 식물에 뿌려 갑작스런 서리와 수확량 저하를 막을 수 있을 것으로 기대했다. 그들은 P. 시링가에의 아이스 마이너스 균주가 이미 자연계에 돌연변이로 존재하기 때문에 새로운 생명체가 아니라고 지적했지만, 그러한 논증은 반대자들을 만족시키지 못했다. 환경운동가들은 아이스 마이너스를 대규모로 야외에 적용한다면 생태계의 균형을 교란할 것이고 어느 누구도 주의를 기울여 연구하지 않은 해로운 결과를 야기할 수 있다고 우려했다. 결국 유전자조작 미생물을 환경에 방출하는 것은 시기상조라는 합의가 이뤄졌다. 대신 산업계는 작물과 가축을 변형해 상업성을 향상하는 방향으로 주의를 돌렸다.

그러한 노력 역시 격랑 속으로 빠져들었다. 플레이버 세이버Flavr-Savr 토마토의 불행한 운명이 하나의 사례를 제공한다. 1980년에 캘리포니아대학 데이비스캠퍼스의 농업과학자들은 자신들의 몇가지 아이디어를 실험실에서 들판으로 옮기기 위해 칼젠Calgene이라는 회사를 설립했다. 그들의 계획은 유전자조작으로 덩굴에 더 오래 붙어 있어 풍미가 훨씬 좋으면서도 멀리 떨어진 시장까지 수송 가능한 토마토를 만드는 것이었다. 플레이버 세이버라는 상표명이 붙은 이 토마토는 과일이 숙성할 때 세포벽을 무르게 하는 효소를 덜 생산하도록 유전적으로 변형되었다. 칼젠

과학자들은 일차 목표에서 성공을 거두었지만, 플레이버 세이버는 상업적으로 실망스러운 성과를 거뒀다. 더 느린 숙성은 과학자들이 기대한 풍미 증진으로 이어지지 못했다. 또한 제품의 수송성이 더 좋은 것도 아니었다. 플레이버 세이버 토마토는 무미건조한 맛으로 소비자들을 만족시키지 못했고, 높은 생산 및 유통 비용 때문에 통상적인 토마토와의 경쟁에서 이기기 어려웠다. 한동안 캘리포니아산 플레이버 세이버 토마토는 토마토 페이스트로 가공되어 영국의 대형 슈퍼마켓 체인으로 유통되었지만, 영국에서 모든 형태의 GM 작물에 대한 대중의 저항이 커지면서 그 시장마저도 1990년대 말에 증발해버렸다. 칼젠은 많은 성공한 생명공학 창업회사들의 수명주기를 따랐고 1996년에 몬산토 Monsanto에 인수되었다.

GM 기법을 축산업에 이용하려는 초기의 산업적 노력도 아이스 마이너스와 플레이버 세이버처럼 만족스럽지 못한 것으로 드러났다. 다시 한번 기술적 가능성의 유혹이, 생명공학 산업과 폭넓은 대중 사이의 관계에서 잘못된 출발과 당황스러운 전환으로 이어졌다. 미국정부가 후원해 인간 성장호르몬 유전자를 돼지에 주입한 프로젝트는 관절염과 여타 질병으로 고생하는 가축들을 만들어냈다. 19마리의 "벨츠빌 돼지" 중 17마리는 1년이 채 못 되어 죽었다. 이와 비슷하게, 유전자조작 소 성장호르몬rBGH을 이용해 젖소에서 우유 생산량을 늘리려는 시도는 처치를 받은 가축에게 고통스러운 유방의 염증과 여타 형태의 신체적 고통을 야기했다. 이러한 감염은 다시 항생제 사용 증가로 이어졌고, 많은 이들은 항생제 내성 박테리아의 위협이 닥칠 것을 우려했다. 경제적 요인도 작동했는데, rBGH 사용은 우유 생산량 증가의 측면에서 가장 크게 이득을 볼 수 있는 대규모 농가에 유리했기 때문이다. 유럽연합EU과 그외 다른 국가의 규제기구들은 이러한 결과를 심각하게 받아들여 자국의 낙농업에서 rBGH 사용을 금지했다. 그러나 미국 식품의약국FDA은 자신의 책임을 좀더 협소하게 해석했다. 주로 인간의 건강을 책임지는 기구로서, FDA는 처치를 받은 가축에서 나오는 우유가 인간에게 아무런 위험도 제기하지 않는다는 이유를 들어 rBGH의 사용을 허가했다. 정부의 규제 실패는 소농과 동물복지 단체들을 격분시켰고, rBGH의 흔적이 없는 유기농 낙농 제품의 수요를 끌어올렸다. 많은 미국 소비자들은 여전히 rBGH 처치를 받은 암소에서 나온 우유나 유제품의 구입을 거부하며, 이 호르몬의 확산을 부주의한 농업 생명공학 활용의 전형적 사례로 간주한다. 그러나 기존의 법률과 정책에 따르면 어떤 미국 연방기구도 이러한 윤리적·경제적 우려, 혹은 심지어 GM 제품의 전지구적 확산과 연관된 생태적 불확실성 전반을 고려할 분명한 권한을 갖고 있지 않다.[4]

이처럼 초기에 일부 시련을 겪었음에도 불구하고, 미국의 농업 생명공학은 1990년대에 제조업체들과 특정한 해충 구제를 원하는 상품작물 재배자들 간의 동맹을 통해 엄청난 진전을 이뤘다. 목화씨벌레나 옥수수들명나방 같은 해충들은 작물 생산에서 큰 손실을 야기하고 있다. 재배자들은 특히 바실러스 튜링겐시스 Bacillus thuringiensis, Bt라는 박테리아의 유전자를 작물에 삽입한 유전공학 제품을 환영했다. Bt 유전자는 해충의 애벌레를 죽이는 단백질을 만들어내지만, 인간이나 벌, 나비 같은 익충들에게는 해가 없다고 여겨지고 있다. 두번째 상업적 성공은 흔히 쓰이는 제초제에 저항성을 갖게 하는 유전자변형을 통해 생산한 제초제 내성 작물이었다. 이 발명은 미국의 거대 화학회사 몬산토를 농업 생명공학의 전지구적 대표주자로 탈바꿈시켰다. 몬산토는 글리포세이트라는 화합물을 주성분으로 하는, 라운드업Roundup이라는 널리 쓰이는 제초제를 생산한다. GM 기술 덕분에 몬산토는 자사의 이미 인기있는 제초제와 묶어서 판매할 수 있는 일련의 "라운드업 레디"Roundup-Ready 식물들을 생산할 수 있었다. 농부들은 재배철에 안심하고 라운드업을 밭에 뿌릴 수 있었다. 이 제초제는 오직 원치 않는 잡초들만 죽이고 환금작물은 죽이지 않는다는 것을 알고 있었기 때문이다. 라운드업은 재배자들 사이에 여전히 엄청나게 인기가 있다. 아직 결론에 이르지 못한 미완성 연구들에 근거해, 글리포세이트가 인간에게 암을 유발할 가능성이 있다는 우려가 일각에서 제기되고 있는데도 말이다.[5]

1996년을 전후해 처음 도입된 후 20년이 채 못 되는 기간 동안 미국에서는 GM 대두, 옥수수, 면화의 비율이 크게 치솟았다. 미국 농무부는 자체 조사에 근거해, 2015년 제초제 내성 대두가 전체 대두의 94퍼센트를 차지한다고 추산했다. 같은 해 제초제 내성 면화와 옥수수의 비율은 모두 89퍼센트였다. 해충 저항성 Bt 면화와 옥수수의 비율은 각각 84퍼센트와 81퍼센트였다.[6] 이러한 수치들은 GM 작물의 전지구적 평균 사용량보다 훨씬 높았다.

이는 미국 생명공학 산업과 미국의 상품작물 생산자들 사이에 유독 긴밀한 동맹이 존재함을 증언한다.

정원에 있는 모든 것이 장밋빛은 아니다

몬산토와 GM 작물을 생산하는 다른 미국 회사들은 자국에서의 성공에 고무되어 1990년대에 전지구적 시장으로 눈을 돌렸다. 그러나 여기서 그들은 전혀 예상치 못한 부정적 평판과 대중의 거부가 격렬하게 덮쳐오는 상황을 맞닥뜨렸다. 놀랍게도 문제는 유럽에서 시작되었다. 대다수의 유럽 국가 정부들과 브뤼셀의 EU 규제기관들은 이 기술이 유익하고 시장을 확대해줄 것으로 보고 대단히 우호적인 입장을 취했다. 그러나 대중들의 생각은 달랐다. 유럽의 환경운동가들과 소농들은 미국의 기술적 침입에 맞서 반대 공격을 이끌었다. 많은 이들은 이 기술이 검증되지 않았고 불필요하며 지속 불가능하다고 보았다. 논쟁은 대서양을 중심으로 양극화됐다. 미국의 생산자와 그 정치적 동맹군들은 충분해 보이는 정보에 근거하지 못하고 과학적이지 않은 유럽인들의 판단에 유감을 표한 반면, 유럽인들은 미국의 안전 주장에 이의를 제기하며 종종 이는 믿을 만한 과학이 아니라 무지와 어림짐작에 입각했다고 주장했다. 몬산토는 새천년이 시작되는 시기에 미국이 세계 다른 지역들을 대하는 태도에서 잘못된 듯 보이는 많은 점들 — 오만하고 문화적 감수성이 떨어지며, 자신의 과학지식과 기술적 능력의 한계를 인정하려 들지 않는 ― 을 상징하는 비판의 표적이 되었다.

세기 전환기의 GMO 대논쟁은 유전자에 암호화된 정보가 복잡한 생명체 내에서 ― 좀더 큰 규모의 생태환경에서는 말할 것도 없고 ― 기능하는 방식에 대한 과학의 이해에 빈틈이 많음을 드러냈다. 또한 중요하게도 우리의 목적을 위해, 이 논쟁은 새로 출현해 전지구적으로 확산된 기술을 통치할 책임을 맡은 제도의 약점들을 부각했다. 사실이 알려져 있지 않거나 불분명할 때 누가 궁극적인 책임을 지는가? 누락된 지식을 만들어내고, 예방과 위험 감수 사이에서 균형을 잡고, 자연과 지속가능성에 대해 서로 경합하는 아이디어들을 중재하고, 사고가 일어났을 때 비용을 부담할 책임 말이다. 각각의 경우에 질문에 대한 답변은, 국가적·전지구적 규모의 훌륭한 거버넌스라는 견지에서 쉽게 규정하기 어렵거나 심대한 문제를 내포하고 있다.

"알지 못하는 모름"

조금은 묘하게도, GMO에 관한 정책 쟁점들을 프레이밍하는 데 널리 쓰인 용어를 제공한 것은 논쟁을 몰고 다닌 미국의 정치인이었다. 조지 W. 부시 행정부에서 미국의 21대 국방장관을 지낸 도널드 럼즈펠드는 2006년 마지막으로 공직에서 물러날 때 두 가지 유산을 남겼다. 첫째는 이라크와 아프가니스탄에서의 "테러와의 전쟁"이 미친 유해한 경제적·정치적 결과이고, 둘째는 근대 이후의 모든 목적적 행동이 갖는 모순을 요약해 즉각적으로 인기를 끈 문구이다. 그 문구는 "알지 못하는 모름"unknown unknowns이었다. 럼즈펠드는 2002년 기자단 브리핑에서 일본의 하이꾸를 연상케 하는 짧은 문장들로 이렇게 말했다.

알고 있는 앎known knowns이 있습니다.
우리가 알고 있음을 알고 있는 것들입니다.
또한 우리는 알고 있는 모름known unknowns이 있음을 알고 있습니다.
우리가 모르는 어떤 것이 있음을 알고 있다는 말입니다.
하지만 알지 못하는 모름도 있습니다.
우리가 모른다는 것을 모르고 있는 것들입니다.

한 관찰자가 "탁월하게 함축적인 대중적 인식론의 어구"7라고 칭한 이 문장들은 크게 인기를 끌었다. 럼즈펠드는 이를 변용해 2011년에 출간한 회고록의 제목을 『알고 있는 것과 알지 못하는 것』Known and Unknown이라고 붙였다. 저명한 다큐멘터리 감독이자 미스터리 애호가인 에롤 모리스는 한걸음 더 나아가, 2014년 럼즈펠드에 관한 다큐멘터리의 제목을 그가 이름 붙이지 않고 남겨둔 유일한 조합을 따서 '알지 못하는 앎'The Unknown Known이라고 정했다. 알지 못하는 모름이라는 개념은 어떤 종류의 결정적 행동에서도 지식을 기반으로 삼는 사회에 깊숙이 위치한 불안감을 건드린 것이 분명했다.

2장에서 설명한 바와 같이, 위험평가는 대체로 알고 있는 모름을 다룬다. 이는 이미 인간의 상상력 내에 있는, 따라서 알 수 있는 것의 영역에 있는 결과의 개연성을 한정짓고 수량화하려는 노력이다. 유전공학의 초창기에는 그러한 분석틀이 책임있는 규제를 위해 적합하다고 간주되었다. 학계를 주도하는 분자생물학자들은 1975년 캘리포니아의 유명한 아실로마 컨퍼런스센터에서 만나, GMO — 자연에 일찍이 없었던 위험한 병원체를 포함해서 — 가 우발적으로 실험실을 빠져나가 인간의 건강이나 환경에 해를 입히지 못하게 막을 수 있는 방안을 논의했다. 회의 참석자들은 자신들의 실험실 연구를 통해 우발적인 방출이 실제로 일어난다는 사실을 알았고, 알고 있는 위해의 예측 가능한 위험을 정책으로 방지하고자 했다. 그 결과는 실험실 연구에 관한 물리적 통제와 생물학적 통제 시스템이었다. 이는 아실로마에서 상상된 무시무시한 가능성들이 결코 현실화되지 않도록 보장하기 위한 것이었다.

그러나 당시에 재조합 DNA 기술은 아직 열성적인 아이들의 손아귀에 든 장난감에 가까웠다. 아실로마에 모인 분자생물학자들 중에서 GMO의 의도적 환경 방출로 인해 완전히 새로운 산업 분야들이 부상하리라고 내다본 사람은 거의 없었다. 그들은 언젠가 옥수수나 면화 같은 주요 작물의 유전자변형 품종들이 자연적으로 나타나는 품종들을 거의 전적으로 대체하리라고 생각지 못했다. 간단히 말해 그 저명한 일단의 과학자들은 자신들이 가장 잘 알던 세계인 실험실 — 특히 생의학 연구를 지향하는 실험실 — 에 초점을 맞추었다. 상업화는 그들이 주목한 대상이 아니었다. "의도적 방출"에서 나오는 위험, 가령 제초제 내성이나 해충 저항성 작물의 의도적인 대규모 도입이 유발하는 위험은, 럼즈펠드 장관의 표현을 빌리면 "알지 못하는 모름"이었다. 그러나 불과 몇년도 지나지 않아 그러한 전망은 현실이 되었고, GM이 가능성의 무대에 등장하기 전부터 이미 농업기술에 깊이 관여하고 있던 몬산토나 신젠타Syngenta 같은 업계 선두주자들에 의해 추진되었다.

의도적 방출의 위험에 관한 지식은 사전평가보다는 사후적인 경험을 거치며 서서히 드문드문 축적되었다. GMO 작업 과정에서 불거진 일련의 사고들은 통치 가능한 위험에 관한 미국의 지배적 상상력에 있는 간극과 구멍을 조명해준다. 2000년에 스타링크Starlink라는 이름의 Bt 옥수수 종자가 크래프트푸드Kraft Foods가 만들고 패스트푸드 체인 타코벨Taco Bell이 판매한 옥수수 제품들에서 발견됐다. 스타링크는 동물 사료용으로 허가가 났지만 인간이 섭취하는 용도로는 승인되지 않은 종자였다. 이 GM 종자에는 Cry9C라는 이름의 단백질이 함유돼 있었는데, 미국 환경청 EPA은 이를 잠재적으로 인간에게 알레르기를 유발할 수 있는 물질로 분류했다. GMO에 반대하는 몇몇 환경단체와 소비자단체의 컨소시엄과 협력관계에 있던 지네틱아이디Genetic ID라는 연구소가 타코벨 제품을 검사했고 결코 일어나지 말았어야 할 오염을 찾아냈다. 뒤이어 나타난 환매, 제품 리콜, 수출 중단으로 수억 달러의 손실이 발생했고 스타링크는 시장에서 회수되었다.[8] 한 연구는 이 사건으로 적어도 한해 동안 옥수수 가격이 7퍼센트 가까이 떨어졌다고 추산했다.[9] 그럼에도 이 사례는 대체로 피할 수 있었던 사고로, 근본적으로 좋은 의도를 가진 행동이 낳은 "의도하지 않은 결과"로 일축됐다. 한 주장에 따르면, EPA는 스타링크를 동물 사료용으로만 승인해서는 안 되었다. 복잡한 제조 환경 속에서 승인된 옥수수 종자와 승인되지 않은 종자를 분리하기 어렵다는 사실을 EPA가 알았어야 했다는 이유에서였다.[10] 혹은 곡물을 취급하는 상인들이 좀더 조심스럽게 규정을 따르기만 했다면, 혼입은 일어나지 않았을 터였다. 이뿐만 아니라 일각에서는 말하길, 질병통제센터CDC에 실제로 보고된 극소수의 알레르기 반응 사례들에 비해 공포가 터무니없이 컸다고 했다. 요컨대 생명공학 옹호자들이 보기에 스타링크는 식물의 유전자변형 과정에서 본질적으로 잘못된 그 어떤 것도 드러내지 않았다. 이 사건은 그저 훌륭한 규제 및 제조 관행에서의 불운한 일탈이 대중의 과잉반응 때문에 악화된 사례일 뿐이었다.

그러나 스타링크 사건은 새로운 기술이 등장할 때 상상된 미래가 지식의 흐름과 책임의 제도적 현실과 잘 부합하는 것은 아니라는 점도 분명하게 보여주었다. 우리는 2장에서 특히 지식의 결여nonknowledge가 절대적 범주가 아니라 상대적 범주임을 살펴봤다. 우리가 아는 내용은 우리의 입장, 특히 어떤 조직, 과정 혹은 위계에서 우리가 위치한 장소에 따라 결정적으로 좌우된다. 유전학자나 의료과학자가 인간의 알레르기에 대해 아는 내용은 곡물 엘리베이터 운전자가 종자 보관과 수송의 조건에 관해 아는 내용과 매우 다르다. 이러한 복수의 지식 형태들은 산업적 가공의 경로에서 흔히 서로 분리돼 있다. 중요한 것은 위험평가자들이 추상적인 과학지식에 특권을 부여하는 경향이 있다는 점이다. 사일로 운전자들이 처리하는 실용적 유형의 지식이 동료심사를 거치는 과학논문에 들어가거나, 출판된 과학에 의지해 일상과는 동떨어진 위험평가와 정책결정의 포럼에서 다뤄지는 경우는 극히 드물다. 그 결과 복잡한 기술시스템을 아우르는 위험 혹은 안전의 공식적 상은 현실을 호도하는 부분적이고 불완전한 것이 될 수 있다.

이제 "누가 모르는가?"Unknown to whom?는 중요한 문턱 질문이 되었고, 사려 깊지 못한 답변은 윤리적으로 문제가 될 뿐 아니라 사회에 해를 끼칠 수 있다. 과학적·기술적 모름들은 단지 가장 권위가 높은 인식자knower가 좀더 낮은 관점에서 봤다면 가질 수 있었을 시각을 결여하고 있기 때문에 모르는 것처럼 보일 수 있다. 가령 GMO에 관한 초기의 규제 담론을 지배한 분자생물학자들은 그들이 상상할 수 있는 유형의 우발적 방출에서 오는 위험에 가장 민감했다. 그들은 GMO가 비대상 종들에 미치는 유해한 영향, 저항 형질의 출현, 혹은 변형된 생명체와 그렇지 않은 생명체 간의 유전자 전이의 위험에 관해 나중에 생태학자들이 알게 된 것만큼 잘 알지 못했고 그렇게 우려하지도 않았다. 어지러운 생산 시스템에서 일어날 수 있는 모니터링과 통제의 실패는 고고한 아실로마 과학자들에게 한층 더 생소한 일이었다. 그러한 우려들은 나중에야 서로 다른 분야 전문가들 사이에, 그리고 미국 생명 공학 산업과 다른 나라의 주저하는 농부, 소비자들 사이에 갈등이 빚어지면서 비로소 등장했다. 전문가 평가와 통제의 철학에서 국가들을 가로지르는 차이가 나타난 것은 상대적으로 협소하게 위험을 이해하는 미국의 규제 전략이 이미 자리를 잡은 후였다.[11] 그러나 미국의 제조회사들은 규제 위험평가에서 자신들의 미국 내 경험을 건전한 과학의 절대적 기준으로 받아들였고 다른 국가들의 비판은 비과학적이라며 일축했다.

GMO의 규제 역사는 과학적이거나 정치적 권력을 가진 집단이 위험을 평가, 관리할 때 자신과 상반되는 관점을 찾아나설 유인을 결여하고 있음을 잘 보여준다. 지배적 사고틀의 외부에서 오는 주장은 무지하고 근거가 없으며, 과학적 타당성을 결여한 것으로 거부된다. 이렇게 보면 "알지 못하는 모름" 현상은 관련된 지식의 절대적 공백보다 권력 — 누구의 지식이 어떤 목적에서 중요한지를 결정하는 권력 — 의 불평등한 배분을 말해준다고 볼 수 있다.

위험이냐, 예방이냐?

앎이란 부분적으로 어떤 시각에서 보느냐의 문제이며, 완벽한 지식이란 도달 불가능한 이상이다. 이 때문에 세계화된 세상에는 어떤 사물에 대해 알고 있다는 한 집단의 주장이, 더 나은 지식이나 의심할 만한 좋은 이유가 있다고 주장하는 또다른 집단에 의해 부정되거나 충돌을 빚는 상황이 넘쳐난다. GMO의 국제무역은 그처럼 오래 지속된 교착상태 중 하나를 보여주며, 이는 기존의 전지구적 제도들의 무능함을 다시금 부각한다. 무엇을 알 필요가 있고 불확실성과 가치 갈등에 어떻게 대처해야 하는지에 관해 선명한 차이를 보이는 견해들을 중재하는 데 무능하다는 말이다.

2000년대 초가 되자 농업 GMO를 다룰 때 "과학 기반"science-based 혹은 "위험 기반"risk-based 접근을 고수하는 국가·조직과 "예방"precaution을 선호하는 국가·조직 사이에 중대한 간극이 생겨났다.[12] 그러한 용어들은 다양한 방식으로 법률과 정책에 성문화되었다. 이 용어들에 대한 단일하고 간단한 정의는 존재하지 않지만, 각각이 과학지식의 한계에 관해 함축하는 바에서 일관된 차이가 나타난다. 대체로 보아 과학 기반(혹은 위험 기반) 접근은 문제를 알고 있는 모름으로 프레이밍하며, 현재의 지식이나 추가적인 목적 연구에 기반해 믿을 만한 미래예측이 가능하다고 가정한다. 반면 예방적 접근은 과학적 탐구의 한계 너머에 뭔가 중요한 것들 — 알지 못하는 모름이라는 범주 전체를 포함해서 — 이 있다는 것을 당연하게 받아들인다. 상상조차 할 수 없는 문제에 위험평가자들이 추구하듯 확률 추정치를 부여하는 것이 어떻게 가능하다는 말인가? 기술의 미래 궤적이 중대한 불확실성을 제기할 때는 더 많은 과학이 반드시 훌륭한 답으로 이어지는 것은 아니다. 실제로 과학은 이해가 매우 부실한 대상에 대해 더 많은 지식을 만들어냄으로써, 과학자들이 지닌 통념의 경계 바깥에 위치했지만 더 잘 알려진 문제들로부터 주의를 다른 곳으로 돌려버릴 수도 있다.

위험과 예방의 충돌은 대서양 양편 사이에 GMO에 관한 무역전쟁을 발발시켰다. 2003년에 미국, 아르헨티나, 캐나다 — 모두 주요 곡물수출국들이다 — 는 유럽연합을 세계무역기구WTO에 제소했다. 제소국들은 EU가 GM 작물의 불법적인 수입금지조치를 유지함으로써 국제적인 자유무역 규칙을 위반했다고 주장했다. 이러한 작물 수용의 거부가 불법적인 이유는 위험평가가 GMO 의 안전성을 보여주었고, EU가 GMO의 수입을 거부할 타당한 과학적 근거가 없었기 때문이다. GMO에 관한 어떤 위험평가도 그것이 인간의 건강이나 환경에 해를 끼친다는 사실을 보여주지 못했다. 따라서 이에 맞서 위험을 입증하는 과학적 증거 없이 이러한 제품들에 장벽을 세우는 것은 불법이었다. 증거로 뒷받침되지 못한 그러한 행동은 모든 WTO 회원국들이 동의하는 자유무역 원칙에 위배되었다.

2년 후 WTO 분쟁 조정 절차는 1천면에 달하는 의견서에서, EU가 GMO 승인에서 "과도한 지연"을 유발하여 불법적인 수입 금지를 유지해왔다고 결론 내렸다. 이에 반색한 생명공학 산업은 곡물 안전에 관한 자신들의 주장이 정당함을 입증한 결정이라며 이를 추켜세웠다. 하지만 유럽 소비자들과 일부 EU 회원국들의 반응은 훨씬 덜 우호적이었다. 이는 미국의 위험평가가 다른 국가들의 정당한 의심을 눌러 이긴 것처럼 보이는 사례였다. 많은 사람들은 미국의 위험평가가 생태적, 그리고 아마도 공중보건상의 모름들에 대한 부적절한 검토에 기반한다고 보았다. WTO의 추론은 자유무역과 정치적 판단 사이의 해소되지 않은 긴장을 인정했다. 각국이 다른 나라의 기술제품을 구입하면서 암묵적으로 그들의 안전기준까지 받아들일 때, 얼마나 많은, 또 어떤 종류의 불확실성을 용인할 수 있는가에 대한 정치적 판단 말이다. 이 사레는 과학 기반 세계관과 예방적 세계관 사이의 갈등을 예리하게 드러냈다. 공식적인 법률적 사안으로서는 과학이 승리를 거뒀지만, 법률적 확인이 지닌 힘에도 불구하고 미국 과학의 보편적 주장에 관한 의심은 수면 아래 남아서 사라지지 않았다.

WTO의 관점에서 보면 이 분쟁은 핵심적인 협정 용어(특히 제5조 1항과 2항)의 해석을 그 중심에 두고 있었다. 이 조항들은 각국이 채택하는 모든 무역제한 조치에 대한 근거를 명시하는데, 특히 제5조 1항은 국경을 넘나드는 기술 이동을 규제 하는 것에 대한 과학 기반 접근법을 명시적으로 승인하고 있다.

> 회원국은 관련 국제기구에 의해 개발된 위험평가 기술을 고려하여, 자국의 위생 또는 식물위생 조치가 여건에 따라 적절하게 인간, 동물 또는 식물의 생명 또는 건강에 대한 위험평가에 기초하도록 보장한다. (강조는 인용자)

더 나아가 제5조 2항은 위험평가가 "이용 가능한 과학적 증거"에 기초해야 한다고 규정하고 있다. 제5조 7항은 회원국이 관련 증거가 불충분하다고 믿을 경우 "더욱 객관적인 위험평가를 위하여 필요한 추가정보를 수집"할 의무가 있다고 서술하고 있다.[13] 한데 합치면 이러한 조항들은 현존하거나 실제로 얻을 수 있는 과학이 GMO 무역과 밀접한 관련이 있는 불확실성들을 해소할 수 있다는 관점을 강하게 지지한다. 여기서는 자연이 너무나 복잡하기 때문에, 우리가 모든 가능한 인과적 경로를 상상할 수는 없기 때문에, 혹은 엄두를 못 낼 만큼 많은 시간이 소요되거나 너무 많은 비용이 들어 필요한 연구를 수행할 수 없기 때문에, 추가 연구에서 모종의 불확실성이 제거되지 못할 가능성이 거의 고려되지 않는다.

WTO는 무역분쟁의 일견 중립적인 중재자로 과학에 집착하여 난처한 입장에 처하게 된다. WTO는 객관적인 과학과 법률의 원칙들을 적용하고 있는 것인가, 아니면 국가의 주권을 용인이 불가능한 정도로 침범하고 있는 것인가? 만약 위험평가 자체가 불확실성을 관리하는 가치의존적 수단이라면 주권국가들은, 자국 대중이 알지 못하는 모름에 맞서 더 많은 예방조치를 요구할 때 이와 다른 접근을 채택할 수도 있다.[14] 위험 기반 입장과 예방 입장 사이의 선택에서 WTO는 서로 다른 "규제 철학" 중에 선택을 함으로써 국가의 주권 공간에 스스로를 끼워넣는다.[15] 그러나 WTO가 그처럼 주권을 초월한 지위를 얻은 것은 그것이 지닌 협정 강제력이라는 불문율에 따른 귀결이었다. 서명국들이 WTO의 인식론적 선호를 기꺼이 따를 것인지 여부에 대해 사전 숙의가 명시적으로 이뤄지는 모양새는 취해지지 않았다.

자연에 대한 선호

WTO 협정에 명문화된, 불확실성에 대한 과학 기반 접근은 자연을 변형하거나 상품화하려는 시도에 예외없이 수반되는 가치의 갈등을 배제한다. 많은 사람들이 유전자변형을 불신하는 이유는 그것이 전통적 농경과 육종 기법의 한계를 넘어 너무 빨리 진전되고 있다고 보기 때문이다. 회의론자들에는 소농, 로컬푸드 소비자locavore, 특용작물 혹은 토종작물 재배자, 윤리적 신념에 따른 유기농 구매자 등이 포함된다. 이 모든 집단은 GM 기술을 포함하는 산업화된 농업이 자신들이 선호하는 식량 재배 및 소비 방식을 밀어내지 않았으면 하는 강한 욕구를 갖고 있다. 대서양 양편 모두에서, 또 전지구적으로 소비자들의 유기농 선호가 점점 높아지는 상황에 맞추기 위한 시장과 공급망이 생겨났고, 유기농과 비유기농을 분리하기 위한 세심한 시도가 뒤따랐다. 예를 들어 매사추세츠주 케임브리지의 홀푸드Whole Foods 슈퍼마켓에서 판매되는 커피 분쇄기에는 다음과 같은 설명이 붙어 있다. "이 분쇄기는 유기농 커피 원두와 관행 농법으로 재배된 커피 원두에 모두 쓸 수 있습니다. 유기농 100퍼센트 커피를 계속 마시는 데 열성적인 고객이라면 커피콩을 가정에서 분쇄하는 것을 고려해볼 수 있습니다."

이 설명은 다소 빈정대는 어투이긴 하지만, 2013년 3월에 홀푸드 마켓이 체인망 전체에서 채택한 "완전한 GM 투명성" 정책을 반영한 것이다. 이 회사는 5년의 시한을 두어 북미 점포들에서 모든 상품의 GM 성분 함유 여부를 표시하겠다고 선언했다. 이 사례에서 민간의 시도는 정부의 대응을 훌쩍 앞서가고 있다. 홀푸드의 조치는 소비자들이 식품 판매 전반에 걸쳐 연방정부에게서 비슷한 조치를 얻어내는 데 실패한 것과 분명한 대조를 이룬다. 사실 미국의 정책은 GM 표시제를 적극적으로 막는 것이다. 한 유명한 시범 사례에서 FDA와 미국 연방거래위원회FTC는 유명한 아이스크림 회사 벤앤제리스Ben & Jerry's 같은 고급 유제품 제조업체에 경고했다. 자사 제품에 유전자조작 재조합 소 성장호르몬rBGH이 들어 있지 않다고 인증할 경우, 허위 및 기만 광고 혐의로 유죄가 될 수 있다는 것이었다. 이에 따라 유기농 유제품 제조업체들은 좀더 왜곡된 경로를 따라야 했고, 소떼에 rBGH 처리를 하지 않았음을 보증하는 농부들에게 원유를 구매했다는 주장만 할 수 있었다. 심지어 이 경우에도 FDA가 rBGH 처리를 한 암소와 그렇지 않은 암소에서 나온 우유 사이에 아무런 유의미한 차이도 찾지 못했다고 밝히는 문구를 넣어야 했다.

유전공학을 선택하지 않은 농부들은 유기농 제품을 원하는 점점 늘어나는 소비자들과 강력한 산업계의 로비 사이에 붙들려 있다. GM 제품은 가격을 낮추고 있고, GM 산업은 GM이 아닌 틈새시장이 더 커지지 않도록 막는 데 엄청난 돈을 기꺼이 지출할 용의가 있다. 미국에서는 GMO 표시제를 의무화한 주 법률들이 중요한 싸움터가 되었고, 낙농산업에서의 rBGH 사용이라는 상대적으로 제한적인 영역을 훨씬 넘어서 확대됐다. 실패로 돌아간 2012년 캘리포니아의 주민투표는 GMO 표시제를 법률적 의무사항으로 만드는 발의안 37Proposition 37에 대한 것이었다. 이는 논쟁 양측 모두에서 강한 열정을 불러일으켰다. 주민투표에 대한 공격에 뒤늦게 대대적으로 자금이 투입되면서, 발의안은 51.4퍼센트의 반대로 아슬아슬하게 기각됐다. 몬산토와 듀폰이 이끄는 생명공학 및 식품 산업계는 표시제 지지자들보다 훨씬 더 많은 자금을 지출했고, 지지자들이 모금한 9백만 달러를 훨씬 뛰어

넘는 4600만 달러의 자금을 모으는 데 성공했다. 2013년 워싱턴 주에서는 유사한 노력이 다소 더 큰 표차로 부결됐다. 그러나 몇몇 주 의회에 계류 중인 표시제 의무화 법안들을 둘러싸고 싸움은 계속되고 있다.

산업적 농업과 비산업적 농업을 분리하려는 욕구는 자신이나 가족에게 좀더 자연적인 식단을 제공하려는 소비자들에게 한정된 것이 아니다. 유기농 재배자들은 유기농 시장이 구매자들에게 작물이 GM 성분으로 오염되지 않았다고 안심시키는 데 따라 좌우됨을 깨닫고 있다. 각국 정부들 역시 유기농 생산자 같은 선택경제 부문들이 제품의 우발적 오염으로 대처 불가능한 손해를 입지 않게 하는 데 관심이 있다. 유럽연합이 채택한 것과 같은 엄격한 "공존"coexistence의 규칙은 GM 제품의 추적이 가능하도록 보증하는 것을 추구한다. 다시 말해 특징적 표지를 통해 식별 가능해야 한다는 것이다. 완벽한 순수성을 달성하기란 불가능함을 인정해, EU의 공존 규칙은 어떤 제품이 GM 성분을 0.9퍼센트 이하로 함유할 경우 GM 비함유GM-free로 표기할 수 있게 정했다. 오스트레일리아와 뉴질랜드는 소숫점 아래를 반올림한 1퍼센트를 기준으로 쓰고 있다. 이 수치들은 실제로 실현 가능하다고 여겨지고 있다. 현재 기술로는 더 낮은 비율도 검출이 가능하지만 말이다. 미국에서 FDA는 계속 GM 비함유 표시제에 반대 권고를 하고 있다. 그러한 표기가 100퍼센트 순수성을 의미한다는 잘못된 정보를 전달한다고 보기 때문이다.

그러나 어수선한 자연과 깔끔한 관료적 논리는 좋은 연관을 맺기 어렵다. 유럽의 규제기관들은 공존의 원칙에 따라 GMO 논쟁을 우회하려 애쓰는 과정에서 이를 깨달았다. 그 원칙은 자유로운 소비자의 선택에 대한 존중에 기반해, 모든 형태의 농업이 유럽에서 번창할 기회가 있어야 한다는 믿음을 표시했다. EU 당국은 공존을 실행에 옮기기 위해 변형 작물과 비변형 작물을 심은 지역들이 서로 유지해야 하는 거리를 설정했다. 그 거리는 보통의 경우 바람으로 이루어지는 꽃가루 전파를 방지하기에 충분하지만,* 벌이 GM 재배지와 비GM 재배지 사이를 오가면서 양쪽 식물의 꽃가루를 모두 먹이로 삼는 것을 막기에는 충분치 못하다는 사실이 밝혀졌다. 그렇게 통제가 안 된 벌들에게서 얻은 꿀은 GM 비함유 기준인 0.9퍼센트의 GM 성분 상한선을 넘을 수도 있다. 자연 제품만 구매하는 소비자들에게 그런 꿀을 파는 양봉업자들은 수입 손실에 직면한다. 이뿐만 아니라 유럽의 소규모 양봉업자들은 순회 농부들에게 의존하는 형태의 농업 생활에 공존이 본질적으로 해롭다고 본다. 순회 농부들은 벌 군체를 전국 곳곳으로 자유롭게 이동시키면서 가장 좋은 꽃가루 원천을 찾기 때문이다. 독일의 양봉업자들은 자신들이 지나치게 관대한 규제 체제에 의해 제약과 위협을 겪고 있다고 생각했고, 2008년 뮌헨에서 자기 땅에서 쫓겨난 벌들을 위해 정치적 망명을 요구하는 운동을 전개했다.[16]

---

* 그러나 유전자 확산에 관한 연구가 늘어나면서, GM 작물과 비GM 작물 간의 오염을 방지하기 위해 유지되어야 하는 분리 수준에 관한 최초의 예측이 지나치게 낙관적이었음이 드러났다.

좀더 큰 정치적 규모에서 몇몇 유럽 국가들은 일부 혹은 모든 형태의 GM 경작에 대한 금지를 선언했다. 대상 작물 중 가장 눈에 띈 것은 몬산토의 해충 저항성 잡종 옥수수 MON810으로, 유럽에서의 재배가 승인된 몇 안 되는 GM 종 가운데 하나다. 몬산토는 이러한 금지가 불법이라고 주장하면서, 일례로 2011년 유럽사법재판소European Court of Justice이 프랑스의 MON810 재배 금지를 불법으로 판결한 것을 근거로 들었다.[17] 프랑스는 법원의 판결을 무시하고 이후 금지조치를 갱신했고, 가장 최근의 갱신은 2014년 재배철을 앞두고 이뤄졌다. 몬산토는 유럽식품안전청European Food Safety Authority을 포함해 보건 및 안전을 담당하는 어떤 기구도 인간, 동물, 혹은 비대상종種에 피해를 입힐 위험을 찾아내지 못했다는 점도 들었다.[18] 그러나 이러한 논증은 산업체와 소비자-재배자 동맹 사이에 메울 수 없는 가치의 심연이 존재한다는 사실을 강조할 뿐이다. 산업체는 규제에 대한 위험 기반 접근을 믿는 반면, 소비자-재배자 동맹은 알지 못하는 모름을 우려해 좀더 지역에 기반을 둔 다른 농업생산 방식을 선택한다. 신체적·생물학적 안전이라는 틀에서만 진행된 토론은 소수의 거대 다국적회사들이 GM 생산을 통제하여 식물과 종자의 품종에서 위험천만한 힘의 집중이 나타날 거라는 — 그리고 이에 따라 식품 공급의 다양성이 감소할 거라는 — 우려를 거의 다루지 못한다.

누가 보상하는가?

결과가 불확실할 때, 사람들은 미처 생각지 못한 일이 생길 경우 누군가가 비용을 부담할 것임을 알면 안심할 수 있다. 우리가 화재, 홍수, 자동차 사고, 그외 현대 생활에서 흔한 재해들에 대해 보험을 드는 이유가 바로 이것이다. 그러나 대규모 기술시스템의 실패로부터 피해가 발생할 때, 누가 어떤 종류의 피해에 보상을 해야 하는가 하는 규칙이 항상 미리 분명하게 정해져 있는 것은 아니다. 확률이 낮고 결과는 심각한 사건의 경우에는 특히 그렇다. 기술시스템이 미치는 파급효과는 종종 예측 불가능하며, 이는 스타링크 사건이 극적으로 보여주는 바와 같다. 상업적으로 제조된 타코쉘에서 Cry9C가 발견되면서 결국 수백가지 제품을 대상으로 많은 비용이 드는 리콜이 불가피해졌고 미국과 멕시코의 회사들에 영향을 미쳤다. 일본과 한국에 대한 미국의 수출을 위협하기도 했다. 미국 농무부는 자국 옥수수 재배농을 보호하기 위해 1500만~2000만 달러를 들여 사용되지 않은 스타링크 종자를 다시 사들였다. 자회사를 통해 스타링크를 판매한 프랑스-독일 회사 아벤티스는 2003년 옥수수값 폭락으로 피해를 본 농부들에게 1억 1천만 달러를 지불하기로 합의했고, 리콜의 영향을 받은 다른 사람들에게 도합 5억 달러 이상을 지불했다.[19] 스타링크 이후 옥수수 공급망을 정화하는 데 들어간 총비용은 10억 달러에 달하는 것으로 추정되었다. 이러한 비용들은 아벤티스와 아무 잘못도 없는 공공 혹은 민간 행위자들 사이에 어떻게 배분되었는지 정확한 계산도 이루어지지 않은 채로 사회 전체에 분산되었다.

이와는 다른, 좀더 비극적인 지불과 책임의 이야기가 21세기 초 인도의 GM 면화 도입을 둘러싸고 전개되었다. 1990년대에 무역자유화로 인도 시장은 외국 투자에 개방되었다. 그러한 정책 변화는 다국적 농기업들이 전세계에서 소농이 가장 집중되어 있는 나라에서 종자를 판매할 수 있는 길을 열어주었다. 이전까지 소농들은 매년 보관해둔 자기 종자를 다시 파종하는 식으로 전통 종자들로 자급농업을 해왔다. 몬산토의 Bt 면화(상표명 볼가드)는 작물을 파괴하는 목화씨벌레의 창궐로 골머리를 앓던 인도의 면화 재배 농부들에게 신이 보낸 선물처럼 보였다. 3년간의 시험재배 이후 인도정부는 2002년 Bt 면화의 상업적 사용을 승인했고, 이는 10년 만에 인도 전체 면화 작물의 95퍼센트를 차지하게 되었다. 목화씨벌레의 정복은 더 높은 수확과 농부들의 더 안정된 수익을 약속했고, 농약의 사용을 줄이고 생물학적으로 유익한 곤충과 식물에 해를 덜 끼치는 것과 결부돼 있었다. 요컨대 전지구적 생명공학 산업은 인도의 면화 제조업자들과 사용자들 모두가 득을 보며, 인도 경제에도 큰 이익을 안겨주는 시나리오를 약속했다. 불과 10년 만에 Bt 면화가 비GM 종자들에게서 거의 완벽하게 시장을 넘겨받으면서 — 미국에서도 이와 흡사한 발전이 있었다 — 그런 약속은 실현되는 듯 보였다.

그러나 이미 1990년대 말부터 인도 농부들의 지나치게 높은 자살률에 관한 이야기가 떠돌기 시작했다. 가격 하락과 비용 상승으로 궁지에 몰린 수많은 농부들이 유일한 탈출구로 목을 매달거나 독성 농약을 마시고 죽음을 선택했다. 죽음은 채무자를 해방시켜주었지만 부채를 소멸시키지는 못했고 시름에 빠진 가족들이 부담을 져야 했다.[20] 인도정부와 특히 농부들의 자살률이 높은 몇몇 주들은 채무경감법을 제정해 괴로워하는 농부와 그 가족들을 도왔지만 비극을 막기에는 적용 범위가 충분치 못했다.

경제적 자유화, 정부의 GM 면화 승인, 언론에 보도된 농부들의 죽음이 동시에 겹치면서, 외국의 독점기업이 인도 농업을 통제할 것을 우려하던 활동가들은 불안감을 느꼈다. 일각에서는 자살이 늘어난 구체적 원인 중 하나로 GM 면화를 지목했다. 이러한 관점의 옹호자들은 이전까지 종자에 거의 혹은 전혀 비용을 지불하지 않던 소농들이 이제는 값비싼 종자, 농약, 비료를 한꾸러미로 구입해야 한다는 점을 지적하며, 이는 잠재적 이윤을 줄이고 그들이 작황 악화나 부채 증가에 더 취약하게 만들었다고 주장했다. 생명공학 산업은 다양한 주장을 내세워 맞대응했다. 이는 죽음의 원인을 알콜중독이나 자녀교육에 대한 과잉 지출에 돌리는 것에서 GM 면화의 도입 이후 농부의 자살률에 유의미한 변화가 없었음을 보여주는 연구를 인용하는 것까지 다양했다.

아마 충분히 예상할 수 있겠지만, 논쟁은 통계를 이용한 다툼으로 변질됐다. 양측은 상대방에게 그토록 자명해 보이는 인과적 연관(혹은 연관의 부재)을 깎아내리려 했다. 이는 단지 강경한 입장을 따르면서 자신들의 대의에 맞도록 데이터를 선별적으로 인용하는 극단론자들의 문제가 아니다. 논쟁의 양극화가 주류 연구자들 사이에서도 나타났다는 사실은, 이것이 복잡성의 회색지대에 속하는 문제임을 보여주었다. 사실과 가치가 너무나 단단하게 결합되어 중립적 결정이 사실상 불가능한 문제라는 것이다. 2014년 3월에 점잖게 친기업 견해를 대변하는 잡지 『이코노미스트』

는 '향연과 기근'Feast and Famine이라는 자사 블로그에서, 인도 농부들 사이에 "자살의 빈발"은 없었음을 보인 맨체스터대학 연구자 이언 플레위스의 연구를 긍정적으로 인용했다.[21] 플레위스에 따르면 인도의 자살률은 프랑스나 스코틀랜드보다 더 높지 않았다. 가장 타격을 크게 입은 지역의 농부들은 농부가 아닌 사람들보다 자살률이 약간 낮았으며, GM 면화의 재배가 시작된 2002년 이후로 자살률은 일정하게 유지되고 있었다. GM 작물의 안전성에 대한 산업계의 지속적 주장과는 별개로, 만약 그대로 받아들여진다면 이 논증은 농부의 자살 문제를 아무런 문제도 아닌 것으로 바꿔놓을 것이었다.

그러나 광범위한 사회경제적·기술적 변화의 중심에서 문제가 그렇게 간단한 경우는 좀처럼 찾아보기 어렵다. 2014년 4월에 케임브리지대학과 유니버시티칼리지런던의 공동연구는 "인도의 주들 사이에 나타나는 엄청난 자살률의 차이가 대체로 농부와 농업노동자 들의 자살로 설명될 수 있음을 보여주는 중요한 인과적 연결고리를 찾았다".[22] 그 연구는 GM 면화를 범인으로 특정해 지목하지는 않았지만, 가장 취약한 농업 인구 — 1헥타르가 안 되는 땅뙈기에서 농사를 짓고 빚에 허덕이며, 광범한 전지구적 가격 변동에 극도로 민감한 면화나 커피 같은 환금작물을 재배하는 이들 — 가 있는 주들에서 자살이 가장 만연해 있다고 지적했다.

사회학자들이 인도의 농장들이 겪는 고충의 원인과 함의를 놓고 논쟁을 벌이는 동안, GM 작물의 평가와 통제를 위한 규제 구조의 결함을 다루는 일은 인도 대법원에 맡겨졌다. GM 반대 활동가들은 청원writ petition 절차를 통해 법원에 호소했고, 엄격하고 투명한 승인 과정이 마련될 때까지 작물의 새로운 야외 방출을 금지해달라고 요청했다. 2013년 8월에 법원이 임명한 전문 패널은 안전을 위한 몇가지 전제 조건들이 충족될 때까지 GM 작물에 대한 무기한 재배 중단을 권고했다. 패널 보고서는 인도가 황금쌀Golden Rice이나 Bt 가지 같은 GM 식량작물의 도입을 정당화할 식량 부족을 겪고 있지 않다고 지적했다. 특히 쌀과 관련해 패널은 GM 품종들이 생물다양성을 위협할 수 있으며, 인도의 쌀수출국 지위를 위험에 빠뜨릴 수도 있다고 주의를 주었다. 수입국 소비자들이 원하는 대로 GM 품종과 비GM 품종을 분리해 표시할 준비가 아직 되어 있지 않기 때문이었다. 패널 보고서는 GM 반대자들에게 용기를 주었지만 그저 또 한번의 전문가 견해 표명에 그쳤다. 따라서 그 밑에 깔린 정치와 거버넌스 문제의 해소에는 그다지 기여하지 못했다.

신뢰의 결핍

새천년기가 시작될 즈음이 되자 GM 농업이 엄청난 장애물에 직면했음이 분명해졌다. 서구(특히 미국)의 농업과학자 및 산업계와 세계 나머지 지역 대부분의 농부 및 소비자 사이에 신뢰가 크게 망가졌기 때문이다. 유전자변형 황금쌀을 놓고 오랫동안 계속되어온 논쟁이 전형적이다. 이러한 형태의 GM 쌀을 개발하는 프로젝트는 상업적 동기가 아니라 인도주의적 동기에서 시작됐다. 이는 농업과학자들이 식물을 조작해 영양학적 필요와 의학적 필요를 충족하려 한 최초의 시도들 중 하나였다. 두가지 요인 덕분에 황금쌀은 몬산토의 제품을 둘러싼 일련의 논쟁에서는 면책되었지만, 그것만으로는 충분치 않은 것으로 드러났다.

1990년대 초에 독일에서 훈련받은 두명의 저명한 과학자 잉고 포트리쿠스와 페터 바이어가 팀을 이뤄 비타민 A 결핍을 보충할 수 있는 쌀 품종을 만들어냈다. 비타민 A 결핍증은 아시아와 아프리카에서 수십만명의 아이들을 괴롭히는 증상이다. 심한 비타민 A 결핍증은 실명과 사망을 유발할 수 있지만, 아이가 어렸을 때 적절한 영양공급을 하면 쉽게 예방이 가능하다. 부유한 국가들에서 이러한 종류의 비타민 결핍 질환은 거의 찾아볼 수 없지만, 쌀을 주식으로 하면서 영양보충을 위한 야채를 거의 섭취하지 않는 지역의 가난한 아이들에게는 아주 큰 위험이다.

포트리쿠스와 바이어는 식물 유전공학이라는 과학을 진전시키고 주요 곡물의 영양 가치를 높이며, 심각한 공중보건 문제를 완화하는 일을 동시에 해낼 수 있는 절호의 기회를 노렸다. 그들은 유럽연합과 록펠러재단, 나중에는 스위스에 본사를 둔 생명공학 거대기업 신젠타의 후원을 받아, 비타민 A의 전구체인 베타카로틴을 축적하도록 쌀을 변형하는 데 성공했다. 베타카로틴 때문에 쌀은 엷은 황금색을 띠게 됐고, 여기에서 황금쌀이라는 명칭이 유래했다. 옹호자들은 성분을 강화한 이 쌀을 먹는 것이 알약이나 다른 형태로 비타민 A를 섭취하는 것보다 더 유망한 대안이라고 보았다. 황금쌀 프로젝트에 참여한 사람들은 국가 공중보건계획의 실패를 증거로 들어, 믿을 수 없는 보건의료시스템으로 문제를 해결하려고 시도하는 것보다 지역의 식단을 통해 비타민 A를 전달하는 것이 더 낫다고 주장했다.

그럼에도 불구하고 그린피스 같은 초국적 활동가 단체들은 정치적·경제적·환경적 근거에서 황금쌀의 도입에 격렬하게 반대하고 있다. 필리핀에서 성난 농부들은 식물을 갈아엎고 야외 시험의 시행을 방해했다. 이는 GM 작물이 지역의 생계에 위협이 될 거라는 그린피스의 캠페인에 설득된 결과였다. 과학자들과 주류 언론은 이것이 부당하다고 주장하며 공공기물을 파손한 행위를 비난했지만, 해답이 나오지 않은 질문을 지적한 것은 극단론자들만이 아니었다. GM 작물 시험에 관한 자문에 응한 인도 대법원의 전문 패널은 안전성에 관한 과학적 평가가 문화적 가치 및 사회경제적 영향에 대한 본격적 토론과 동등하지 않으며 이를 대신할 수도 없다는, 조금 다른 판단을 제시했다. 그러한 토론이 황금쌀 개발 초기에 이뤄졌어야 한다는 주장이었다.

결론

동식물의 유전적 성질에 대한 이해가 인간과 자연의 상호작용에서 잠재적으로 혁명적인 장章을 열었다는 사실을 부인하는 사람은 거의 없을 것이다. 이는 증가하고 있는 전세계 인구의 식량 수요를 충족하는, 좀더 지속가능한 방식으로 이어질 수도 있다. 그럼에도 농업기술의 혁신에 대한, 역사적으로 지배적인 접근법은 GM 혁명으로 드러난 일련의 쟁점들을 다루는 데 부적합하다고 밝혀졌다. 최근 수십년 동안 전개되어온 농업 생명공학은 선별된 기관과 지리적 지역에 권력이 집중되는 현상에 중요한 질문을 제기한다. 그러한 집중은 생산에 대한 독점적 통제를 통해, 또 7장에서 좀더 자세하게 다뤄질 지식재산권 주장을 통해 나타날 수 있다.

기술변화를 도입하는 통상적인 선형 모델은 사전에 위험을 어느정도 분명하게 파악할 수 있고 그것을 평가할 믿을 만한 방법이 존재하며, 혁신의 물결은 모두에게 이득을 준다고 가정한다. 요컨대 혁신은 그 본질상 선으로 간주된다. 과학과 경제가 결합된 현실로 인해 사람들이 위협적이거나 구미에 맞지 않는다고 생각하는 제품은 산업체가 개발하지 않을 것이라는 가정도 따라붙는다. 새로 출현한 GM 농업의 세계는 그러한 기대들 대부분을 뒤엎었다. 겉으로 보이는 유전공학의 정확성은, 새로운 작물과 동물의 생산과 상업화를 거치며 분명해진 복잡한 상호작용을 예측하기에 좋은 요인이 되지 못한다. 생물학은 개별 생명체 수준(플레이버 세이버 토마토나 벨츠빌 돼지의 사례처럼)이나 생태계 전체 수준 모두에서 거대한 모름으로 남아 있다. 반복되는 유출과 사고, 그리고 생물 저항성의 증가는 식물 유전공학의 통제 가능성에 관한 가정들이 아실로마 회의에서 분자생물학자들이 예측했던 것보다 더 낙관적이었음을 보여주었다. 지금 와서 돌이켜보면 가장 초기의 GM 농업 시도들은 책임있는 혁신이라기보다 되는 대로 — 심지어 유치하게 — 자연을 집적거린 행동에 가까워 보인다.

더 심각한 것은 이러한 역사가 새로운 제품을 설계하고 판매하는 사람들과 기술변화로 인해 생계가 가장 크게 위협받는 사람들 사이에 존재하는 극도의 권력 불균형을 드러낸다는 점이다. 미국의 생명공학 대기업과 거대 농기업들에게 도움을 주는 GM 옥수수 같은 제품들은 생물다양성의 상실과 비대상종들에 대한 위협을 우려한 유럽의 소농과 소비자를 만족시키지 못했다. 인도에서는 새로운 기술시스템의 비용이 인도 농업경제의 근간을 이루는 소농들에게는 지속 불가능한 것처럼 보인다. 몬산토나 신젠타 같은 회사들이, 해충 저항성 혹은 제초제 내성 작물이 인도아대륙에서 가장 큰 수익을 창출하리라는 판단을 내릴 때, 소농들의 요구는 고려의 대상이 되지 못했다. 심지어 황금쌀 같은 "인도주의적" 제품조차도 그런 작물은 사실상 트로이의 목마와 다름없다는 의심을 잠재우지 못했다. 결국에는 이를 통해 기업의 숨은 이해관계가 슬그머니 들어와 국가 전체의 곡물 생산 시스템을 장악할 거라고 말이다.

기술혁신이 세계에서 가장 가난하고 힘없는 시민들에게 이득을 안겨주기 위해서는 전지구적 거버넌스의 이론과 실천에서 그에 비견되는 혁신이 일어나야 한다. 미국과 EU 회원국들 사이에 GMO를 놓고 장기간 논쟁이 이어진 사례는 현재의 전지구적 무역 체제가 혁신을 둘러싼 잠재적 가치 갈등을 해결할 준비가 안

되어 있음을 시사한다. 경제적·기술적 불평등의 부담을 극복할 준비가 안 된 것은 말할 것도 없다. 이 점에 대해서는 마지막 장에서 다시 다룰 것이다.

5장

인간에 대한 조작

암호가 밝혀지다

20세기 중엽에 생명은 과학과 사회에서 새로운 의미를 지니게 되었다. 수세기를 통틀어 생물학에서 일어난 가장 심대한 변화는 흔히 말하는 상아탑의 중심인 캐번디시연구소Cavendish Laboratory에서 시작됐다. 이곳은 케임브리지대학에 위치한 저명한 물리학 및 생물학 연구센터였다. 여기서 영국의 분자생물학자이자 생물물리학자인 프랜시스 크릭(당시 36세)과 미국에서 건너온 젊지만 조숙한 공동 연구자 제임스 D. 왓슨(25세)은 수십년간 대서양 양쪽의 가장 영민한 과학자들 몇몇을 괴롭혀온 난제를 해결했다. 그들은 모든 생명체의 발달과 기능을 조절하는 기본 물질인 데옥시리보핵산DNA의 구조를 함께 밝혀냈다. 그들은 DNA가 이중나선이며 각각의 가닥은 네개의 염기로 이뤄져 있고 이것이 반복된 형태로 정해진 쌍을 이루고 있음을 발견했다. 그들의 기념비적 성취를 보고한 2페이지 분량의 논문은 1953년 4월 25일 영국의 과학 학술지 『네이처』에 발표됐다. 그로부터 60년 이상이 흐른 지금, 왓슨과 크릭의 근본적 발견이 미친 윤리적·법적·사회적 파급효과는 법과 정책이 생물과학 및 기술과 교차하는 모든 곳에서 여전히 논쟁 중이고, 특히 인간 본성과 존엄성에 관련된 문제가 걸려 있는 사안들에서 두드러진다.

오늘날 왓슨과 크릭이 이뤄낸 위대한 발견의 개요는 과학문헌, 언론매체, 좀더 최근에는 소설, 영화, 텔레비전에서 수많은 작품들을 통해 널리 알려져 있다. DNA 분자의 이중나선은 가장 잘 알려진 과학의 이미지 중 하나다. 이는 우리가 사용하는 기호와 상징의 목록에서 즉각적으로 참조되고 기억되는 장소를 점하고 있으며, 이는 "생명"이라는 단어가 우리의 언어사전에서 차지하는 비중과 비슷하다. 지구의 이미지와 마찬가지로 이중나선 역시 이해를 위한 사진 설명을 필요로 하지 않는다. 지금은 왓슨과 크릭이 자신들의 급진적 수정안을 발표하기 전에 화학자이자 노벨상을 두번 수상한 라이너스 폴링 같은 저명한 과학자들이 삼중나선 구조를 상상했다는 사실을 기억하는 사람이 거의 없다. 오늘날에는 가장 초보적인 생명과학 교육만 받은 사람들이라 하더라도 DNA가 생명과 유전의 원동력으로 기능하는 기본 메커니즘을 잘 알고 있다.

DNA 분자가 지닌 세가지 특징이 현대 생의학과 생명공학을 근본적으로 바꿔놓았다. 첫째, DNA는 정보를 담은 용기로서 종종 생명의 암호라고 불린다. 그러한 암호는 유전체 속에 숨겨져 있다. 유전체는 어떤 생명체에 고유한 정보 청사진 전체를 말하며 각각의 세포 속에서 찾을 수 있다. 유전체에서 가장 잘 알려져 있고 가장 널리 연구된 구성요소는 유전자라 불리는 DNA 서열이다. 유전자는 단백질 생산의 암호를 제공하며, 단백질은 다시 특정한 생명체의 구조와 기능을 정의한다. 그러나 단백질 암호를 담은 유전자는 유전체를 구성하는 염기쌍의 전체에서 아주 적은 일부를 차지할 뿐이다. 인간의 정자 혹은 난자에 있는 30억개 염기쌍의 1.5퍼센트에 불과하다. 유전체에서 암호를 담고 있지 않은 부분의 기능은 아직 과학적 탐구가 필요한 미지의 영역으로 남아 있다. 종들의 차이는 유전체에서 특정 유전자가 있느냐 없느냐와 중요한 방식으로 관련돼 있다. 하나의 종이 다른 종과 가까우면 가까울수록 그들 간에 공유된 유전자의 수도 많아진다. 침팬지와 보노보는 유전자의 99퍼센트를 인간과 공유한다.

둘째, DNA의 우아하고 단순한 구조는 복제를 위한 방법을 제공해준다. DNA 분자는 아데닌, 티민, 구아닌, 시토신(편의상 각각 A, T, G, C로 약칭한다)이라는 네개의 염기로 구성돼 있다. 이러한 염기들은 A는 T와, G는 C와 정해진 쌍을 이루어 결합하며 배배 꼬인 이중나선을 따라 마치 사다리의 단처럼 늘어서 있다. 적절한 화학적 환경 속에 놓이면 마치 긴 지퍼가 열리듯이 나선 가닥이 풀린다. 여기서 나온 단일 DNA 가닥들은 동일한 순서로 재결합할 수 있으며, 이때 각각의 염기는 화학적 결합 상대와 다시 연결된다. 이로써 이전까지 하나의 나선 구조가 있던 곳에 두개의 동일한 나선 구조가 생겨나는 것이다. 이러한 방식으로 나선 가닥은 스스로를 정확하게 복제한다. 왓슨과 크릭은 놀랄 만큼 절제된 표현으로 이 사실을 언급하고 있다. "우리는 염기가 특정한 방식으로 쌍을 이룬다는 우리의 가설이 곧 유전물질의 가능한 복제 메커니즘을 제시한다는 것을 놓치지 않았다."[1]

셋째, 인간의 중요한 신체적 특성과 성향들은 유전암호의 용어로 표현될 때 더욱 투명해진다. 유전암호가 인간 정체성과 인간 본성의 특정한 측면들을 표현하는 다른 언어를 제공하는 셈이다. 예를 들어 누군가는 헌팅턴병 유전자를 가지고 있는 사람, 혹은 유방암 내지 조발성 알츠하이머의 위험소인을 높이는 유전자를 가지고 있는 사람이 될 수 있지 않은가? 또한 DNA에 대한 지식은 인간의 몸을 좀더 조작 가능하게 만든다. DNA 구조는 극히 단순하기 때문에 특정한 종류의 검사나 재건이 가능해진다. 원리상으로는 DNA 가닥 전체가 스스로를 복제하는 능력 혹은 정보이전 기능을 수행하는 능력을 저해하지 않으면서 다양한 원천에서 나온 DNA 조각들을 자르고 이어붙이는 것이 가능하다. 만약 삽입된 DNA가 자체적인 암호 특성을 담고 있는 유전자라면, 그러한 특성은 재구성된 숙주의 DNA 속으로 간단히 이전된다. 예를 들어 박테리아의 DNA 속에 인간의 유전물질 조각을 잘라 넣으면, 이 박테리아는 이전된 요소의 지령에 따라 원래 자체적으로 생산하던 모든 단백질에 더해 인간 단백질을 함께 생산할 것이다. 원리상으로는 인간의 DNA 역시 이런 식으로 교정해 새로운 형질을 만들어낼 수 있다. 만약 정자나 난자 세포에 교정이 가해진다면, 삽입된 DNA와 거기에 암호화되어 있는 형질들은 조작된 세포에서 얻어지는 후속 세대들에 계속해서 전해질 것이다. 이를 생식계열 유전공학이라고 하며, 현재는 생의학에서 왕성한 연구능력을 보이고 있는 전세계 대다수 지역들에서 인간을 대상으로 한 시술이 금지되어 있다.*

제아무리 혁명적인 과학적 발견이라고 하더라도 아이디어만 가지고 응용단계로 넘어갈 수는 없다. 그러한 번역을 성취하려면 새로운 숙련과 기법에서 물질적 자원, 자본, 제도적 지원에 이르기까지 수많은 요소가 추가로 투입되어야 한다. 1970년대 초 스탠퍼드대학에서 있었던 중대한 대약진은 DNA가 무엇이고 그것이 어떻게 물리적으로 기능하는지에 대한 지식을 상업적 제품으로 이전하는 것을 용이하게 만들어주었다. DNA 재조합recombinant DNA, rDNA 기법이 바로 그것이다. 흔히 "유전자 접합"으로 알려진 이 기법은 DNA 서열(대체로 유전자)을 그 원천이 되는 생명체에서 뽑아내어 숙주 생명체 속에 주입하는 것이다. 숙주 속에서 외래 DNA는 해당 생명체가 지닌 자체 DNA와 함께 복제된다. 스탠퍼드대학의 스탠리 코언과 폴 버그, 그리고 캘리포니아대학 샌프란시스코캠퍼스의 허버트 보이어가 개발해낸 유전자 접합 기법은 과학자들이 종들 간에 DNA를 이전해 자연에서는 존재할 수 없었던 생명체를 창조할 수 있게 해주었다. 가령 인간 인슐린

---

* 예를 들어 유럽평의회(Council of Europe)가 1997년에 법적 구속력이 있는 협약으로 제정한 '인권과 생의학에 관한 협약'(Convention on Human Rights and Biomedicine)은 생식계열 유전자조작을 금지하고 있다.

을 생산하는 박테리아나 어둠속에서도 빛을 내는 형광 해파리의 유전자를 가진 식물 등이 여기 해당한다. 스탠퍼드대학은 1974년에 코언과 보이어를 발명가로 명기해 rDNA 기법의 특허를 출원했다.[2] 6년 후인 1980년에 승인된 이 특허는 1997년 특허 기간이 만료될 때까지 2억 5500만 달러의 수입을 대학에 안겨주었다. 그 기간에 rDNA 분자의 활용은 제약산업과 농산업에 퍼져나가 이 모두에 혁명을 일으켰다.

인간의 생명현상에 대한 조작은 4장에서 살펴본 식물의 경우보다 윤리, 법률, 정책에서 한층 더 복잡한 쟁점들을 제기한다. 생의학에서는 인간의 온전성을 침범하고 인간됨의 근본적 의미를 약화하는 것이 가장 큰 두려움의 대상이다. 인간의 몸을 새로운 방식으로, 즉 어떤 사람의 유전암호를 통해 이해하게 되면서 자유, 평등, 프라이버시라는 소중한 권리들이 전례 없는 방식으로 침해당할 가능성이 생겨난다. 이와 동시에 이러한 권리들 자체도 과학기술의 진보에 비춰 재정의된다.[3] 의학의 일차적 사명은 아픈 사람들을 낫게 하고 위험에 처한 사람들이 건강을 유지할 수 있게 하는 것이지만, 결함을 고치기 위해 유전자치료를 활용하는 것과 사람들에게 초인적인 능력을 부여하기 위해 유전적 강화를 활용하는 것 사이의 경계는 흐릿해지고 논쟁의 대상이 되고 있다. 생식의학은 불임인 사람들이 아이를 가질 수 있게 도와 많은 사람들이 평생의 꿈을 실현할 수 있게 해준다. 그러나 이는 가족 관계의 의미를 약화하고 부모됨의 책임을 희석하는 길을 열어주고 있기도 하다. 20세기 말에 생명윤리가 하나의 분야로 부상한 것은 이러한 우려들의 심각성을 방증한다. 전문 윤리학자들은 사회가 인간의 생명현상을 어디까지 조작할 수 있는지에 관해 지침을 개발하고 한계를 설정하는 문제에서 점차 권위를 획득해왔다. 하지만 많은 질문들이 계속해서 논쟁 중이거나 미해결인 상태로 남아 있으며, 이 중에는 민주주의 사회가 윤리전문가들에게 얼마나 많은 권위를 위임해야 하는가 하는 근본적 질문도 포함돼 있다.

투명한 몸

어떤 혁명에서도 그렇듯이, 유전체 이후post-genomic 생의학의 위대한 약속 뒤에는 그림자가 드리워져 있었다. 이 사례에서는 단기적 이익만 노리는 부주의하고 무책임한 산업체의 행동이 아니라 통제불능 상태에 빠진 과학의 상상력, 그리고 인간됨의 관념 자체를 위협할 수 있는 기술과 정부권력(혹은 기업권력) 사이의 동맹이 주된 우려의 대상이다. 호기심과 자연을 조작하는 순수한 희열이 과학자들을 유혹해 사회가 혐오하는 실험의 영역 속으로 발을 들여놓게 하는 것일까? 그처럼 도를 넘는 행동을 방지하기 위해 새로운 제도가 필요한가? 점점 늘어나고 있는 유전학 지식이 이미 문제가 되고 있는 개인과 제도 사이의 불균형을 더욱 악화할까? 자유와 프라이버시의 권리를 위협할까? 주변 집단들에게 낙인을 찍는 효과를 강화할까, 아니면 그들에게 더 많은 자율

통치를 위한 밑천을 제공할까? 이러한 질문들에 제시되고 있는 답변들을 평가하기 위해, 우리는 먼저 유전학과 생명공학이 인간의 몸을 좀더 해독 가능한 것으로 만들고 아울러 잠재적으로 기술적 개입에 좀더 열린 것으로 만들어온 장치들을 살펴볼 필요가 있다.

네개의 문자로 이뤄진 유전암호는 유전질환을 일으키는 일부 원인이 어디에 있는지를 정확하게 알아낼 수 있는 강력한 도구를 생의학에 제공한다. 유전자가 정보를 암호화해 전달하는 방식은 종들 간의 차이뿐 아니라 동일한 종에 속한 개체들 간의 차이를 설명하는 데 도움을 준다. 주어진 형질에 해당하는 유전자는 여러가지 형태로 나타날 수 있으며, 이들 각각은 관찰 가능한 차이와 연관돼 있다. 예를 들어 인간의 경우 눈 색깔이나 피부 색깔, 완두콩의 경우 쭈글쭈글한 씨앗 형태와 둥근 씨앗 형태처럼 말이다. 후자는 19세기의 선구적 유전과학자인 그레고어 멘델이 체코의 도시 브르노에 있는 자신의 정원에서 관찰한 것이다. 이러한 차이를 대립형질allele이라고 한다. 많은 유전병이 정보 전달에서 오작동을 일으키는 대립형질과 연결돼 있다. 그러한 결함들은 생명체가 신체의 성장과 건강을 위해, 혹은 암이나 그외 질환들의 발병에 맞서 싸우기 위해 꼭 필요로 하는 단백질을 생산하는 능력을 손상시킨다. 예를 들어 결함이 있는 BRCA1과 BRCA2 유전자를 물려받은 아시케나지 유대인 배경의 여성들은 유방암과 난소암 발병 위험이 훨씬 더 높다. 돌연변이 유전자가 그러한 종양을 억제하는 데 도움을 주는 단백질을 생산하지 못하기 때문이다. 이러한 정보 전달의 오류를 찾아내고 가능한 경우 고치는 것이 유전자의학의 핵심을 이루는 목표이다.

유전적 차이에 대한 연구는 인간유전체프로젝트Human Genome Project의 완성과 함께 추진력을 얻었다. 이 프로젝트는 인간의 DNA를 이루는 전체 염기쌍 집합의 지도를 그리고 서열을 해독하려는 국제적 노력이었다. 미국에서는 국립보건원National Institutes of Health, NIH과 에너지부가 연방정부 차원에서 프로젝트를 지원했고, 제임스 왓슨이 NIH 프로그램의 초대 소장을 맡았다. 1990년에 공식 출범한 이 프로젝트는 과학자들이 애초 완성까지 소요될 것으로 추정한 시간인 15년을 훌쩍 앞당겨 2000년에 서열 초안을 만들어냈다. 공공 "거대과학"으로 시작한 프로젝트는 뜻하지 않게 민간부문과의 경쟁으로 변질됐다. 한때 NIH 직원이었던 J. 크레이그 벤터는 이곳을 나와 자신의 회사인 셀레라Celera Corporation를 설립했고, 정부와는 다른 기술적 접근을 해서 더 빠르고 값싸게 서열해독을 할 수 있음을 입증했다.* NIH는 자체적인 향상으로 대응했고 과정의 속도를 높였다. 벤터는 이러한 작전을 써서 생명공학에서 가장 유명한 기업가 중 하나로 자리매김했다. 좀더 최근에는 바이오뱅크로 알려진 대규모 보관소에서 유전물

---

* NIH는 "위계적 샷건 전략"(hierarchical shotgun strategy)을 사용했다. 이는 유전체 내에서 DNA의 큰 조각들의 위치를 먼저 파악한 후에 이를 잘게 잘라서 서열해독을 하는 방식이다. 반면 셀레라는 "전유전체 샷건 전략"(whole genome shotgun strategy)을 취했다. 이는 유전체 전체를 산산조각낸 후에 컴퓨터의 능력을 대대적으로 동원해 조각들의 서열해독을 하고 나중에 결과를 다시 짜맞추는 방식이다. 처음에는 두 방법이 격렬한 경쟁을 벌였지만, 시간이 지남에 따라 서로를 보충하는 식으로 쓰였다.

질을 수집하면서, 개인과 가족 규모에서 특정한 유전형질을 가진 인구집단과 좀더 폭넓은 민족적·인종적 소속을 공유하는 집단으로 유전적 차이에 대한 연구가 확대됐다.

검사와 프라이버시

유전자 의학이 열어젖힌 첫번째 문은 진단이었다. 특정 유전자가 특정한 질병이나 질병 소인과 연관되어 있음을 알게 되면 사람들이 좀더 일찍, 충분한 정보에 근거해 의학적 선택을 내리도록 도울 수 있다. 돌연변이 유방암 유전자를 가진 여성은 암의 위험을 줄이기 위해 예방적 유방절제술을 받아야 할까? 여성들은 불안에서 벗어나기 위해 이처럼 극단적인 조치를 택할 수 있다. 특히 그들이 이전에 그 지독한 병에 걸린 어머니나 자매를 잃었을 경우에 그렇다. 여배우이자 세계적 유명인사인 앤젤리나 졸리는 널리 알려진 바와 같이 2013년 양측 유방절제술을 받았다. 그녀가 BRCA1 유전자를 가지고 있어 유방암 발병 위험이 87퍼센트, 난소암 발병 위험이 50퍼센트라는 사실을 알게 된 이후였다.[4] 그녀의 사연은 의심의 여지 없이 다른 이들 또한 유전자검사를 좀더 심각하게 고민하게 만들었다. 이는 1970년대 중반에 미국 대통령 영부인 베티 포드가 자신의 유방암 투병 사실을 공개하면서 이 질병에 대한 논의가 수면 위로 올라온 것과 흡사했다.

돌연변이 BRCA 유전자가 일으키는 결과는 상대적으로 잘 알려져 있지만, 모든 유전학 지식이 그렇게 분명한 것은 아니다. 유전자검사 결과는 설사 책임있게 획득되고 전달되었다 하더라도 해석의 어려움 때문에 불안감을 자아낼 수 있다. 유전자검사를 통해 현대 생의학이 아직 치료법을 마련하지 못한 질병 ── 헌팅턴병이나 알츠하이머병 같은 ── 의 표지를 갖고 있음을 알게 되면, 환자들은 절망에 빠지거나 현명하지 못한 선택을 내릴 수 있다. 그러한 소인성 질환을 가진 사람들은 때때로 이에 대해 모르기를 선호한다. 그 사실을 알게 된다고 해도 낙인찍히거나 희망을 잃게 되는 결과만 얻을 뿐이라고 믿기 때문이다. 어떤 이들은 고치거나 완화할 수 없는 증상 전 질환presymptomatic condition에 대해 **모를** 권리가 있다고 주장해왔다. 이뿐만 아니라 어떤 질병들은 흑인들이 많이 걸리는 겸상적혈구빈혈증처럼 특정한 인종집단을 훨씬 더 많이 괴롭히기 때문에, 유전학 지식이 잠재된 인종주의를 악화할 거라는 우려가 초기부터 유전자의학에 제기돼왔다.[5]

유전자진단과 연관해 등장한 윤리적 곤경은 전통적으로 의사-환자 관계의 틀 속에서 다뤄졌다. 이는 의사와 의료기관에 환자의 안녕을 돌볼 의무를 위임한다. 오늘날 산업국가의 병원들은 일상적으로 유전자 상담 서비스를 제공해 진단을 받는 환자들이 결과를 적절하게 해석하고 자신들의 치료 선택지를 온전히 이해할 수 있게 돕는다. 검사 결과는 기껏해야 해를 입을 확률을 전달하는 데 그치며 절대적 확실성을 갖는 경우는 드물다. 따라서 상담의 목표는 환자들이 위험을 너무 꺼리지도 않고 지나친 안도감에 빠지지도 않는 결정에 도달하도록 돕는 것이 된다.

그러나 유전자검사의 비용이 급격하게 하락하면서 환자들의 유전정보에 대한 통제는 보건의료시스템에서 빠져나와 통상의 상업활동으로 진입했다. 2007년을 전후해 민간 회사들은 소비자 직접direct-to-consumer, DTC 검사의 시장잠재력을 내다보고 이를 활용하는 데 뛰어들었다. 23앤미23andMe나 디코드deCODE 같은 회사들은 소비자들이 침 검체를 보내서 자신들의 유전적 특징이나 특정 유전병에 취약하다는 정보를 받아볼 수 있는 기회를 제공하기 시작했다. DTC 검사 시장은 그것의 신뢰성, 건강상의 이득, 법률적 지위에 관해 많은 불확실성이 남아 있지만 앞으로 크게 성장할 것으로 예상된다. 소비자들에 대한 우려로는 검사의 정확성과 임상적 타당성에 관한 문제, 회사가 보유한 정보의 프라이버시 문제, DTC 회사가 망하거나 팔렸을 때 정보의 운명이 어떻게 될 것인가의 문제 등이 있다. 2013년에 식품의약국FDA은 다소 뒤늦게 규제 감독에 나섰고, DTC 검사는 사전 승인을 요하는 의료장치로 간주될 거라고 선언했다. 수개월 후 FDA는 23앤미에 승인을 얻을 때까지 검사의 판촉을 중단하도록 명령했다.

프라이버시에 대한 우려는 DTC 검사의 맥락에 국한된 것이 아니다. 유전자검사 초기부터 사람들은 자신의 유전자 정보가 엉뚱한 사람의 손에 넘어가서 고용주들과 그외 힘있는 지위를 가진 사람들이 자신을 차별할 수 있다는 우려를 품었다. 구직자는 잠재적으로 많은 비용을 요하는 의학적 질환의 위험이 높다는 사실이 알려지게 되면 보험을 거부당하거나 일자리를 잃을 수 있다. 그러나 유전자 프라이버시가 시민적 자유의 문제로만 남아 있는 한, 의회 의원들은 이 문제에 관해 조치를 취하는 것을 꺼리는 듯 보였다. 상황이 변화한 것은 인간유전체프로젝트가 마무리되면서부터였다. 정밀의료 혹은 개인의 유전자 특성에 기반을 둔 치료의 전망이 밝아지면서, 미 의회의 의원들은 더 강력한 프라이버시 보호가 유전자검사의 좀더 폭넓은 활용을 촉진하고 임상 및 약학 연구에서 유익한 발전을 이끌 거라고 생각하게 되었다. 요컨대 적절한 보호조치 없이는 검사받기를 꺼리는 사람들에 대한 유인책으로 프라이버시에 대한 시장 수요가 커졌다. 2008년 유전정보차별금지법Genetic Information Nondiscrimination Act, GINA6은 고용주와 보험회사가 유전정보를 오용하는 것에 연방정부 차원의 보호를 제공한다. 다만 이 법은 생명, 장애, 장기의료 보험은 예외로 두었는데, 고령화되고 있는 인구를 감안하면 중대한 예외조항이다. 또한 GINA는 DTC 검사 회사들이 자발적으로 서비스를 이용한 사람들에게서 얻은 정보는 보호하지 않는다.

데이터로서의 인구

신체적 특성을 추상적인 "정보"의 언어로 전환하는 것이 거버넌스에 문제를 낳고 있다면, 유전정보가 데이터혁명과 뒤얽히면서 추가적인 난제가 앞으로 생겨날 것이다. 바이오뱅크, 즉 생물학적 검체와 그것에 포함된 정보의 대규모 보관소는 사회가 아직 분명한 답을 갖고 있지 못한 일단의 새로운 질문들을 제기한다. 인간의 조직을 한데 모아둔다는 개념은 유전학 시대 이전에도 있었다. 예를 들어 혈액과 정자는 이른바 '은행'에 수집해 보관해두었다가 수혈이나 남성 불임 치료를 필요로 하는 사람들이 그것을 이용할 수 있게 했다. 유전자 바이오뱅크는 부패할 수 있는 신체

물질뿐 아니라 다소간 영구적인 정보를 보관해두는 곳이라는 점에서 이러한 선례들과 차이를 보인다. 바이오뱅크가 보유한 신체 물질이나 정보는 어떤 개인 기증자나 수혜자와 연결되지 않은 진단 내지 활용을 그 정보로부터 얻어낼 수 있다는 점에서 상업적 가치를 갖는 경우가 많다.

오늘날의 바이오뱅크는 이전 시기의 혈액이나 정자 은행의 관리에서 나타나지 않았던 소유권, 동의, 프라이버시의 문제를 제기한다. 유전자 바이오뱅크를 구축하려는 최초의 시도 중 하나는 아이슬란드에서 있었지만, 이 계획은 애초 구상대로 시작되지 못했고 그 실패는 지금도 시사하는 바가 크다.[7] 처음에는 아이슬란드에서 그러한 자원을 얻어낼 전망이 밝아 보였는데, 이는 세 가지 요인들에 힘입은 것이었다. 먼저 이 나라는 규모가 작고 상대적으로 자족적인 인구집단(제안 당시에 30만명 이하)을 가지고 있고, 가계도 기록을 유지해온 오랜 전통이 있다. 따라서 가족 특성과 인구집단 규모의 차이들을 상대적으로 쉽게 파악할 수 있다. 이뿐만 아니라 잘 작동하는 의료시스템을 갖춘 나라이기 때문에 가계 데이터를 개인의 건강 기록과 나란히 놓고 볼 수 있다. 또한 아이슬란드는 유전자 데이터를 모든 시민에게서 수집할 수 있는 하부구조를 갖고 있어, 제안된 국가 건강부문 데이터베이스Health Sector Database, HSD를 위한 세번째 주요 요소를 제공한다.

HSD는 카리스마 넘치는 과학자이자 기업가인 카우리 스테파운손이 이끄는 생명제약 회사 디코드 지네틱스deCODE Genetics의 진두지휘에 따라, 아이슬란드 의회 다수의 열성적 지지를 받은 공공·민간 협력사업으로 구상됐다. 1996년 제정된 건강부문 데이터베이스법Health Sector Database Act에 따르면, 공공부문은 데이터를 기증하고 민간부문(사실상 디코드)은 정보를 다발성 경화증 같은 질병에 맞서 생명을 구하는 약으로 바꿔놓을 노하우를 제공할 예정이었다. 사실상 전국민을 등록하는 것이 데이터베이스가 성공을 거두기 위한 핵심 요소였기 때문에, 설계자들은 선택적 이탈opt-out 시스템을 택했다. 개별 시민의 의료 및 가계도 정보는 "추정된 동의"presumed consent 원칙에 따라 포함될 것이었다. 최초 등록 때 명시적으로 이탈 의사를 밝히지 않으면 자동으로 포함되는 방식이었다.

아이슬란드 국민 중 10퍼센트가량이 즉각 참여하지 않는 쪽을 선택했지만, 그냥 이탈하는 데 만족하지 못한 일부 시민들은 프로젝트를 중단시키기 위한 법적 소송에 나섰다. 고소인들은 동의하지 않은 연구 피험자로 등록되는 것, 그리고 일단 연구에 들어가면 이를 철회하는 조항이 없는 것에 반대했다. 이와 대조적으로, 널리 쓰이는 윤리 지침은 임상시험에 등록한 환자들이 자유의사로 이를 철회할 수 있도록 하고 있다. 소송 당사자들은 결코 동의를 할 수 없던 사망한 사람들의 기록을 포함하는 것에 특히 불쾌감을 표시했다. 사망한 사람들의 정보는 필연적으로 동일한 유전적 계보를 공유하는 가족 구성원들의 프라이버시를 위태롭게 할 터였다. 설사 그 가족 구성원들 자신이 데이터베이스 참여를 철회하는 경우에도 말이다. 고소인들은 또한 디코드가 12년 동안 유일한 인가 기업으로 나라 전체의 의료 및 유전자 기록을 독점적으로 통제하는 것도 문제삼았다. 2003년에 아이슬란드 대법원은 HSD법이 무효라고 판결했다. 이 법의 조항들은 완전히 실행에 옮겨지지 못했지만, 디코드는 유전자 차이를 계속 연구해 정신분열증과 심혈관 질환의 유전적 원인에 관해 중요한 논문들을 발표했다.

이러한 후퇴에도 바이오뱅크들은 다른 국가에서 계속해서 인기가 커졌고, 아울러 지속적으로 윤리적 도전을 제기하고 있다. 그중 가장 규모가 크고 야심적인 기획은 2006년 영국정부와 웰컴 트러스트(영국에서 생의학 연구에 가장 많은 자금을 지원하는 민간기관) 사이의 공공·민간 협력사업으로 시작된 영국 바이오뱅크UK Biobank 다. 비판자들은 심각한 질환을 진단하는 일차적 수단인 유전정보의 가치가 지나치게 부풀려져 있다고 우려를 표했다. 유전자만으로 건강 결과가 결정되는 경우가 인간 유전체 서열해독 이전에 생각한 것에 비해 더 적을 수 있다는 지식이 축적되었기 때문이다. 참여자들에게 요구되는 동의의 폭이나, 이후 바이오뱅크를 상업적 연구자와 아마도 사법기관에 개방하는 것에 대한 문제제기도 있었다. 그럼에도 2009년이 되자 영국 바이오뱅크는 대상 집단인 40세에서 69세 사이의 국민 50만명을 등록하는 성공을 거뒀다. 이로써 영국은 바이오뱅크의 수와 크기에서 세계 일등 국가로 자리매김했다.

지금까지 미국의 기획들은 좀더 지역적인 것으로 남아 있는데, 이는 유전정보 수집을 중앙집중화할 자원과 유인을 가진 국가 보건의료시스템이 부재한 탓이다. 그럼에도 이러한 데이터 수집은 세계에서 으뜸가는 생의학 연구 공동체 중 하나의 강력한 지지를 받고 있다. 2009년에 저명한 의료과학자이자 생명윤리학자인 이지키얼 이매뉴얼 — 버락 오바마 대통령의 보건정책 자문위원으로 일하기도 했다 — 은 시민들이 임상연구에 참여할 적극적 의무가 있다고 주장하는 논문을 공동으로 집필했다.[8] 우리 모두는 현재와 미래의 의학지식 증가에 따른 수혜자이기 때문에, 이매뉴얼과 공저자들은 그런 지식이 공공선이며 우리 모두는 우리 몸으로 그것의 생산을 위한 "댓가를 지불"해야 한다고 주장했다. 마치 모든 사람이 사법제도에 기여하는 배심원으로 봉사할 의무가 있는 것처럼 말이다. 이러한 공공선 이론에 따르면 한 국가의 모든 사람에게 국가 바이오뱅크에 대한 유전정보 제공을 의무화하는 일은 상대적으로 간단할 것이다.

당장은 이매뉴얼의 전망이 상상된 미래의 영역으로 남아 있다. 혹자는 이것이 국가가 관리하는 생물학적 시민들에 관해 다룬 올더스 헉슬리의 디스토피아 소설 『멋진 신세계』의 전망과 너무나 흡사해서 불편함을 자아낸다고 생각할 수 있다. 그러나 민간 비영리 조직들이 만들고 관리하는 바이오뱅크의 확산은 이미 소유권과 통제에 관한 골치 아픈 문제들을 제기하고 있다. 누가 생명을 소유하는가? 그리고 소유권 주장이 살아 있는 생명체에서 유래한 신체물질뿐 아니라 거기에서 뽑은 정보를 포괄할 경우, 소유권 개념에는 어떤 권리들이 수반되는가? 이러한 질문들은 첨단기술시대의 지식재산권을 좀더 일반적으로 다루는 7장에서 훨씬 더 자세하게 다룰 것이다.

출산보조기술

코언과 보이어 같은 분자생물학자들이 DNA 구조를 만지작거리면서 현대 생명공학 산업의 기반을 놓는 동안, 두명의 영국 과학자들은 생명의 가장 기본적이면서 내밀한 과정 중 하나인 인간의 생식을 실험하고 있었다. 케임브리지대학의 발달생물학자 로버트 에드워즈는 맨체스터 왕립올덤병원의 산부인과 의사 패트릭 스텝토와 팀을 이뤄 인간 불임을 치료하는 새로운 기법을 만들어냈다. 이는 오늘날 시험관수정in vitro fertilization, IVF으로 알려져 있다. 그들의 선구적 연구는 자연적인 인간의 생식 주기의 시작 부분인 수정을 사실상 여성의 자궁 내에서 실험실의 유리 용기라는 인공적 환경으로 옮겨놓았다. 1978년 4월 25일 올덤에서 IVF로 태어난 루이즈 브라운이 즉각 세계 최초의 "시험관아기"test tube baby로 불리게 된 이유도 이 때문이다.

많은 이들에게 루이즈의 탄생은, 다른 방식으로는 자신들의 아이를 가질 수 없는 부부에게 생물학적 부모가 될 수 있음을 약속하는 기적이었다. 실제로 30년이 지나자 기술적 보조 수단으로 태어난 아기들의 숫자는 전세계적으로 5백만에 달한 것으로 추산된다. 분명 전지구적 수요는 존재하며, 적어도 IVF 치료의 높은 가격을 지불할 준비가 된 사람들에게는 그렇다. 그러나 가장 초기부터 사려 깊은 관찰자들은 인간 신체의 가장 자연스러운 기능 중 하나를 조작과 실험의 영역으로 이동시키는 일의 좀더 폭넓은 함의를 궁금해했다. 이러한 움직임이 부모가 된다는 것 혹은 아이가 된다는 것의 의미를 바꿔놓을까? "산아제한"birth control이 단지 원치 않는 아이의 출산을 방지하는 것만이 아니라 사회가 자연스럽다고 간주하는 범위 내에서만 — 가령 정상 회임 연령의 부부를 포함하는 이성애 결혼 생활에서 — 아이를 갖는 것을 의미하는 사회에서, 아이가 없는 것은 낙인효과를 가져오지 않을까? 수정·임신·출산을 인간이 지휘하고 통제할 수 있는 과정으로 전환하는 미끄러운 경사길을 따라 어떤 추가적인 함정들이 도사리고 있을까?

장벽을 깨뜨린 최초의 IVF 성공 직후에 그것의 직접적 결과로서는 아니지만, 한가지 방향의 실험이 일어났다. 바로 대리모의 실행이었다. 다른 부부를 위해 아이를 낳을 분명한 목적으로 동의한 제3자를 관계 속으로 끌어들이는 것이다. 이는 1986년 미국의 베이비 MBaby M 사건에서 널리 악명을 떨쳤다. 논쟁의 한복판에 놓인 아기의 이름인 멜리사의 머리글자 때문에 그렇게 불렸다. 뉴저지에 거주하면서 두 아이가 있는 결혼한 어머니인 메리베스 화이트헤드는 윌리엄 스턴과 엘리자베스 스턴을 위해 아이를 갖고 임신하는 데 동의했다. 고학력의 전문직 커플인 스턴 부부는 엘리자베스의 다발성경화증 때문에 그녀가 아이를 안전하게 만기출산하지 못할 것을 우려해 계약을 맺었다. 그러나 화이트헤드는 출산 후에 아기를 포기할 수 없다고 느꼈고, 이로써 뉴저지주 대법원까지 올라간 격렬한 법정 투쟁의 무대가 마련됐다. 이런 유형의 판결로서는 처음으로 법원은 뉴저지주법에 따라 대리모 계약이 무효라고 판결했지만, 그럼에도 양육권을 스턴 부부에게 안겨주었다. 그것이 아이에게 가장 이득이 된다는 이유에서였다. 화이트헤드는 아이의 생물학적 엄마로서 방문권을 갖고 있었지만, 그들의 관계는 점차 멀어졌다. 멜리사 스턴은 18세가 되자 엘리자베스에게 입양되기를 선택했고, 이로써 화이트헤드와의 유대관계는 법적으로 종식되었다.

베이비 M 사건이 처음 제기한 윤리적 질문들은, 대리모가 IVF와 함께 이전에는 상상도 할 수 없던 부모·자식 유형을 만들어내면서 더욱 심화되었다. 예를 들어 폐경 후의 어머니나 게이·레즈비언 부모나 다른 나라에 사는 여성 등이 이에 해당한다. IVF가 도입된 지 20년이 지난 후에, 인간이 아닌 포유동물에서 생식과 관련된 기술발전이 일어나면서 인간 생명 조작의 윤리적 한계에 대해 더 많은 난제들이 생겨났다. 에든버러의 로슬린연구소에서는 돌리라는 이름의 양이 태어났다. 로슬린연구소는 동물의 건강 및 복지, 그리고 그런 연구가 인간의 건강에 미치는 함의를 다루는 영국에서 으뜸가는 연구소였다. 보통의 포유동물과 달리 돌리는 어머니의 정확한 유전적 복제품, 즉 클론clone이었다. 식물 육종가들은 여러세기 동안 원래 식물의 유전적 정체성을 보존하는 꺾꽂이를 해 매우 바람직한 형질을 가진 표본들을 널리 퍼뜨렸다. 그러나 포유동물의 유성생식은 어머니의 난자와 아버지의 정자에서 나온 유전물질을 결합해 자식을 만들고, 이때 자식의 유전자 중 절반은 한쪽 부모, 나머지 절반은 다른 쪽 부모에서 온다. 많은 사람들은 특별히 빠른 경주마, 예외적으로 기름기가 적은 고기를 가진 소나 돼지, 혹은 사랑하는 반려동물의 특징들을 복제하기를 원했지만, 전통적인 사육 방식을 통해서는 정확한 복사가 불가능했다. 그러한 장벽은 로슬린연구소의 이언 윌머트가 이끄는 과학자 팀이 어머니의 유전체 전체를 자식에게 그대로 전달해 성체 양의 세포에서 새끼 양을 복제해내는 데 성공함으로써 무너졌다.

동물이나 인간 세포에서 복제cloning의 과정은 오늘날 잘 확립된 IVF의 기법을 기반으로 새롭게 변형한 것이다. 먼저 성체의 몸에서 얻은 세포의 핵 — 해당 동물의 유전암호 전체가 들어 있는 — 을 제거해 같은 종에 속한 또다른 동물의 난자 속에 집어넣는다. 교정된 난자는 새로운 어머니의 자궁 속에 다시 착상되고 임신 기간을 거쳐, 임신한 어머니의 유전적 자식이 아니라 난자에 핵을 제공한 원래 성체의 더 어린 복제동물로 태어난다. 이 기법의 상업적 잠재력은 농부들에게 즉각 분명해 보였지만 — 이는 유전적으로 바람직한 동물을 번식시킬 때 우연의 요소를 제거할 터였다 — 아울러 불안감을 안겨주는 몇가지 함의들도 뒤따랐다. 만약 복제가 양 같은 포유동물에서 가능하다면, 아마도 인간에게도 쓰일 수 있을 터였다. 한때 과학소설에서만 고려되던 시나리오가 이제 가능성의 지평 안으로 훌쩍 들어온 듯 보였다. 그중 가장 두드러진 것은 등급이 매겨져 산업적으로 생산되는 인간을 다룬 올더스 헉슬리의 소설이었다.

생식생물학에서 이러한 장벽을 깨뜨린 것에 대한 우려는 가장 높은 수준의 정치적 중요성이 있는 문제로 격상됐다. 미국에서

빌 클린턴 대통령은 대통령 윤리자문패널에 인간복제가 지닌 함의를 분석할 것을 즉각 요청하고 나섰다.[9] 대통령 자문위원들은 인간복제에 대한 금지를 권고했고, 이 조치는 이후 지지를 받으면서 대다수의 선진 산업국가들에서 그대로 유지되고 있다(최근 버락 오바마 대통령도 이를 지지했다). 그러나 밀접하게 관련된 다른 기법들은 좀더 논란의 여지가 있는 것으로 드러났다. 이는 배아에서 태아를 거쳐 결국 가족과 국가의 일원이 되기까지 발달 중인 인간을 치료하는 것에 관해 상당한 견해 차이가 있음을 보여주었다.

그러한 쟁점 중 하나는 "부모가 세명인 배아"three-parent embryo의 생성에 관한 것이다. 이 기법의 목적은 어머니의 난자에 있는 미토콘드리아 DNA(핵 바깥에 위치한 DNA)에 의해 전달되는 유전병을 갖지 않을 건강한 배아를 생산하는 것이다. 이러한 결과를 얻어내기 위해 미래 어머니의 난자에서 핵을 추출해 또다른 여성의 기증된 난자세포에서 핵을 제거하고 그 속에 집어넣는다. 이렇게 두개의 인간 난자를 융합해 나온 배아와 태어날 아이는 장래 어머니의 유전체를 갖고 있지만, 세포의 나머지 부분에서 유전되는 미토콘드리아 질병의 위험에서는 벗어날 수 있다. 이 기법은 폭넓은 대중 자문을 받은 후 2015년 2월 영국 의회가 사용을 승인했지만, 미국에서는 여전히 논쟁을 일으키고 있고 독일에서는 금지되었다.

현재 진행 중인 또다른 논쟁은 생의학이 발전한 대다수 민주주의 국가들에서 생식세포계열 유전자 편집을 명시적 혹은 암묵적으로 금지하고 있는 것을 되돌릴 가능성과 관련돼 있다. 여기서는 파문을 일으키고 있는 원동력이 크리스퍼(CRISPR, clustered, regularly interspaced, short palindromic repeat(규칙적인 간격을 갖는 짧은 회문구조 반복단위의 배열) 기술에서 유래한다. 크리스퍼는 정확한 목표 조준과 신속한 유전자 교정이 가능해 질병과 관련된 부분을 제거하고 이를 건강한 대립형질로 교체할 수 있는 기법이다. 인간의 IVF 배아에서 질병을 치료하는 데 사용할 경우, 그 결과 변경된 형질은 자식을 통해 후손들에게까지 전달될 것이다. 이는 유럽평의회의 생의학 인권 협약처럼 법률적 구속력을 갖춘 문서에서 그러한 교정을 금지하고 있는 것에 위배된다. 그처럼 유혹적이고 폭넓게 적용가능한 기술의 활용에 제약을 두는 데 어떤 종류의 몸과 어떤 형태의 숙의가 가장 적합할까? 이 질문은 전문가 예측의 적절한 영역뿐 아니라 거버넌스의 올바른 형태에 관한 새로운 사고를 요청한다. 현재까지 논의는 법률, 종교, 윤리가 아니라 전세계 과학 엘리트들이 더 많이 주도했다.[10] 전세계 대중은 자신들이 남길 미래의 유전적 유산이 논의되고 있는데도 여전히 대표되지 못하고 발언권이 없는 무형의 존재로 남아 있다.

설계된 생명과 선별된 생명

rDNA의 발견과 마찬가지로 IVF와 복제는 발견과 발명 들이 폭포수처럼 쏟아져나오는 길을 열었다. 이는 한 부부의 불임을 치료하거나 특별하게 유망한 가축 품종 하나를 길러내는 것보다 훨씬 더 폭넓은 사회적 함의를 던졌다. 실험실과 병원은 이제 잠재적 부모들이 한때 자신들의 사적 영역으로 간주했던 인간의 생식주기의 차원에 개입할 수 있는 위치에 서게 됐다. 모체에서 분리된 배아는 그 자체로 불확실한 지위를 가진 사물이었고, 잠재적 인간으로서 커다란 도덕적 중요성이 있지만 생각하거나 느낄 능력도 없고 기술적 도움 없이는 생존도 불가능했다. 연구자들은 이러한 존재들을 연구하면서 얼마나 멀리 나아가야 하는가? 특히 그들의 연구가 인간 배아를 파괴할 때는? IVF 사용자들이 내리는 선택을 관장하는 원칙과 제약은 어떤 것이어야 하는가? 착상되지 않은 배아들을 어떻게 해야 하는지 누가 결정할 것인가? 갈등이 일어난 세가지 영역을 살펴보면 질문들이 어떻게 전개되었고 답변과 접근법이 어떻게 변화했는지 이해하는 데 도움이 된다. 이러한 답변과 접근법은 표면적으로 동일한 기본 가치를 따르는 선진 산업국가들에서 나타난 것들이다. 인간 배아줄기세포 연구, 맞춤아기, 적절한 부모됨에 관한 쟁점을 하나씩 살펴보자.

인간 배아줄기세포

의료 업무에서 표준화된 IVF의 과정은 안전한 임신과 건강한 출산의 가능성을 극대화하기 위해 어머니의 자궁에 착상해야 하는—심지어 착상할 수 있는—것보다 더 많은 배아를 만들어낸다. 남은 "잔여" 배아들은 다른 목적을 위해 쓰일 수 있다. 그 배아로 임신해 아이를 갖고자 하는 다른 불임부부들을 위해서, 아니면 이전에 고칠 수 없던 질병들을 치료하는 데 쓸 수 있는 인간 배아줄기세포human embryonic stem cells, hESCs를 유도하기 위해서 말이다.

인간 배아가 생식주기에서 분리된 생명체로 갑자기 이용 가능해지면서 생의학 연구에 완전히 새로운 지평이 열렸다. 줄기세포는 생명체에서 채취된 초기 단계의 세포로서, 성숙한 생명체 ─ 그것의 성질은 유전체 안에 암호화되어 있다 ─ 로 이어지는 복잡한 분화과정에 진입하기 이전의 세포를 말한다. 특히 인간의 배아가 여전히 배반포(8세포) 상태일 때 얻어진 세포들은 혈액, 뇌, 피부, 뼈가 되는 세분화 과정을 아직 거치지 않았다. 이는 "분화다능"pluripotent 세포, 다시 말해 그것이 이식되는 맥락에 따라 거의 어떤 형태도 취할 수 있는 세포이다. 생의학에 도래하고 있는 희망 가운데 하나는 이처럼 고도로 적응성이 높은 세포들을 이용해 언젠가 많은 종류의 인간 질병들을 고칠 수 있으리라는 것이다. 파킨슨병, 알츠하이머병, 백혈병, 신생아당뇨병 등이 그런 사례로, 이는 인간의 몸이 건강한 새 세포를 만들어낼 수 없어 일어난다. 그러한 희망은 1990년대 초 위스콘신대학의 제임스 톰슨이 최초의 hESC를 분리해내면서 현실로 좀더 다가가는 위대한 발걸음을 내디뎠다. 그때 이후로 미국과 많은 다른 주요 산업국가들 전역에 줄기세포 연구센터가 생겨났고, 대다수 사례들에서 어느 정도의 추문과 논쟁이 수반되었다.

인간 배아줄기세포 연구의 핵심적인 윤리적 문제는 hESC 세포주를 유도하는 배아의 지위, 배아를 만드는 데 쓰인 생식세포 제공자의 동의, 줄기세포가 대다수 사람들이 도덕적 근거에서 불쾌하게 여기는 연구 혹은 치료법을 위해 오용될 가능성과 관련돼 있다. 이러한 쟁점들을 해결하기 위한 접근법들은 국가별로 크게 차이를 보이며, 윤리기구나 입법기관들이 도출하는 해결책 역시 마찬가지다. 이러한 차이는 다시 배아를 연구 피험자로 이용하는 것에 내포된 위험에 대해 매우 다른 이해를 반영하고 있으며, 연구와 기술개발 방향의 선택에서 사회가 과학에 기꺼이 부여하고자 하는 자율성의 정도와도 상관이 있다.

일반적으로 줄기세포 유도를 위해서는 치료 활성세포를 추출하는 배아의 파괴가 수반된다. 배아를 이미 인간인 생명 형태로 보는 사람들에게 이 과정은 당연히 살인에 준한다. 미국의 전직 대통령 조지 W. 부시가 자주 쓰던 표현을 빌리면, 이는 생명을 구하기 위해 다른 생명을 파괴하는 것을 의미한다. 미국, 영국, 독일이 보여준 매우 상이한 세가지 정책적 대응을 보면 서구의 입헌민주제 국가들조차도 이러한 쟁점들에 선명하게 다른 입장을 취하고 있음을 알 수 있다. 미국의 법원과 의회는 언제 인간의 생명이 시작되는가 하는 질문에 대해 국가 전체적으로 적용 가능한, 어떤 확고한 입장을 취하고 있지 않다. 연구 정책을 수립하고 시행하는 미국의 제도적 메커니즘은 고도로 분권화돼 있으며, 어떤 단일 법령에 의해 좌지우지되는 것이 아니다. 그러나 오랜 기간 맹렬하게 전개된 낙태 논쟁의 여파로, 디키-위커Dickey-Wicker 수정조항이라는 그리 널리 알려지지 않은 연방법은 연구용 배아 창출이나 인간의 배아를 파괴 내지 폐기하는 연구에 대한 연방자금 지원을 금지하고 있다. 이 수정조항은 1996년 NIH 예산지출

법안에 첨부되었고 이후 매년 갱신되어왔다. 그 결과 미국에서 hESC는 오직 민간이나 비연방 자금원으로 이뤄지는 연구에서만 만들어질 수 있다. 여러해 동안 다소 우여곡절을 겪으면서도, NIH는 연방법을 준수하며 개발된, 승인된 줄기세포주에 관한 연구를 지속적으로 지원해왔다. NIH 자금은 적절한 배아줄기세포연구감독Embryonic Stem Cell Research Oversight, ESCRO 체계를 갖춘 기관에서만 쓰일 수 있다. 이 체계는 연구 프로토콜을 검토하고 적용이 가능한 주 및 연방 지침에 따라 이를 승인하는 역할을 한다.

반면 영국에서는 수정 후 14일이 안 된 배아가 그 경계선을 지난 배아와 다른 도덕적 지위를 갖는다는 입장을 공식적으로 채택했다. 영국의 정책에 따르면, 초기 배아는 보통 말하는 인간의 생명보호에 관한 우려를 촉발할 만한 특징들을 갖고 있지 않다. 그러나 14일이 지나고 나면 배아는 원시적 신경계를 발달시키기 시작하며, 분명하게 인간이 아닌 사물로 더이상 간주될 수 없게 된다. 그 지점부터 이는 적어도 전 인간prehuman인 것이다. 이러한 "14일 규칙"은 생명윤리기구 — 옥스퍼드대학의 도덕철학자 메리 워녹이 위원장을 맡은 (그리고 그녀의 이름에서 명명된) 위원회 — 가 일찍이 내린 가장 중요한 결정일 것이다.[11] 워녹위원회는 영국이 배아와 관련된 모든 활동들을 감독할 의무를 지닌 새로운 기구를 창설하도록 권고했다. 1990년에 제정된 법에 따라 인간수정발생학청Human Fertilisation and Embryology Authority, HFEA이 설립됐다. 이 기구는 사반세기 동안 모든 IVF 병원을 인가하고, 모든 배아연구 신청서를 검토하고, 정기적으로 대중에게 자문을 구해 인

간 생식연구 논쟁의 최전선에서 어떻게 나아가야 하는지 합의를
형성하는 역할을 담당해왔다.

독일도 인간 생명의 시작을 생물학의 용어로 정의하고 있지만
그것의 정의는 영국과 현저하게 다르며, 제2차 세계대전 이후 독
일 국가의 근간을 이룬 기본법에 나오는 정확성의 요구를 충족한
다. 기본법 1조 1항은 홀로코스트에 대한 독일의 헌법적 대응이
다. 이는 단정적 용어로 인간의 존엄성은 불가침이며 국가는 이
를 보호할 의무를 지닌다고 진술하고 있다. 이러한 최우선 명령
에 맞추기 위해 독일 의회와 법원은 이후 인간 생명이 난자의 핵
과 정자의 핵이 융합하는 바로 그 순간에 시작된다고 결정했다.
그 순간이 유전적으로 고유한 존재가 탄생하는 시점이기 때문이
다. 따라서 인간 배아에서 줄기세포를 유도하는 것은 잠재적 인
간 생명을 파괴하는 것과 같으므로, 그러한 유도는 법으로 금지
되어 있다. 그러나 hESC의 수입은 별개의 문제로 간주된다. 독일
의 연구자들은 해외에서 생성되어 수입된 hESC 세포주를 가지고
연구를 할 수 있다. 이는 그러한 세포의 원천이 된 배아를 파괴했
다는 오명을 독일 과학에 씌우지 않기 때문이다. 그 결과는 도덕
적 책임의 불편한 분할로 나타나며, 이는 사실상 미국의 상황과
흡사하다. 독일법은 배아의 파괴를 단호하게 독일 국경 바깥으로
추방한 반면, 미국법은 연방정부에 배아의 죽음을 지원할 책임을
면제해준 대신 주와 민간 자금원은 그러한 연구에 지원을 계속할
수 있게 한다는 것이 차이점이다. 각국의 윤리적 합의는 과학, 종
교, 공중보건의 서로 경쟁하는 요구들 사이에서 균형을 잡는 올

바른 방식에 대한 독특한 국가적 기대를 제각기 반영하고 있다.

맞춤아기

IVF와 복제가 유전자검사 절차와 합쳐지자 단지 (불임부부도) 아기를 가질 수 있는 가능성뿐만이 아니라 어떤 종류의 아기를 가질 것인지를 일정 한도 내에서 선택할 가능성도 열렸다. 표준적인 IVF 절차는 생식 목적으로 착상하는 것보다 더 많은 배아를 만들어낸다. 이는 일정한 정도의 의식적 선별을 가능케 하며, 임신 기간을 거쳐 나중에 태어난 아기가 부모의 필요와 욕망에 부합하도록 보장한다. 부모들에게 가장 중요한 것은 정상 임신normal pregnancy으로 전달될 수 있는 유전병이나 장애의 위험이 없는 아이를 가지려는 욕망이다. 오늘날에는 태아세포에 대해 일상적으로 수많은 검사를 시행하고, 이를 통해 태아가 다운증후군이나 테이삭스병처럼 심각한 출산 기형에 해당하는 유전자를 갖고 있는지 확인한다. 부모들은 다음 임신에서는 질병이 없는 아기가 생기길 바라면서 비정상 태아를 낙태할 수도 있지만, 이는 잠재적 어머니에게 위험할 뿐 아니라 부모들에게 스트레스와 비통함을 안겨줄 수 있다. 착상 전 유전자진단preimplantation genetic diagnosis, PGD 기법은 IVF와 함께 사용되어 정신적 외상을 초래하거나 위험할 수 있는 낙태의 필요성을 미연에 방지하는 것을 추구한다. PGD는 시험관 배아에 대해 착상 전에 유전적 이상을 검사해 가려낼 수 있게 하며, 이로써 부모들은 나중에 건강한 아기를 갖게 될 거라는 좀더 큰 확신을 가지고 임신에 착수할 수 있다.

배아 선별의 기회는 수많은 선택과 딜레마를 낳는다. 그 원리상 배아 선별은 인간의 다양성과 관련이 있지만 질병과는 아무런 상관도 없는 특징들을 가려내는 데 쓰일 수 있다. 가장 악명 높은 사례는 출산 전 혹은 착상 전 검사를 이용해 부모들이 자식의 성^性을 미리 선택할 수 있게 하는 것이다. 젠더 균형이 잡힌 가족을 이루기 위해 성 선별을 지지하는 사람들도 많이 있지만, 일부 사회에서는 뿌리 깊은 남아선호 문화로 인해 인구 전체에서 여아에 비해 남아의 출산이 지나치게 많은 문제를 낳았다. 심지어 인도에서처럼 태아의 성 선별이 법으로 금지된 경우에도 말이다. 기술이 더욱 발전하면서 바람직한 형질을 그에 집어넣으면 시험관 배아는 교정될 가능성도 있다. 아직까지 그러한 "맞춤아기"를 만드는 것은 대체로 가정법으로 남아 있지만, 공감하는 생명윤리학자와 솜씨 좋은 임상의들의 도움을 얻어 부모들이 할 수 있는 일의 사례는 이미 눈앞에 나타났다.

PGD는 태아의 유전적 이상을 검사하는 것뿐 아니라, 태아의 조직이 이미 태어난 아이 — 살기 위해 건강한 기증자로부터 이식을 필요로 하는 — 의 조직과 적합성을 갖는지 판단하는 데 쓰일 수도 있다. 그러한 "구세주 형제"savior sibling의 선별에 얽힌 윤리적 문제는 대중문화로 번져나갔다. 조디 피코의 베스트셀러 소설 『마이 시스터즈 키퍼』나 카즈오 이시구로의 심금을 자아내는 작품 『나를 보내지 마』가 그런 예들이다.[12] 피코는 급성 백혈병에 걸린 언니와 그녀에게 혈액, 골수, 나중에는 신장 기증자가 되기 위해 태어난 동생의 관계를 그려냈다. 이시구로는 고전적인 영국의 기숙학교 소설을 과학소설과 뒤섞어 "보통" 사람들을 위한 장기 기증자로 살고 죽어가는 일군의 학생들에 관한 잊을 수 없는 이야기를 만들어냈다. 두 작품은 모두 인간이 주로 다른 인간의 의학적 필요에 봉사하기 위해 —칸트의 용어를 빌리면 그 자체로 목적이 아닌 수단이나 도구로— 태어날 수 있는 미래에 관한, 고통스럽지만 아직 해소되지 못한 불안을 표현한다.

현실의 삶은 다행히도 소설보다 느린 속도로 굴러가고 있으며, 이시구로가 상상한 종류의 기증자 계급은 결코 출현하지 않을지도 모른다. 그러나 개별적인 사례들은 이미 나타나고 있다. 2010년 영국에서는 누나를 살리기 위해 동생의 조직을 이용해 불치병을 성공적으로 치료한 사례가 보고됐다. 메건 매슈스는 매주 수혈을 받아야 하는 희귀 혈액질환을 가지고 태어났지만 새로 태어난 남동생 맥스에게서 골수이식을 받고 병이 나았다. 매슈스 부부는 맥스를 임신할 때 IVF와 PGD를 이용해 착상된 배아가 질병이 없고 아픈 딸과 조직 적합성을 갖는지를 확인했다. 이러한 의학적 성공담에 앞서 여러해 동안 법정 다툼이 이어졌다는 사실은 화해 불가능한 간극을 드러냈다. 한편으로 부모들은 자신들이 서로 도와주고 사랑하는 가족을 만들고 있으며, 여기서 구세주 형제는 그저 손위 형제를 "도울" 뿐이라고 믿는다. 하지만 영국의 생명권 옹호 활동가 조세핀 퀸타발레 같은 이들은 한 아이를 위한 치료 목적에 봉사하기 위해 다른 아이를 만드는 것에 근본적으로 반대한다.

가족 개념의 재정의

베이비 M 사례는 부모가 세명인 가족의 가능성에 대한 대중의 인식을 환기했다. 일각에서는 이러한 움직임이 여성들도 불임 치료에 동등하게 접근할 수 있게 해준다고 생각했다. 오래전부터 불임남성들은 기증된 정자를 가지고 인공수정을 해왔다는 것이다. 그러나 IVF와 결합된 대리모가 수십년 후 가능한 가족의 형태를 재정의할 거라고, 혹은 대리모의 법적·윤리적 함의가 21세기에 접어들어서도 약해지지 않고 계속 반항을 일으킬 거라고 내다본 사람들은 거의 없었다.

출산보조기술을 둘러싼 대다수의 논쟁들은, 어떤 사회가 전통적 가족 관념을 어느 정도로 고수하는가를 중심에 두고 있다. 가령 부모가 이성애자인지, 연령대는 어느 정도인지, 혼인관계를 맺고 있는지 등이 여기 속한다. 이러한 쟁점들이 법의 규제를 받아야 하는지 아니면 고객과 병원 사이의 사적 계약에 맡겨두어야 하는지에 관해서도 견해 차이가 남아 있다. 다음의 표는 이러한 두가지 변수들의 상이한 조합이 어떻게 사회가 "정상"의 스펙트럼에서 용인하는 가족 유형의 심대한 차이로 이어질 수 있는지를 보여준다.

서구 국가들 중에서 미국은 새로운 생식기술 규제에서 가장 허용적이고 분권화된 국가에 속한다. 국가적 수준에서 생식기술 사용과 관련된 연방 법률이 존재하지 않으며, 주 차원의 감독은 종종 느슨하다. 아마도 예측 가능한 일이겠지만, 그 결과 미국은 세계에서 으뜸가는 생식 실험의 장소로 부상했다. 최초의 출산 대

규범 통제 형태	전통적	비전통적
국가 규제	−다양한 조건에서 IVF 허용 • 이성애 커플만 • 혼인관계 필수 • 여성의 연령 규제 • 착상되는 배아의 수 제한 −대리모는 법에 의해 금지 되거나 인정되지 않음	−허용적인 법률, 그러나 일정한 제약 예: 난자의 상업적 판매 금지
미규제 (병원이 표준 제정)	−전통적 이성애 커플이 자발적으로 IVF 추구	−동성애 커플 허용 −혼인관계 필수 아님 −여성의 연령 미규제 −착상되는 배아의 수 미규제

리모gestational surrogacy(임신한 여성이 자신과 생물학적으로 아무런 연관도 없는 아이를 수태하는 계약) 사례[13]뿐 아니라 최초의 여덟 쌍둥이 정상 출산 기록, 그리고 여러차례에 걸친 50세 이상 여성들의 출산 등이 여기에 속한다.

느슨한 규제는 다양한 형태의 부모·자식 관계에 대한 실험을 부추길 뿐 아니라, (베이비 M 사례처럼) 당사자들이 계약상의 동의를 파기할 때 어려운 법정 분쟁으로 이어지거나 IVF 아이의 출산 이후 부부가 헤어질 때 무책임한 출산의 교과서적 사례를 낳기도 한다. 특히 기이한 사례는 1995년 캘리포니아에서 태어난 제이시 부잔카라는 여자아이의 이야기였다. 그녀는 다섯명의 성인들에게 자식이라는 주장을 할 수 있었음에도 3년 동안이나 법적으로 "부모 없이" 지냈다. 제이시는 모르는 부부에게서 기증받은 배아를 혈연관계가 없는 기혼 대리모에게 착상시켜 태어난 아이였다. 대리모는 존 부잔카와 루앤 부잔카라는 또다른 부부를 위해 아이를 임신하기로 계약을 맺었다. 부잔카 부부는 제이시가 태어나기 전에 이혼했고, 존은 아이에 대한 어떤 책임도 부인했다. 처음에 심리 법원은 루앤이 원하는 바대로 아이의 법적 어머니가 될 수는 없다고 판결했다. 그녀는 아이를 낳지도 않았고 유전적 연관도 없었기 때문이다. 결국 캘리포니아 대법원은 법을 명확히 했고, 의료 절차를 시작한 "의도된 부모"가 이후 그들의 의도 변화와 무관하게 아이의 법률적 부모이기도 하다고 판결했다.

부모의 지위에 관한 문제는 국적 및 시민권의 문제와 합쳐졌다. 대리모를 엄격하게 금지하는 국가들(프랑스나 독일)의 부부가 좀더 허용적인 법률을 가진 국가들(미국이나 인도)에서 대리모를 통해 아이를 얻은 일련의 사례들은 이를 잘 보여준다. 두 프랑스 가족 메네손 부부와 라바시 부부는 캘리포니아에서 그곳의 자유로운 대리모 환경을 이용해 아이를 갖기로 하면서 불확실한 관할권 문제를 시험대에 올렸다. 처음에 프랑스는 출생 시 미국 시민 자격을 얻은 그들의 딸에 대한 시민권 부여를 거부했다. 2014년 6월 유럽인권법원European Court of Human Rights, ECHR은 프랑스가 두 가족의 자녀들에게 시민권을 부여할 의무가 있다고 판결했다. 그렇지 않을 경우 자녀들은 프랑스 부모를 둔 다른 아이들에 비해 정체성과 권리가 축소된 채 성장하게 될 터이기 때문이었다. ECHR은 이것이 아이들에게 "사생활 및 가정생활을 존중받을 권리"를 부여하는 유럽인권협약European Convention of Human Rights 제

8조에 위배된다고 보았다.[14] 비판자들은 ECHR이 국내에서 금지된 행위를 해외에 나가면 해도 된다는 사실상의 허가증을 부모들에게 내줌으로써 프랑스의 국내 공공질서를 저해하고 있다고 불만을 토로했다. 다른 사람들은 이 사건이 문제의 아이를 위한 최선의 이익이 무엇인지에 관한 문제로 협소하게 해석되어야 하며, 프랑스의 주권이나 프랑스 민법의 타당성과 관련해 좀더 큰 쟁점들이 걸려 있는 것은 아니라고 반박했다. 어쨌든 프랑스정부는 메네손과 라바시 가족의 딸들에 대한 ECHR의 판결에 항소하지 않기로 결정했다.

생명과 법

이 장의 주요 주제 중 하나는, 기술이 일단 실험실과 현장 시험의 닫힌 세계에서 벗어나면 어느정도는 모든 이의 재산이 된다는 것이다. 이뿐만 아니라 기술 사용의 확대는 사용자들 자신의 정체성과 잠재력에 대한 감각을 바꿔놓는다. 그들이 무엇을 할 수 있는지, 심지어 그들이 누구인지를 새롭고 예측 불가능한 방식으로 이해하게 되기 때문이다. 따라서 사람들이 새로운 도구를 갖게 되면 새로운 미래를 상상하고 실현하는 것이 가능해진다. 그러나 대체로 윤리와 규제 측면의 분석은 발명과 시장 사이 어딘가에 연결되어 여전히 선형 궤적을 따라 나아가고 있고, 생산적 발명들이 복잡하고 역동적인 사회적 맥락 속에 배태되면서 일어나는 되먹임과 창조적 확장에는 눈을 감고 있다.

유전암호의 규명 이후 수십년 동안 생명의 문제에 대한 치열하고 광범한 사회적 실험들이 나타났다. 기술전문가들뿐 아니라 사회의 일반 구성원들도 자신들이 유전학 지식과 노하우에 입각해 행동할 준비가 되었음을 보여주었고, 새로운 시장 수요를 창출하고, 시민과 과학자 사이의 새로운 협력관계에 참여하며, 자식을 얻고 가족을 형성하는 새로운 실천을 받아들였다. 이러한 흥분의 도가니에서 매우 분명하게 드러난 것은 생명의 법칙에 대한 규명이 생명과 법 사이의 새롭고 복잡한 관계 창출과 나란히 진행되었다는 사실이다. 해묵은 질문들이 새로운 형태로 다시 모습을 드러내는가 하면(줄기세포 시대에 생명은 언제 시작하거나 끝나는가?), 사람들이 오랫동안 해결됐다고 생각한 질문들이 다시 의문에 붙여지기도 했다(누가 자연적 어머니인가?). 이러한 질문들에는 과학만으로 답할 수 없다. 과학에 못지않게 정치, 윤리, 법에 속한 문제이기도 하기 때문이다.

이러한 사례들에서 법과 윤리가 과학기술을 따라잡기 위한 쉼없는 경주를 벌이고 있다고 보는 시각은 일견 매력적이다. 그러한 결론은 말 그대로 자명해 보인다. 베이비 M에 관한 스턴 부부와 화이트헤드 사이의 논쟁이나 제이시 부잔카 사례에서 부모의 권리를 어떻게 부여할지를 둘러싼 난제를 해소할, 이미 정해진 규칙은 없지 않았는가? 그러나 법과 공중도덕이 항상 지체된다고 보는 시각은 우리를 기술결정론의 함정으로 이끈다. 이는 기술이 자체적인 도덕률을 정하며, 공공의 가치는 그후에 그저 따라잡기만 한다고 본다. 우리는 이 장에서 그렇지 않은 사례들을 더 자주 목격했다. 생명의 물질을 특징짓고 조작하는 새로운 방식에 직면한 사람들은 자신들의 근본적인 도덕적 신념을 재정립하기 위해 정력적·창의적으로 노력해왔다. 이전에 비해 훨씬 더 넓어진 일련의 가능성과 상상력 속에서도 생명을 보존·보호하고, 인간 존엄성을 옹호하며, 어머니됨과 아버지됨 같은 제도를 유지하기 위해서 말이다. 각각의 사례에서 이러한 사회기술적 자기형성self-fashioning 활동들은 기술의 물질적 자원들과 법의 규범적 자원들에 동시에, 그리고 동일한 정도로 의존해왔다.

물론 생물학적 자기형성의 시도들이 사회나 개인에게 반드시 유익하다고 보아서는 안 된다. 부잔카 사례가 잘 보여주는 바와 같이, 새로운 생식기술을 이용하는 부모들은 자연적 수단으로 임신한 나쁜 부모들이 그렇듯 자식들에게 무책임하게 행동할 수 있다. 유전자검사는 사람들이 자신의 미래 건강을 좀더 의식하고 더 현명한 계획을 세우게 할 수 있지만, 상담 없이 부주의하게 제공되거나 부적절한 대상자에게 제공될 경우 사람들이 현재를 건강하게 누리는 것을 과도하게 위협할 수 있다. 그리고 기업 고용주, 사법기구, 민간 검사회사 같은 대규모 기관들은 불법적인 형태의 사회적 통제를 위해 유전정보를 오용할 힘을 갖고 있다.

그러나 이 장에서 묘사된 생명에 대한 실험들을 통해, 우리는 법과 합법성의 관념을 법원과 의회가 정한 공식적 규칙의 경계 너머로 넓힐 수 있다. 실제로 합법성의 의미는 종종 깊숙한 실험실 내부에서, 과학자들이 기술적 측면뿐 아니라 윤리적, 심지어 정치적 측면에서 실현 가능한 것이 무엇인지를 정의하려 애쓸 때 시작된다. 생명윤리 같은 새로운 형태의 전문성, 그리고 ESCRO 위원회 같은 새로운 기관들은 그러한 숙의가 지나치게 격리된 환경 ─ 과학은 오직 믿을 만한 연구에 대한 연구자들의 열정에만 호응하고, 그러한 열정을 누그러뜨리는 것은 윤리적 적절성에 대한 그들의 내적 감각뿐인 환경 ─ 에서 일어나지 않게 하기 위해 생겨났다. 그럼에도 무엇이 "자연적"인가에 대한 사회의 이해에서 많은 부분은 실험실과 병원에서 내리는 결정에서 시작된다. 어떤 종류의 생물학적 새로움은 안심하고 만들어낼 수 있지만, 어떤 다른 종류의 새로움은 사회의 현재 조건을 감안할 때 너무 위험성이 크다는 결정 말이다. 다음 장에서 우리는 정보통신기술의 발전이 낳은 디지털혁명에서 유래한, 그에 비견할 만한 일단의 질문과 난제를 살펴볼 것이다.

6장

정보의 거친 첨단

　유전학과 생명공학의 발전이 우리 몸을 외부 사람들이 읽을 수 있게 만들었다면, 새로운 정보기술은 그에 비견할 만한 형태의 조사와 통제에 우리의 마음을 열어놓았다. 사람들이 노트북 컴퓨터, 아이폰, 아이패드, 그외 온갖 전자장치들로 무장하고 있다는 사실은 공항의 보안 검색대에 가보면 쉽게 알 수 있다. 이처럼 우리는 디지털 시대의 사고 도구들과 긴밀한 협력관계를 맺고 있다. 전자기계들은 달력, 사진 앨범, 음악 선곡, 수없이 많은 저장 문서들을 통해, 오류에 빠지기 쉬운 인간의 뇌보다 우리의 과거와 미래를 더 잘 기록하고 보여준다. 개인용 전자장치들은 우리가 다소간 자유롭게 선택해 함께 살아가는 동반자이다. 그보다는 덜 자발적으로, 우리는 구글에서 국가안보국 National Security Agency, NSA에 이르기까지, 데이터 기록장치들에 매일같이 우리의 습관과 선호를 알려준다. 그것들은 대다수가 점점 많은 일을 인터넷으로 수행하면서 어렴풋하게만 알고 있는 형태의 감시와 사회적 통제를 가할 수 있다.

우리는 사이버공간에 접속해 방대한 정보에 접근할 수 있다. 하지만 동시에 우리 자신이 정보가 되어 스스로를 새로운 형태의 관찰, 모니터링, 추적에 노출하고 잠재적으로 그것에 취약한 존재로 만들기도 한다. 우리의 소비 패턴, 사회적 소속, 사진, 심지어 트위터에 표현한 지나가는 생각들은 디지털 매체 곳곳에 난잡하게 흩어져 있다. 그러다가 그곳에서 수집, 저장, 종합되어 우리가 한때 사적이고 불가침이라고 생각하던, 놀라울 정도로 종합적으로 자아의 일거수일투족을 담은 신상명세로 만들어진다. 그리고 너그럽고 잘 잊어버리는 인간의 기억과 달리, 사이버공간의 기억은 쉽게 희미해지지 않는다.

정보를 발굴하고 캐내려는 동기를 가진 그 어떤 사람이라도 너무나 많은 정보를 아주 쉽게 이용할 수 있게 된 세상에서, 사람들을 학대나 오용으로부터 지킬 수 있게 발전한 보호책은 어떤 것이 있는가? 정보시대의 엄청난 힘과 잠재력이, 책임지지도 않는 기관들 내부에 더 많은 힘을 몰아주는 것이 아니라 사회 전체의 이득을 증진하기 위해 쓰일 수 있도록 보증할 책임은 누가 지는가? 이에 대한 답변은 헌법과 같은 기존의 법적·윤리적 개념틀이 자유에 대한 새로운 상상력을 신장하고 수용할 수 있는 유연성을 갖고 있는지에 부분적으로 달려 있을 것이다. 가상세계의 가능성과 제약은 지나가버린 이전 세계와 크게 다를 수 있기 때문에, 새로운 제휴와 숙의 형태, 그리고 새로운 규제 수단들이 거의 확실히 필요하게 될 것이다.

　이 장에서 우리는 여러 대립항들을 통해 정보시대의 윤리적 딜레마에 접근해볼 것이며, 쟁점들이 이러한 대립 속에서 어느 한쪽에 기울어 있다고 인식될 때 관련된 문제가 무엇이 있는지 질문할 것이다. 디지털 자아 대 신체적 자아, 공공 데이터 수집 대 민간 데이터 수집, 미국 대 다른 국가들 등이 그런 대립항들이다. 각각은 움직이고 있는 경계를 나타내며, 불분명하고 일관성이 없고 변화하는 규범들에 의해 통치되고 있다. 우리의 목표는 디지털 개성의 시대에 자유와 프라이버시에 대해 변화하는 사회적 기대에 맞게 그러한 규칙들을 만들고, 강제하고, 수정하는 일을 누가 책임지는지 알아내는 것이다.

헌법적 보호장치

　먼저 미국 대법원의 귀중한 법학 문서고에 담긴 전통에서 시작해보자. 2014년 6월에 대법원은 개인의 자유 문제에 대해 보기 드문 만장일치 판결을 내렸다. 연방 대법원장 존 로버츠는 라일리 대 캘리포니아Riley v. California 판결에서, 경찰이 영장 없이 휴대전화를 수색하는 것은 불법이라고 썼다.[1] 수많은 기념비적 헌법 판결이 그런 것처럼, 이 역시 평범한 사건에서 시작됐다. 캘리포니아 남부에서 일상적인 차량 검문 중에, 한 남자가 샌디에이고의 거리에서 시한이 만료된 번호판을 달고 운전한 사실이 적발된 것이다. 데이비드 리언 라일리가 면허정지 상태임을 알게 된 경찰관들은 차를 샅샅이 뒤지기 시작했다. 그들은 보닛 아래에서 2주 전 폭력조직의 총격 사건과 연관된 권총을 발견했다. 경찰관들은 라일리의 삼성 스마트폰도 압수해 처음에는 체포 현장에서, 두번째로 경찰서에서 그 내용물을 조사했다. 수색 결과 악명 높은 크립스Crips 폭력조직과 연관지어 라일리의 유죄를 입증하는 사진과 영상이 나왔고, 이는 살인 기도를 포함한 여러건의 중범죄 혐의로 그를 기소할 근거를 제공했다. 라일리는 유죄 판결을 받고 15년형을 선고받았다. 만약 스탠퍼드 법학전문대학원의 학생 세미나에서 디지털 시대의 프라이버시에 관한 새로운 논증을 펼치기 위해 라일리 재판을 선택하지 않았다면, 그는 거의 잊힌 채 계속 수감되어 있었을 것이다.

대법원에 제출하는 변론 취지서는, 대법관들이 다루었으면 하는 법률적 문제들을 신청인이 진술해야 한다. 라일리의 변론 취지서는 짧고 핵심을 찔렀다. "신청인의 재판에서 인정된 증거(즉, 특정한 디지털 사진과 영상)를 신청인의 휴대전화 수색에서 얻었다는 사실은 수정헌법 제4조에 따라 신청인의 권리를 침해했습니다." 그 권리는 "부당한" 수색, 체포, 압수로부터의 보호를 포함하는데, 이 조항의 의미는 결정적으로 시민들 자신의 믿음에 달려 있다. 해당 수색은 시민들이 자신들의 집이나 일터 혹은 자동차, 그리고 무엇보다도 자신들의 몸 안에서 정당하게 기대할 수 있는 종류의 프라이버시 구역을 침범했는가?* 그 구역의 범위와 경계를 결정하기 위해 재판관들은 국가의 이익과 시민들의 정당한 기대 사이에서 균형을 잡아야 한다. 물론 이 두 잣대는 정당함에 대한 재판관들 나름의 문화적·전문직업적 이해에 기반해 걸러진다.

법원들은 오랫동안 권리와 자격에 대한 기대가 과학기술의 발전에 따라 변화하는 것을 인식해왔다. 과학기술의 발전은 우리가 어떤 것을 정상이라고 보는지, 그리고 같은 이유에서 우리가 어떤 것을 거슬린다거나 이질적이라고 보는지를 쉴 새 없이 재구성하고 있다. 여기서 법, 특히 헌법은 "새로운 정상"new normal이 권리의 영역 내에서 보호받아야 하는 것으로 성문화되는 수단이 된다. 가령 혈중 알콜 검사를 널리 사용할 수 있게 되자, 대법원은 술에 취한 운전자가 동의하지 않더라도 영장 없이 혈액을 채취할 수 있으며 이는 수정헌법 제4조에 위배되지 않는다고 5 대 4로 판결을 내렸다.[2] 사법기구가 DNA 지문감식을 법과학에서 쓸 수 있는 가장 정확한 개인식별 도구로 받아들이자, 의견이 갈라진 대법원은 상당한 근거가 있어 체포된 용의자의 볼 안에서 DNA 검체를 채취한 것은 영장 없이 수색이 이뤄진 것이지만 수정헌법 제4조를 위배하지는 않았다고 판결했다.[3] 그 판결에서 다섯명의 다수의견을 대표한 앤서니 케네디 대법관은 볼 안에서 검체를 채취한 것을 지문감식이나 사진채증 같은 통상의 등록 절차에 비유

• 카츠 대 미국 소송(*Katz v. United States*, 389 U.S. 367 [1967])에서, 대법원은 공중전화 부스에서 불법적인 주간(州間) 도박에 돈을 건 혐의를 받고 있는 사람이, 자신의 대화는 사적인 것이며 전화 부스 바깥에 붙은 전자 감청 장치로 도청되지 않을 거라고 기대하는 것은 정당하다고 판결했다. 이 사건은 전자 도청이 물리적 침입과 동등하며, 전화 부스는 수정헌법 제4조에서 고려하는 의미의 보호된 공간임을 확인해주었다.

했다. 그는 검체 채취가 금방 끝나는 일이라는 데 초점을 맞추었고 개인의 유전암호가 드러낼 수 있는 정보의 깊이는 무시했다. 이에 따라 체포된 사람에 대한 DNA 검사는 경찰 조사 과정에서 예상되고 합법적인 절차로서 일상적인 일이 됐다. 다섯명의 대법관이 한 시범 사례를 들여다본 후 그렇게 판결을 내렸기 때문이다.*

그러나 영장 없는 휴대전화 수색에 대해서는, 대법관들의 상상력과 직관이 경찰에 훨씬 덜 친화적임이 드러났다. 로버츠 대법원장은 휴대전화가 경찰관들이 "정당하게" 압수할 수 있는 물건들과 다르다고 보았다. 가령 경찰관 자신의 안전을 지키기 위해서, 혹은 불법마약일 수 있는 흰 가루나 보통의 담배로 보이지 않는 담배처럼 본질적으로 수상하기 때문에 압수할 수 있는 물건이 아니라는 것이었다. 그는 휴대전화가 "이제 일상생활에 너무나 깊숙이 스며들어 언제든 찾아볼 수 있는 일부가 되었기 때문에, 만약 화성에서 온 방문객이 있다면 이것이 인간의 해부학적 구조를 이루는 중요한 특징이라고 결론 내릴지 모른다"고 썼다. 그것이 담고 있는 정보는 체포하는 경찰관에게 아무런 위험이 되지 않으며, 휴대전화가 체포된 사람의 탈출을 도울 수도 없다. 대신

---

* 미국에서 시민의 자유를 다룬 수많은 판결들이 그렇듯이, 소수의견을 낸 네명의 대법관들은 근본적으로 다른 관점을 옹호했다. 앤터닌 스캘리아 대법관은 다수의견이 국가에 의한 남용 가능성을 활짝 열어놓았다고 맹비난하며 가장 격렬한 공격을 가해 사회 일각을 놀라게 했다. "분명히 밝히건대, 오늘의 판결에서 전적으로 예측 가능한 결과 중 하나는, 당신이 옳고 그름을 떠나서 어떠한 이유로든 체포될 일이 생긴다면, 당신의 DNA를 채취해 국가 DNA 데이터베이스에 집어넣을 수 있다는 사실이다."

이 작은 휴대용 컴퓨터는 서로 다른 종류의 기록들 ─ 사진, 영상, 음성 메시지, 인터넷 검색 기록, 이메일 ─ 을 어마어마하게 담고 있어 이것으로 어떤 사람의 사생활 전부를 재구성해낼 수도 있다. 로버츠 대법원장은 작은 휴대전화에 가득 들어찬 디지털 정보의 엄청난 범위를 고려해 이것이 체포 과정에서 압수되는 어떤 다른 물건들과 "물질적으로 구별되지 않는다"는 정부의 주장을 단칼에 기각했다. "이는 말잔등에 타는 것이 달까지 비행하는 것과 물질적으로 구별되지 않는다고 말하는 것이나 마찬가지다."

　로버츠 대법원장은 휴대전화가 심지어 전화도 아니라고 보았다. "그것을 카메라, 영상 재생기, 명함 파일, 달력, 녹음기, 도서관, 일기장, 앨범, 텔레비전, 지도, 신문이라고 불러도 무리가 없다." 한때 방 전체를 가득 채웠던, 그리고 책의 경우에는 여러 개의 방들을 채우고도 남았던 그토록 많은 장비들을, 이제 몸에 딱 맞는 날씬한 재킷의 실루엣을 거의 망가뜨리지 않으면서 지갑이나 호주머니 속에 휴대할 수 있게 된 것은 놀라운 엔지니어링의 업적이다. 그러나 휴대전화는 사용자들이 정보 세상에 손쉽게 접속할 수 있게 만들어주기만 한 것이 아니다. 라일리 사건의 변론에서 웅변적으로 제시한 것처럼, 휴대전화는 체포와 관련된 수색을 하고 있는 경찰관처럼 그 속의 내용물을 이 잡듯 뒤질 시간과 자원을 가진 사람이 그것의 소유자를 읽을 수 있게 만들기도 한다. 휴대전화는 그것을 소유한 사람과 동일하지는 않을지 모르지만, 분명 그 개인 소유자를 인식 가능하고 식별 가능하며 독특한 존재로 만드는 많은 것을 담고 있는 보관소다.

정보와 생각을 컴퓨터와 공유하는 사람은 그런 기술을 한번도 접하지 않은 사람과 동일한 자아 인식을 갖고 있지 않다. 여러해 전에 나는 한 대학에서 다른 대학으로 자리를 옮긴 적이 있다. 이 사는 언제나 힘들고, 그동안 사랑했던 집의 내용물이 텅텅 비는 것을 지켜보는 것은 고통스러운 일이다. 설사 다른 어딘가에 새로 보금자리를 마련하는 것을 기대하고 있더라도 말이다. 그러나 내게 헤어진다는 느낌이 가장 강하게 밀려든 순간은 이사하기 전날 밤늦게 마지막으로 사무실 컴퓨터의 플러그를 뽑았을 때였다. 그때 비로소 내가 하나의 장소, 집, 친구들의 네트워크뿐 아니라, 나라는 학자와 사람의 한 측면을 뒤에 남겨두고 떠나고 있구나 하는 느낌이 들었다. 이는 마치 내 의식의 일부를 닫는 것처럼 느껴졌다. 윤리적·법적·사회적 분석을 담당하는 우리의 제도들이 기술과의 상호작용을 통해 생겨나는 이러한 부류의 주관적 변화를 어느 정도까지 받아들일 수 있는지 질문하는 것은 중요한 일이다. 기술은 어떤 의미에서 우리의 가장 친근한 벗이자 우리의 정신과 잠재적 자아의 연장이 되었다. 현재와 미래에 우리가 그러한 자아를 빚어낼 때 말이다.

신체적 자아와 디지털 자아

사이버공간을 발명한 컴퓨터과학자와 엔지니어 들의 상상 속에서, 이는 처음에 자기를 빚어내는 보조도구라기보다 일종의 영토였다. 사이버공간은 무엇보다 제약이 없는 장소로, 사람들이 현실에 기반을 둔 세속적 제도 속에서 갖지 못한 자유를 가지고 자신을 표현할 수 있는 곳으로 간주되었다. 무엇보다 접속에 사실상 아무런 비용도 들지 않는다. 적어도 자기 힘으로 디지털 세상에 참여하는 법을 이해하고 있는 사람들에게는 말이다. 대다수 사람들에게 『뉴욕타임즈』 같은 주요 일간지의 지면 한면을 사들이는 것은 불가능에 가까울 정도로 비용이 많이 들었다. 인터넷은 그러한 장벽을 거의 0에 가깝게 낮췄고, 새로운 도구들이 발전하면서 프로그래밍 기술조차 점점 사람들이 콘텐츠를 인터넷에 올려놓기 위해 필요하지 않은 것이 되어버렸다. 공간 역시 종이나 대역폭이나 시멘트 같은 물리적 한계로 에워싸인 것이 아니라 형태를 바꾸기 쉽고 무한정 이용 가능했다. 오늘날에는 약간의 컴퓨터 지식만 있는 사용자라면 비용이 거의 들지 않는 서버에 웹사이트를 만들어, 그들이 제시한 내용을 둘러볼 의향이 있는 사람이면 누구라도 보도록 자신의 견해를 방송하거나 물건을 전시할 수 있다.

그러나 그러한 자유는 가상공간의 선구자들이 완전히 내다보지 못했던 통제의 가능성을 수반한다. 특히 대화형 웹 2.0 시대의 디지털 거래는 정보가 쌍방향으로 흐른다. 사람들은 사이버공간에 들어가면서 도처에서 끊임없이 계속되는 감시로 향하는 길을 열게 된다. 정보요원으로 일하던 에드워드 스노든이 2013년 NSA 문서들을 대거 빼돌려 폭로한 데서 드러나듯, 우리의 전자통신은 미국 시민들이 한때 그러리라 믿었던 정도로 정부의 영장 없는 수색으로부터 보호받고 있지 못하다. 국가가 유일한 감시 행위자도 아니다. 아마존 같은 거대 상거래 시장은 구매자들이 전세계의 상품에 쉽게 접근할 수 있게 해준다. 하지만 그 댓가로 아마존은 구매와 선호의 전체 이력을 기록한 후, 일정 기간 동안 종합하고 알고리즘을 이용해 분류함으로써 각 사용자에 대한 상을 만들어낸다. 이제 사용자는 원래 찾아본 것을 넘어선 상품들의 광고주와 판매자 들을 위한 잠재적 공략 대상이 된다.

마찬가지로 구글도 각 사용자의 검색 기록을 보관한다. 아래에서 보겠지만 사용자의 지메일Gmail 계정에 불법적인 내용이 있는지도 걸러낼 수 있다. 이뿐만 아니라 사용자들은 더이상 그저 정보를 검색하는 것이 아니라 부지불식간에 데이터의 원천이 되고 있다. 그들은 페이스북Facebook, 플리커Flickr, 유튜브YouTube, 핀터레스트Pinterest, 트위터Twitter 같은 사회연결망 사이트를 통해 의도적으로 정보를 공유하기도 한다. 정보가 자유롭게 흐르는 사이버공간이라는 매체 속에서, 공유하는 사람들의 범위는 공유자가 완전히 통제할 수 있는 것이 아니다. 심리학자이자 인터넷 비평가인 셰리 터클이 썼던 문구를 빌리면, 로버츠 대법원장이 라일리 판결에서 언급했던, 어디에나 존재하는 전자장치들은 "항상 켜져 있고, 항상 당신에게 향해 있다."always on/always on you 4

디지털 자아의 투명성이 높아지는 것을 문제적 현상으로, 심지어 일종의 폭력으로 볼 것인지는 그 사람의 사회적·정치적 선호에 달려 있다. 여기서 연령, 젠더, 출신지가 중요한 규정적 역할을 한다. 예를 들어 하버드 법대 교수 캐스 선스타인은 소비자들이 자신의 필요를 스스로 표현하기도 전에 "예측 쇼핑"predictive shopping을 통해 자신들의 마음을 읽어서 소망을 들어주기를 원한다고 주장한다.[5] 그러나 그처럼 사람의 마음을 읽는 것이 항상 친절하게 여겨지지는 않는다. 모든 소비자가 시장에서 자유와 효율성 중 하나를 선택할 때 동일한 방식으로 반응하는 것도 아니다. 디지털 자아는 보호가 필요하지만, 보호장치는 어디에서 와야 하며, 오랜 원칙이라는 술을 디지털 시대의 새 부대에 어느 정도까지 상하지 않게 부어넣을 수 있을까?

개인들을 원치 않는 침입에서 보호하는 법은 물질세계에서 발전했으며, 법원이 사용하고자 하는 유추 논증은 여전히 그 세계의 가정들에 의존하고 있다. "신체, 주거, 서류, 물건의 안전을 확보할 국민의 권리"를 보장하는 수정헌법 제4조를 떠받치는 것은 물질적 상상력이다. 보통 사람과 재판관 들은, 모두 불법적 침입을 정부 관리들이 집 문을 발로 차서 열고 소유물을 압수하거나 정당한 이유 없이 사람들을 폭행하는 광경으로 상상한다. 예를 들어 그러한 우려는 1965년 연방 대법원이 기혼여성에게 피임약 처방을 금지한 코네티컷주법은 무효라고 선언하는 결과로 이어졌다.[6] 윌리엄 O. 더글러스 대법관은 7 대 2 판결의 다수의견을 대표해, 헌법은 가정 내에서 보호받는 "결혼 생활의 프라이버시" 권리를 보호한다고 결론 내렸다. 그는 피임약 금지를 부부의 침실과 그 속에서 일어나는 유서 깊은 관계의 신성성에 대한 물리적 침입에 비유했다. 이러한 "생활의 조화"와 "쌍방의 충성"으로 묶인 부부들은 피임약 사용에 대한 상담을 거부당해서는 안 된다고 더글러스 대법관은 판결했다.

비슷한 유추를 이용해 법원들은 세계 인구의 상당수가 디지털 신상명세를 획득하기 전부터 보호 대상을 사람들의 비물질적 흔적에까지 확대했다. 이에 따라 사람들은 자신의 이름, 인상이나 화상畵像, 심지어 특징적 몸짓이나 버릇에 대해서까지도 일반적인 "초상사용권"right of publicity 내지 "인격권"personality right 아래서 유포를 통제할 권리를 갖는다. 이러한 표지들이 재산으로서 갖는 지위는 7장에서 논의될 것이다. 여기서는 그러한 가상적 연장들이 마치 물질적 사람physical person의 일부인 것처럼 인격과 자아의 구성요소로 간주된다는 점에 주목할 필요가 있다. 신체적 화상은 말할 것도 없고 몸짓이나 서명(예를 들어 독립선언문에 있는 존 행콕의 서명 같은)도 한 개인과 너무나 밀접하게 연관돼 있어서 일종의 환유어로 기능한다. 즉각적으로 사람의 총체를 떠올리게 하기 때문에 동일한 방식으로 보호받을 가치가 있다.

또한 법률적 보호책은 사람들이 대개 외부인에게 닫혀 있다고 간주하는 물리적 장소(침실이나 탈의실 같은)까지 확대되며, 많은 주에서는 그런 공간에서 허락 없이 관음증적인 사진을 찍거나 영상을 녹화하는 행위를 형사 범죄로 취급한다. 그러한 법들은 어떤 사람이 공간적으로 위치하는 물질적 존재로서 누리는 권리 ─ 자유, 자율성, 프라이버시, 신체 보전 ─ 를 그 사람의 불가침의 자아에 통합되어 있다고 간주되는 표상에까지 확대한다. 하지만 유추를 통해 물질과 가상을 조응시키는 것은 우리의 대리 디지털 자아가 직면하는 도전들에 맞서기에 적절한가? 그 질문은 우리가 점점 더 많이 인터넷에 기록하고 있는 자아의 독특한 성질들에 좀더 주목할 것을 요구한다. 이에 대한 답변은 우리가 실제 정체성과 가상 정체성 사이의 관계를 어떻게 개념화하는가에 달려 있고, 이는 논쟁적이고 변화하는 과정이다.

새로운 취약성

사람들의 디지털 흔적은 독특한 방식으로 물질적 흔적과 다르다. 이 때문에 물질적 사람 혹은 공간을 갖고서 간단한 유추를 이끌어내는 것은 문제의 소지가 많고 그리 유용하지 않다. 첫째, 새로운 개인의 자율성 문제가 있다. "빅데이터"가 웹 2.0의 시대에 거대 사업이 된 것은 부분적으로 큰 데이터 집합을 통해 지금까지 다가가기 어려웠던 인간 사고와 의도의 특징들에 접근할 수 있기 때문이다. 수없이 많은 온라인 상호작용에서 나온 디지털 데이터를 종합, 분류하면 어떤 사람의 신원, 태도, 행동에 대해 놀라울 정도로 정확하고 복합적인 상을 구축할 수 있다. 데이터는 단지 그 사람의 몸이나 외양뿐 아니라 그 속에 있는, 생각하고 행동하는 자아에도 접근할 수 있게 한다. 둘째, 디지털 정보는 상호적이라는 점에서 프라이버시에 관한 새로운 질문들을 제기한다. 사람들은 자신에 관한 데이터를 월드와이드웹에 올려놓을 뿐 아니라, 그러한 행동을 통해서 감시, 상업, 심지어 실험의 잠재적 대상이 된다. 그리고 사람들과 그들의 행동은 사물인터넷에서 수없이 많은 데이터 수집 장치에 연결돼 있기 때문에, 그들에 대해 전에 없는 수준의 추적이 가능해졌다. 셋째, 물리적 운동과 달리 정보 흔적은 지속성을 가지며, 일각에서는 잘못을 허락하지 않는다거나 심지어 비난을 담고 있다고 말하기도 한다. 정보 흔적은 시간이 흘러도 계속 유지되며, 디지털 이전 시대에 영위했던 삶에 비해 개인의 통제나 삭제가 용이하지 않은 역사를 차곡차곡 쌓는다. 이러한 세가지 차원은 모두 물질적 흔적만 가지고는 끌어낼 수 없었던 개성의 측면들에 외부인이 접근할 수 있게 하며, 그럼으로써 윤리와 법에 딜레마를 제기한다.

인터넷은 정보의 보고가 되었다. 사람들이 공개적으로 이용할 수 있는 정보를 통해 추적되거나 확인된 사례는 아주 많다. 이와 같은 유형으로서는 최초인 충격적 사례 하나는 그러한 데이터가 그간 당연하게 여겨졌던 프라이버시의 구역을 잠식해 들어갔음을 극적으로 보여주었다. 2004년 말에 익명의 기증자의 정자로 수태되어 태어난 15세 소년이 자신의 유전적 아버지를 찾는 일에 착수했다. 그는 "볼 안쪽을 면봉으로 문지른 후 이를 작은 유리병에 넣어 온라인 계보 DNA 검사 서비스에 보냈다." 9개월 후 이 서비스는 289달러의 비용으로 DNA가 유사하게 일치하는 두 사람을 찾아냈고, 그들은 소년에게 연락을 해서 자신이 가까운 친척일 가능성이 높음을 밝혔다. 이 두 사람의 성^姓이 같다는 사실과 어머니에게 들어 알고 있던 아버지의 출신지와 생년월일을 이용해, 소년은 인터넷 계보 서비스에서 자신이 정한 모든 기준을 충족하는 사람들의 목록을 얻었다. 목록에 있는 한 사람이 맞는 성을 갖고 있었고, 결국 소년은 자신이 찾던 답을 얻었다. 그 사람은 데이터베이스에 DNA를 기증한 적이 한번도 없었고, 정자 기증자로서의 신원을 공개하는 데 동의하지도 않았다. 하지만 15세 소년의 창의성과 끈기가 그의 정체를 밝혔다. 탐문자에게는 아주 적은 비용만 지불하고서 말이다. 캐나다의 한 생명윤리학자는 "이 사례가 출산보조기술과 관련해 우리가 생각해보지 않은 윤리적·사회적 우려가 있음을 보여준다"고 말했다.[7] 이 논평은 프라이버시 침해를 의도하지 않은 결과로 그려낸다는 특징이 있지만, 데이터를 손쉽게 이용할 수 있게 한 것은 버그가 아니라 의식적인 설계 특징이자 사이버공간의 창안자들이 싸워서 얻어내 소중하게 여기는 속성 중 하나이다.

15세 소년은 아버지를 찾기 위해 창의적으로 상식을 활용했다. 디지털 환경에서 공개적으로 이용할 수 있는 데이터에 좀더 정교한 컴퓨터의 기법들을 응용하면 사람들이 공개할 의사가 없는 개인의 특징들을 드러낼 수 있다. 예를 들어 권위있는 『미국과학원회보』*Proceedings of the National Academy of Sciences, PNAS*에 실린 케임브리지 대학의 한 연구는 5만 8천명의 자원자들을 대상으로 그들이 페이스북에서 '좋아요'를 클릭한 패턴을 수학적으로 분석해서 "88퍼센트의 사례에서 동성애자와 이성애자, 95퍼센트의 사례에서 흑인과 백인 미국인, 85퍼센트의 사례에서 민주당 지지자와 공화당 지지자," 그리고 82퍼센트의 사례에서 기독교도와 이슬람교도를 올바르게 가려낼 수 있음을 보여주었다.[8] 저자들은 사람들이 노출의 위협 때문에 디지털 기술 사용을 꺼릴 수 있다고 우려했지만, 그럼에도 증가한 투명성과 정보에 대한 통제가 기술 제공자와 사용자 사이에 충분한 신뢰와 호의를 보장할 거라는 지나치게 낙천적인 희망을 표시했다.

현재 상태로는 자신을 어느정도 조사의 대상으로 열어놓지 않으면 어떤 형태의 디지털 행동에도 참여하기 어렵다. 검색엔진과 온라인 상점 혹은 서비스를 이용하는 사람들은 일반적으로 프라이버시를 다소 희생하는 데 동의해야 하며, 상호합의를 통해 서비스 제공자는 그들의 이메일 주소나 그외 정보를 이용할 수 있다. 전부는 아닐지라도 일부 서비스 제공자들은 이용자의 개인정보를 공유하지 않겠다고 약속하지만, 그들이 어느 정도까지 약속을 지키는지 이용자가 모니터링하기는 어렵고, 신원정보 절도를 꾀하는 전지구적 해커 문화가 기승을 부리면서 추가적인 위협이 가해지고 있다. 기업 사이트에 대해 널리 알려진 여러차례의 공격들이 있었는데, 가령 2014년 크리스마스 이브에 일어난 소니 Sony 해킹으로 회사의 내부 경영에 관한 대량의 기밀 정보가 유출됐다. 그런 공격들 중 가장 노골적인, 혹은 당혹스러운 것은 2015년 7월에 있었던 혼외정사 사이트 애슐리 매디슨Ashley Madison의 해킹이었다. 이 공격으로 3700만명에 이르는 이용자의 이메일 주소와 계정 정보가 유출됐다.[9] 해커들은 자신들이 싫어하는 사업을 이 회사가 그만두게 하는 것이 부분적인 목표였다고 주장했지만, 그들의 행동은 사람들 — 가령 사실상 무고한 구경꾼이 되어버린 사이트 이용자의 배우자와 자녀들 — 에게 피해를 입혔다. 실명이 공개되어 몇건의 자살 사건이 발생했다는 보도도 있었다.

의도적인 사이버 공격이 없다 하더라도 소셜미디어 이용은 종종 이용자가 모르거나 동의하지 않은 상태에서 개인의 프라이버시를 침해한다. 소셜미디어 혁명을 일으킨 회사인 페이스북은 설립 이후 상대적으로 짧은 기간에 너무나 많은 항의를 받고 심지어 법정 소송까지 당해서, 위키피디아가 "페이스북에 대한 비판"이라는 별도 항목을 만들었을 정도이다. 페이스북의 프라이버시 정책은 반복해서 논쟁을 불러일으켰다. 예를 들어 이 회사는 계정을 서버에서 영구 삭제하는 것은 허용하지 않는다고 결정했다가[10] 비판을 받고 나중에 이 정책을 철회했다.

좀더 은밀한 시도로, 정보가 쌍방향으로 흐르는 웹 2.0은 대중을 무차별적으로 겨냥한 예전의 선전 캠페인을 넘어선 일종의 심리적 실험을 가능케 한다. 많은 회사가 고객 데이터에 관한 연구를 진행하고 있으며, 이를 그들이 제공하는 제품을 향상하고 개별 사용자의 필요를 좀더 세심하게 충족하기 위한 노력으로 내세운다. 이러한 활동들은 일반적으로 기업 운영의 정당한 일부분으로 받아들여진다. 인터넷 서비스 제공업체들 역시 더 나은 메시지 제공을 위해 고객 데이터를 연구한다. 자신의 정보가 그런 "영업" 목적을 위해 쓰이는 데 동의하는 것은 종종 어떤 사이트를 이용하기 위한 조건을 이룬다. 이용자들이 굳이 읽는 수고를 하지 않는 매우 작은 활자체로 그것이 나와 있을지도 모르지만 말이다. 그런 이용은 많은 사람이 내켜하지 않는 것일 수 있지만—특히 이것이 다른 서비스 제공업체들과의 정보 공유를 포함할때—이는 애초 계약관계의 허용 가능한 연장이라고 주장할 수있다. 그러나 허용되는 연구와 비윤리적 연구의 경계선은 흐릿하며, 기업들은 사실상의 규제 공백 속에서 선을 넘을 수 있고 실제로도 그렇게 한다.

페이스북 이용자들은 이 사이트에서 활동한 결과 자신들이 심리학 연구의 피험자가 되리라고는 상상하지 못했을 것이다. 그러나 2012년 초에 페이스북은 거의 70만명의 익명 이용자들을 대상으로 기분 실험을 수행했다.[11] 2014년 6월 저명한 과학 학술지 *PNAS*에 실린 이 연구[12]는 페이스북이 1주 동안 이용자들에게 발송되는 뉴스피드의 감성 콘텐츠를 의도적으로 바꾸었다고 보고했다. 연구대상 집단 중 일부에게는 감성적으로 부정적인 단어들이 포함된 메시지의 "우선순위를 낮추는" 방식으로 내용을 좀더 긍정적이거나 부정적으로 조정했다. 그러자 상대적으로 긍정적인 자극을 받은 사람들은 전체적으로 좀더 긍정적인 게시물을 올린 반면, 좀더 부정적인 자극을 받은 대조군 집단은 반대 경향을 보였다. 세명의 저자 ─ 페이스북의 데이터 분석가 애덤 크레이머와 두명의 코넬대학 통계학자 ─ 는 이를 두고 감성적 전염이 대면접촉 없이도 네트워크를 통해 확산될 수 있다는 증거라고 결론 내렸다.

미국 전역에서 격렬한 항의가 뒤따랐다. 이 연구가 어떤 위법행위의 선을 넘은 것은 아니었지만, 연구자들의 윤리에 대한 매체의 논평은 압도적으로 부정적이었다. 페이스북의 내부 검토위원들만이 사전에 이 연구를 승인했다. 코넬 연구자들은 인간 피험자 데이터를 직접 수집하지 않았고 외부의 데이터 집합을 평가하고 있었기 때문에, 대학의 기관생명윤리위원회institutional review board, IRB는 그들이 데이터 분석에 관여하는 것을 승인할 필요가 없다고 보았다. *PNAS*에서 이 논문을 담당한 편집자인 프린스턴대학의 심리학자 수전 피스크는 이것이 IRB 승인을 받았다고 생각하고 있었지만 말이다. 크레이머 자신은 페이스북에 해명과 사과문을 올릴 필요가 있다고 느꼈다. "나는 일각에서 왜 그것에 우려를 제기하는지 이해할 수 있습니다. 공저자들과 나는 이 논문이 해당 연구를 설명한 방식과 그것이 일으킨 불안감에 대해 대단히 죄송하게 생각합니다. 지금 와서 돌이켜보면, 그 논문이 주는 연구상의 이득은 이 모든 불안감을 정당화하기에 충분치 않은지도 모르겠습니다."[13] 일부 윤리학자들은 문제가 지나치게 부풀려지고 있다고 생각했지만, 모든 사람이 크레이머의 사후 반응을 만족스럽게 받아들이지는 않았다. 인터넷에서의 권력 불균형을 오랫동안 비판해온 콜로라도대학 법대 교수 토머스 옴은 이렇게 말했다. "윤리 문제를 논의하라고 요구하는 목소리들이 줄곧 있었습니다. 고객들이 원하는 제품을 더 잘 전달하기 위해 A/B 테스트 A/B testing(마케팅이나 웹 분석에서 사용되는 기법으로, 가령 웹사이트의 두가지 버전을 고객들에게 무작위로 제시해 각각에 대한 반응을 비교 평가함으로써 어느 버전이 더 효과적인지 판단하는 방법)라는 것이 있지만, 기업들이 이용자를 마음먹은 대로 찔러댈 수 있는 자발적이고 준비된 한 무리의 실험쥐들로 간주하는 것은 완전히 다른 문제입니다."[14] 인터넷상에서의 활발한 의견 교환에도 불구하고, 기업이 후원하는 연구가 사람들을 고객으로 간주하는지(허용 가능한 태도) 아니면 실험쥐로 간주하는지(허용 불가능한 태도)를 해결하는 과제는 현재 대체로 실험 설계자들에게 달려 있다. 그러한 연구를 사전에 꼼꼼하게 검토할 윤리적 장치는 한마디로 존재하지 않는다.

시간과 기억 또한 신체적 자아와 디지털 자아에 다르게 작동한다. 몸은 죽고 기억은 사라지지만, 디지털 데이터는 무한정 살아남을 수 있다. 보통 사람들이 자신의 PC에 달린 하드드라이브에서 오래된 내용을 깨끗이 정리하기란 쉽지 않은 일이다. 광대한 사이버공간 전역에 흩어져 있는 정보를 제거하기란 그보다 훨씬 더 어렵다. 친구들을 웃기려고 페이스북에 올린 사진 때문에 여러해가 지난 후 일자리를 얻지 못하는 일도 생겼다. 장래의 고용주가 이를 발견하고 낯뜨겁거나 꼴사납다고 생각했기 때문이다.[15] 트위터는 어떤 사람의 가장 허물없고 덧없는 생각들을 포착하려는 매체였지만, 실제로는 눈에 띄게 공적인 동시에 온갖 실용적 목적에서 영구적이기도 한 사이트로 드러났다. 관계가 파탄났을 때나 직장에서 위기가 닥쳤을 때 보낸 트윗들로 인해 수년 내지 수십년 동안 괴로움을 겪을 수도 있다. 페이스북 같은 회사들은 일단 올려진 개인 데이터를 삭제할 수 있는지에 관한 정책에서 갈지자 행보를 보여왔다. 어떤 사람이 더이상 공공영역에 남겨두기를 원치 않는 정보를 추적해 삭제하는 일을 전담하는 새로운 상업적 서비스들이 우후죽순처럼 등장했다. 그러나 아직까지도 사람들이 자신의 데이터의 수명을 어느 정도까지 통제할 수 있는지 관장하는 규칙은 유동적이며, 아래에서 보듯 국가별로 차이를 보인다.

공공인가, 민간인가

정보시대의 선구자들은, 물리적 영토 내에서 주권을 행사하는 국민국가들의 구속에서 자유로워졌다는 점을 상찬했다. 한때 그레이트풀 데드Grateful Dead의 작사가였고 초기 인터넷의 거물이기도 했던 존 페리 발로우는 『뉴로맨서』*Neuromancer*의 저자 윌리엄 깁슨이 고안한 용어를 빌려, 반항적인 「사이버공간 독립선언문」을 작성했다. "산업세계의 정부들, 너 살덩이와 쇳덩이의 지겨운 괴물아. 나는 마음의 새 고향, 사이버공간에서 왔노라. 미래의 이름으로 과거의 존재인 네게 요구하노니, 우리를 내버려두라. 너희는 환영받지 못한다. 너희는 우리가 모인 곳에 주권을 행사할 수 없다." 선지자적이고 유토피아적인 그의 단어들은 새롭고 일견 끝이 없는 땅을 발견한 승리감에 도취되어 있던 한 세대의 젊은 컴퓨터 귀재들에게 반향을 일으켰다. 그곳은 누구나 동등한 자격으로 들어갈 수 있고 어떤 형태의 발언이나 표현도 자유로울 터였다.

오늘날 우리는 이것이 순진한 생각이었음을 알고 있다. 브래들리 매닝(나중에 첼시 매닝)이 미국의 기밀문서를 위키리크스WikiLeaks에 제보해 35년형을 선고받은 것이나, 위키리크스의 창립자 줄리언 어산지가 런던의 에콰도르 대사관에서 장기간 망명 생활을 하고 있는 것, 에드워드 스노든이 미국에서 반역죄로 기소되는 것을 피하기 위해 러시아에 은신처를 구한 것을 보면서, 인터넷상의 콘텐츠를 규제할 때 국가의 주권이 건재하다는 사실을 의심하는 사람은 거의 없을 것이다. 적어도 그 내용이 국민국가들이 정한 국가안보에 관련된 경우에는 말이다. 인터넷은 발로우와 그외 다른 선구자들이 예상한 완전하고 개인적인 자유의 공간이 아니라, 그 안에 들어온 사람들을 보이지 않고 예측할 수 없는 방식으로 옭아넣는 권력의 선들이 교차하는 공간으로 출현했다. 공공기구와 민간기구 모두가 사이버공간에서 개인의 자유를 통제하지만 이는 상이한 메커니즘을 통해, 그리고 상이한 투명성과 책임성의 규칙들 아래서 이뤄진다.

전지구적 규범의 부재

스노든의 폭로가 언론의 엄청난 주목을 끌었음을 감안하면, 그를 어떻게 봐야 할지(영웅인지 반역자인지, 공익제보자인지 범죄자인지)를 놓고 세계 여론이 그토록 첨예하게 나뉘어 있는 것은 놀라운 일이다. 그 이유는 부분적으로 1970년대에 통용되던 의미에서 영토권이 해체되고 이에 따라 국가기관의 힘이 약해진 것과 분명 관계가 있다. 충성이나 국가안보 같은 구호하에 여론을 한데 모으는 힘은 약화되었지만, 사이버공간이 "마음의 새 고향"으로 등장한 것이 그러한 파편화를 빚어낸 유일한 요인은 아니다(심지어는 주된 요인도 아니다). 여행과 확산을 위한 다른 기술들 역시 중요하며, 전자 매체가 중요한 역할을 한다.

스노든과 (예전에 미국의 국가기밀을 폭로한 기록을 갖고 있는) 대니얼 엘즈버그 사건의 차이점은 매혹적인 동시에 시사하는 바가 크다. 엘즈버그는 반전활동가이자 하버드대학에서 훈련받은 의사결정 이론가로, 상사인 국무장관 로버트 맥너마라를 위해 준비한 극비 보고서인 펜타곤 문서^{Pentagon Papers}를 몰래 복사해 빼 냈다. 엘즈버그는 이 문서를 『뉴욕타임즈』와 여타 신문들에 제공 했다. 1971년 6월에 『뉴욕타임즈』는 이 문서들에 근거한 기사를 싣기 시작했고(나중에 『워싱턴포스트』도 합류했다), 리처드 닉 슨 대통령 산하의 법무부는 즉각 소송을 제기했다. 행정부는 『뉴 욕타임즈』와 『워싱턴포스트』에 대해 가처분 명령을 신청하면서, 펜타곤 문서의 지속적 공개가 미국의 외교관계를 손상하고 적국 을 도울 거라고 주장했다. 대법원은 수정헌법 제1조에 나오는 언 론의 자유 원칙의 위대한 승리로 널리 간주되는 판결에서 언론사 의 손을 들어주었다.[16] 엘즈버그는 방첩법^{Espionage Act} 위반 혐의로 재판을 받았으나, 정부가 증거의 습득과 취급 과정에서 불법도청 과 같은 심각한 부정행위를 저지른 사실이 드러나자 재판장이 공 소를 기각했다. 엘즈버그는 민중의 영웅 같은 존재가 되었고, 80 대에 접어들 때까지 언론의 자유 침해에 맞서 발언하고 항의하는 행동을 이어나갔다.

펜타곤 문서 이야기는 한 국가의 영토 관할권 내에서 전개되었 고, 그 국가의 시민, 언론매체, 국가기밀, 법률, 사법기구, 판사들 이 주로 관련되었다. 반면 스노든 사건은 그 기원에서부터 법적· 정치적·물리적으로 분산돼 있었다. 엘즈버그 사건처럼 미국 시민 이 미국정부의 기밀 기록을 훔쳐 공개한 것이 중심에 있다는 점 은 동일하지만 말이다. 스노든 자신은 하와이에서 살면서 NSA 요원으로 일하다가 홍콩으로 날아가 두명의 미국인을 만났다. 다큐멘터리 감독인 로라 포이트러스와 법률가이자 언론인인 글렌 그린월드였는데, 포이트러스는 당시 독일의 베를린, 그린월드는 브라질의 리우데자네이루에 살고 있었다. 그린월드가 브라질에 거주한 이유는 미국결혼보호법American Defense of Marriage Act으로 인해 그의 동성 파트너와 미국에서 함께 살 수 없었기 때문이라고 했다. 포이트러스와 그린월드는 영국 신문 『가디언』Guardian에서 일하고 있었고, 이 신문은 2013년 6월 5일에 NSA 감시 기사를 터뜨렸다. 4일 후 스노든은 공개 석상에 나서 자신이 유출의 배후임을 밝혔다. 6월 23일에 스노든은 중국에서 러시아로 갔고, 그곳에서 불확실한 지위를 지닌 망명자이자 그의 여권을 말소한 미국정부의 시각에서는 도망범으로 남아 있었다. 그의 폭로는 점점 더 폭넓게 뒤엉킨 사건들을 촉발했다. 그중에는 2013년 7월 영국정부의 강요에 못 이겨 『가디언』이 유출된 문서를 담은 컴퓨터 하드드라이브를 파기한 것, 2014년 3월 스노든이 유럽의회European Parliament에서 화상 증언을 한 것, 그리고 2014년 그린월드, 포이트러스, 이완 매캐스킬의 공익보도에 대해 『가디언』과 『워싱턴포스트』에 퓰리처상이 수여된 것 등이 포함되었다.

이 모든 일화들은 세계가 현대성의 기술들 — 비행기, 전화, 텔레비전, 컴퓨터, 이메일, 전자신문 — 로 조밀하게 상호 연결돼 있지만, 그러한 연결은 여전히 국가 간의 대립구도와 서로 경쟁하는 주권국가들이라는 기반 위에 덧씌워져 있음을 드러낸다. 미국과 남아메리카 사이의 관계는 2013년 7월 미국이 볼리비아의 에보 모랄레스 대통령이 스노든을 러시아에서 몰래 빼내오고 있을

지도 모른다고 의심해, 대통령 전용기를 오스트리아에 예정에 없이 착륙하도록 강요한 이후로 악화되었다. 스노든이 공개한 문서들에 기반해 NSA가 앙겔라 메르켈 총리의 개인 전화를 도청해왔다는 보도가 나오자 독일과 유럽은 격분했고, 전지구적 위기가 고조되던 시기에 메르켈과 버락 오바마 대통령의 관계는 긴장되었다.[17] 그동안 많은 사람들은 스노든을 계속해서 자유의 대변자로 여겼다. 2014년 초에 그는 언론자유재단Freedom of the Press Foundation의 공동 설립자인 엘즈버그와 그외 사람들(그린월드, 포이트러스 등)의 초청으로 이 재단 이사회의 일원이 됐다.

스노든의 대담한 행동은 감시에 관한 전지구적 대중논쟁을 자극했고, 세계 전역에서 고위 정치인사들에게 영향을 미쳤다. 이 사건은 세계 지도자들과 안보기구들을 당황하게 만들었고 의회의 청문회를 촉발했으며, 미국에서 헌법에 대한 반성을 불러일으켰고 언론을 위협했지만 아울러 보상도 해주었으며 민주국가의 대중들이 자국의 안보기관들에서 일어나는 거대하고 미처 알지 못한 남용의 가능성을 깨닫게 해주었다. 이와 동시에, 펜타곤 문서 사건과 두드러지게 대조를 이루는 측면으로, 스노든 사건과 그것의 복합적 연쇄 효과는 스노든이 어렵사리 공개한 사안들에 대해 합의에 도달하는 것이 쉽지 않다는 사실도 보여주었다. 9·11 이후의 세계에서 많은 사람들은 미국의 헌법이 더이상 언론의 자유를 보호해주지 못하며, 엘즈버그처럼 공정한 법정이 무죄를 입증해줄 거라는 희망을 품고 한때 기소의 위험을 무릅썼던 사람들도 보호해주지 못한다고 느꼈다. 메타데이터 수집metadata sweep과 대륙간 전화 도청의 시대에 감시의 윤리를 판결할 기관이 제 기능을 할 거라고 기대하기는 더 어렵다. 다시 말해 엘즈버그 사건은 잘 발달된 일국의 공공영역 내에서 전개됐고, 이곳에서는 논쟁의 규칙과 공적 이성의 언어가 확립된 제도적 관행 내에 상대적으로 기반이 잘 잡혀 있었다.[18] 스노든 사건은 세계 공동체가 여러개의 중심을 가진 논쟁—50년 전만 해도 상상할 수 없던—속에 휘말리게 만들었지만, 아울러 국익과 국가 간의 정치적 분열 및 제휴로 인해 선명하게 분열된 세계를 가로질러 공통의 규범을 만들어내는 것이 얼마나 어려운지도 분명하게 보여주었다.

소수의 데이터 지배자

기술 억만장자들이 하나의 사회적 계층으로 등장한 것은 21세기 초의 일이다. 주로 캘리포니아의 전설적인 실리콘밸리에 기반을 둔 소수의 사람들에게 엄청난 부가 집중되었다. 이는 개인 정보라는 새로운 자원이 상대적으로 몇 안 되는 사람들의 통제를 받게 된 상황을 상징적으로 보여준다. "소수의 데이터 지배자"data oligarch라는 용어는 구글과 페이스북 같은 회사들에게 적용되어 왔다. 그들은 대중에게 비할 데 없는 정보 관문을 열어주었지만, 아울러 대량의 정보를 통제하고 있기도 하다. 그 정보의 범위와 다양성은 그들에게 엄청난 잠재적 가치를 제공한다. 이 회사들은 엄밀히 말해 민간 내지 비국가 조직이지만, 각국이 그들에게 데이터 사용 혹은 남용에 대한 책임을 지우기 어렵게 만드는 경계선에 자리잡고 있다.

구글은 사이버공간에서 이루어지는 권력과 책임의 상호작용을 보여주는 특히 흥미로운 사례연구를 제공한다. 구글은 일찍이 만들어진 가장 훌륭한 검색엔진이 되고자 노력하는 회사로 시작했고, 사용자들이 무엇을 검색하든 그것에 관해 정확하고 치우치지 않은 정보를 그들에게 신속하게 제공하는 데 집중했다. 이 회사의 유명한 행동강령인 "사악해지지 말자"Don't be evil는 구글의 트레이드마크 중 하나인 사회적 책임과 훌륭한 행실에 대한 전반적 신념이라는 주제를 나타내는 것처럼 들린다. 예를 들어 구글은 중국에 진출했을 때, 중국정부와 수시로 충돌하고 폐쇄조치를 당할 위험을 무릅쓰고 검열에 반대하는 입장을 취했다. 그러나 회사가 성장하면서 회사의 제품은 다각화되고 야심은 커졌다. 이러한 발전을 인지한 구글은 2015년 알파벳Alphabet이라는 새로운 모회사를 설립해 이처럼 다각화된 활동들을 총괄하게 했다. 흥미로운 점은 알파벳이 행동강령의 일부로 "사악해지지 말자"라는 구호를 채택하지 않았다는 사실이다.[19]

구글은 이제 그저 세계에서 가장 인기있는 검색엔진이 아니며, 일군의 인터넷 상품과 서비스도 판매하고 있다. 지메일, 구글맵Google Maps, 유튜브, 크롬Chrome 브라우저뿐 아니라 안드로이드 스마트폰도 여기 해당된다. 구글의 수익은 매년 5백억 달러가 넘는다. 오늘날 구글은 어떤 면에서 하나의 국가처럼 행동하고 있으며, 매달 10억명이 넘는 검색 인구에 대해 정보와 광고를 제공하여 큰 국가의 정부에 비견할 만한 규모로 활동을 한다. 하지만 구글이 애초의 행동강령에서 요구되는 유익한 방식으로 자신이 가진 힘을 사용하고 있을까?

구글이 미국정부 및 유럽연합 모두와 마찰을 빚고 있다는 사실은 문제가 있음을 시사한다. 이 회사는 여러해 동안 반독점법 위반으로 조사를 받아왔다. 구글이 엄청난 시장점유율을 이용해 경쟁자들에게 불공평한 방식으로 불이익을 주고 있다는 고발에 따른 것이다. 예를 들어 자사의 지도와 장소 찾기 서비스에 유리하도록 검색 결과를 나타내는 식으로 말이다. 2011년 미국 상원의 반독점 청문회에서 구글의 CEO 에릭 슈미트는 자사의 시장점유율이 독점적인 것처럼 보인다는 사실을 시인했지만, 이것은 궁극적으로 법원이 판단할 문제라고 말했다. "우리가 그 영역에 들어와 있다는 데 동의합니다. [⋯] 나는 법률가가 아니지만 독점 판결에 대해 내가 아는 사실에 따르면, 이는 법정에서 이뤄지는 과정입니다."[20] 미국에서의 조사는 중대한 제한이나 벌금으로 이어지지 않았지만, 나중에 유럽에서의 합의는 훨씬 더 나아갈 수 있었다.[21] 스노든의 폭로 이후 EU의 규제기관들은 미국 회사들이 유럽의 영토 경계 내의 정보 수집과 유통을 지배하는 상황에 그 어느 때보다도 우려를 갖게 되었다.

사람들이 검색을 할 때 보게 되는 정보의 유형을 통제하는 것은 새롭고 규제받지 않는 종류의 사적 권력이다. 예전에는 정보 흐름의 규제가 일차적으로 국민국가의 몫이었다. 국민국가들은 공교육 통제, 그리고 그 정도는 다양하지만 언론매체 통제를 하여 정보 흐름을 규제했다. 정치이론가 베네딕트 앤더슨은 민족주의 자체가 그러한 상의하달식 통제의 산물로서, 사람들이 자신을 단일한 국가에 속해 있다고 여기도록 유도하는 "상상의 공동체"를 만든 결과라고 주장했다.[22] 그러나 구글이 사람들을 국가가 소유하고 통제하는 매체—가령 중국에서 볼 수 있는—로부터 자유롭게 만든다고 말하는 것만으로는 분명 충분치 않다. 수익을 염두에 둔 민간 사업체로서, 이 회사는 국민국가와 마찬가지로 정보를 선별적으로 드러내거나 숨겨서 이용자들이 무엇을 보는지, 심지어 그들이 어떻게 생각하고 행동하는지를 통제하는 데 엄청난 관심을 갖고 있다. 캐스 선스타인의 논평이 시사하는 바처럼, 그러한 정신적 통제는 "예측 쇼핑"과 같은 선택의 언어로 포장되기만 하면 일부 소비자들의 불쾌감을 피해갈 수 있다. 그러나 구글은 바로 그 직원들에서 시작해 사람들의 삶에 좀더 직접적이면서 덜 부드러운 통제력을 행사한다.

애플의 상징과도 같던 스티브 잡스의 사망 직후에, 6만명이 넘는 기술직 노동자들이 애플, 구글, 그외 저명한 첨단기술 회사들을 상대로 고용 관행에서 행해지는 반독점법 위반을 고발하는 집단소송을 제기했다.[23] 고소인들은 이 회사들이 다른 회사의 숙련 고용인들을 가로채거나 서로 임금 경쟁을 벌이지 않는다는 명시적 내지 암묵적 합의를 맺었다고 주장했다. 잡스가 이러한 상황을 만들어낸 핵심 인물이었다. 실리콘밸리에서 지닌 그의 신화적 지위 덕분에 다른 회사들이 보조를 맞추도록 설득할 수 있었고, 더 낮은 임금과 더 적은 경쟁이 모든 고용주에게 집단적으로 이득을 주었음은 물론이다. 이와 같은 공모의 패턴이 나타나면서

노동자들은 30억 달러에 달하는 보상을 못 받게 되었다고 했다. 소송이 시작된 지 3년 후, 캘리포니아주 새너제이 소재 미국 순회 법원의 루시 고 판사는 3억 2400만 달러의 합의 제안이 전적으로 불충분하다며 거부했다. 잡스와 그 동료들에게 불리한 증거가 설득력이 있다고 배심원단이 판단했으며, 따라서 잠재적인 법적 책임은 제안된 액수의 몇곱절이 되어야 한다고 그녀는 강조했다. 관측통들은 이 사건의 특이한 상황을 감안해 판사가 적정 수준이라고 생각하는 금액이 애초 제안의 3배인 10억 달러 선일 거라고 생각했다.[24] 결국 판사는 그에 비해 좀더 적은 금액인 4억 1500만 달러를 승인했다. 그럼에도 회사들이 애초 제안한 금액에 비하면 3분의 1이나 늘어난 결과였다.

이처럼 기술 회사들이 자체 규칙을 만들고 그에 따라 행동하는 경향은 고급 숙련 직원들과의 관계뿐 아니라 샌프란시스코만 지역 공동체와의 관계 악화로 이어졌다. 구글은 고용인들의 정신적·신체적 건강을 위해 일터를 맞춤형으로 운영하고, 피트니스 센터에서 회사의 벽 색깔까지 모든 것에 주의를 기울이고 있다. 그러한 사적 특전들, 그리고 그것이 반영하는 엄청난 부의 유입은 지위가 급상승한 기술 부문과, 그 시작을 도왔던 좀더 칙칙한 도시 환경의 격차가 점점 벌어지는 결과를 낳았다. 2014년 초 샌프란시스코에서는 구글, 애플, 야후, 그외 다른 회사의 직원들을 전설적인 "캠퍼스"로 실어나르는 버스에 대해 돌연 성난 시위가 일었다. 일각에서는 이 버스들이 시내버스 승차장을 불법적으로 이용하고 있다는 목소리가 나왔다.[25] 구글은 이를 달래기 위한 조치로 샌프란시스코만 지역 임팩트 챌린지Bay Area Impact Challenge 행사를 처음으로 열었다. 지역의 비영리단체들을 초청해 공동체 개선을 위한 멋진 아이디어로 경합을 벌이는 행사였다. 2주간의 공개 투표를 통해 공동체가 뽑은 우승자는 5백만 달러를 받았고, 투표에서 상위권에 든 네명의 응모자는 각각 50만 달러의 상금을 받았다. 주목할 부분은, 이러한 조치가 공공사업을 위한 지출에서 투표에 의한 인준을 추구하는, 고전적인 민주주의 과정을 모방했다는 점이다(5월 22일부터 6월 2일까지 총 19만 1504건의 "투표"가 이뤄졌다). 하지만 공청회나 적극적인 시민참여 노력 같은, 통상적인 민주적 숙의의 부속 장치들은 빠져 있었다.

구글이 데이터 수집자로서 그간 특정한 사법 영역에서 해온 것처럼 정부 당국과 협력관계를 맺을 때는 민간조직 같은 기능이 한층 더 엷어진다. 이 회사는 정기적으로 지메일 이용자들의 이메일을 훑으며 연방법하에서 범죄에 해당하는 아동 포르노그래피의 증거를 찾는다. 국립실종학대아동방지센터National Center for Missing and Exploited Children는 실종되었거나 범죄 피해를 입은 아동들의 디지털화되고 암호화된 사진 데이터베이스를 보유하고 있다. 이러한 사진들 중 하나가 지메일로 보내진 사실이 드러나면, 구글은 이를 당국에 보고한다. 2014년 8월 텍사스 경찰은 그러한 제보에 근거해 20년 전 성범죄로 유죄 판결을 받은 적이 있는 한 식당 종업원 소유의 전자장치들을 수색했다. 포르노 영상 및 관련 메시지가 발견되면서 이 남자는 체포됐다. 잠재적 아동 학대자를 찾아낸 것이 문제가 있다고 생각한 사람은 거의 없었지만,

일각에서는 구글이 아동 포르노그래피를 탐지하는 데 활용한 것과 동일한 부류의 기술이 다른 종류의 정보를 얻는 데도 활용될 수 있음을 지적했다. 그렇게 되면 구글은 미끄러운 경사길을 따라 내려가 사실상 국가가 마땅히 해야 할 일이 아닌 사안에 관해 국가의 대리 감시자로서 행동하게 될 수도 있었다.

구글과 그외 첨단기술 회사들이 정부의 비밀 전자감시 프로그램인 프리즘PRISM에 깊숙이 관여했다는 사실 역시 대중을 경악하게 했다. 스노든이 유출한 문서에 따르면 NSA는 영국의 중앙정보부와 협력해 미국인뿐 아니라 외국인들의 전자통신 패턴에 관한 방대한 양의 정보를 매일 수집하고 있다. 그러한 "메타데이터"는 대부분의 전화 통화에 대한 기록——송신자와 수신자의 전화번호, 통화 시간 등을 포함해서——을 담고 있다. NSA의 데이터 수집에는 이메일, 사진, 음성 및 영상 채팅, 문서 등도 포함된다. 법적으로 NSA 프로그램은 1978년 제정된 해외첩보감시법Foreign Intelligence Surveillance Act, FISA의 관할 아래 활동한다. 특정한 상황(가령 모니터링 기간이 1년 미만일 때)을 제외하면 NSA는 해외첩보감시법원Foreign Intelligence Surveillance Court, FISC에서 이를 승인하는 법원 명령을 받아야 한다. FISC는 미국 대법원장이 임명에서 전권을 갖고 있는 일곱명의 판사로 구성돼 있다. 법원의 실제 결정은 비밀에 싸여 있기는 하지만 NSA의 영장 요청을 거부하는 일이 거의 없다.

스노든이 유출한 문서에 기반해 『가디언』에 쓴 최초의 기사들에서, 그린월드와 매캐스킬은 NSA가 구글, 페이스북, 애플, 야후,

그외 미국의 몇몇 인터넷 회사의 중앙 서버에 직접 접속할 수 있었다고 보도했다.[26] 그러나 구글은 NSA가 자사 데이터 시스템에 직간접적으로 접속했음을 단호하게 부인했고, 다른 기술 거대기업들과 마찬가지로 데이터를 오직 건별로 제공하며 철저한 내부 검토를 거친 후에 공개한다는 입장을 고수했다. 2014년 9월 FISC 영장 거부 사건을 검토하던 항소법원이 공개한 문서에 따르면, 2008년에 미국정부는 야후가 프리즘 프로그램하에서 통신 데이터를 넘겨주는 것을 거부한다면 매일 25만 달러의 벌금을 부과하겠다고 위협했다.[27] 야후는 전자 데이터를 대규모로 요구하는 법이 합헌인지 문제를 제기했지만, 그러한 노력은 FISC 앞에서 실패했다.

2016년 겨울에 잠시 동안, 또다른 시험 사례에서 기술 산업의 거대기업과 미국정부가 맞붙는 듯 보였다. 연방수사국[FBI]은 캘리포니아주 샌버너디노에서 크리스마스 전야에 열린 오피스 파티에 참석해 열네명의 동료 직원을 살해한 총기난사 범인의 아이폰을 잠금해제해달라고 애플에 요청했다. 애플은 이에 저항했다. 이 요청에 따를 경우 강제로 새로운 소프트웨어를 짜야 하기 때문에 수정헌법 제1조의 권리를 침해당할 뿐 아니라, 정부 요청을 충족하려면 애플의 비밀번호 보호 시스템을 망가뜨리게 되어 모든 아이폰 이용자를 잠재적으로 위태롭게 만들 수 있다고 주장했다.[28] FBI와의 대화가 벽에 부딪히자 애플의 CEO 팀 쿡은 2월 6일에 성명을 내어 회사의 주장을 미국 대중에게 알렸다. "FBI는 이 도구를 설명하기 위해 다른 표현들을 사용할지 모릅니다. 하지만 분명히 밝히건대, 이런 식으로 보안을 우회하는 iOS 버전을 만드는 일은 의문의 여지 없이 백도어back door를 만드는 것입니다. 정부는 이번 사건에 국한해 그것을 활용할 거라고 주장하겠지만, 그러한 자제력을 보장할 방법은 없습니다."[29] 이로써 험악한 법정 다툼이 코앞에 닥친 듯했지만, 몇주 후 법무부가 애플의 도움 없이 문제의 스마트폰을 해킹하는 비밀 수법을 찾아냈다고 공표하여 그럴 위험은 사라졌다. 이 사건은 데이터 보안에 대한 중대하고 미해결된 몇몇 기술적 질문들을 부각했지만, 그보다 더 중요한 질문은, 로버츠 대법원장의 말을 빌리면 디지털 장치가 "인간의 해부학적 구조를 이루는 중요한 특징"이나 다름없는 시대에 시민들이 국가 혹은 민간 산업체의 보호 약속을 믿어야 하는가였다.

세계 속의 미국

스노든의 폭로가 일으킨 여파 속에서, 미국의 정보요원들이 메르켈 수상의 개인 전화를 도청했다는 보도만큼 분열을 초래한 고발은 달리 없었을 것이다. 이는 전통적으로 친밀한 두 동맹국인 독일과 미국의 관계에 불신의 쐐기를 박았다. 서구 사회가 단일한 목표를 갖고 나아가는 것이 대단히 중요해 보이던 세계사적 시점에서 말이다. 보도가 나오고 거의 1년 후에 메르켈은 미국을 공식 방문한 자리에서, 두 나라가 안보와 프라이버시 사이에 균형을 맞추는 "비례의 원칙"에서 여전히 상당한 차이를 보이고 있다고 오바마에게 말했다.[30] 유럽에서 가장 강력한 지도자의 전화를 도청함으로써, 미국은 전자시대의 국제관계에서 윤리적이고 허용 가능한 행동에 관한 초국적 불협화음의 심층부를 건드린 듯 보였다.

유럽인들은 제2차 세계대전 동안 파시즘과 사회주의를 경험하여 반성의 시간을 보냈기 때문에 미국 시민들보다 프라이버시에 좀더 깊은 관심이 있다고 흔히 말하곤 한다. 워싱턴 D.C.에 있는 미국 홀로코스트 기념관U.S. Holocaust Memorial Museum에 들어가면 거의 맨 처음으로 보이는 전시물이 현대 컴퓨터의 전신인 홀러리스 기계이다. 이 기계는 1939년 독일 인구센서스에 쓰였고, 시민들의 인종을 다른 개인정보들과 함께 처음으로 기록했다. 반면 미국인들은 특히 9·11 이후 테러에 촉각을 곤두세우면서 안보에 좀더 신경을 쓴다고들 한다. 그렇게 단순한 일반화는 조심스럽게 다룰 필요가 있긴 하지만, 실질적인 정책상의 차이점을 보면 대서양 양편에서 국가가 디지털 시민들과의 관계를 상상하는 방식에 중대한 차이가 있음을 알 수 있다.

유럽연합EU은 1990년대 이후 모든 회원국에서 개인 데이터 보호를 위한 일관된 개념틀을 만들기 위한 조치를 취해왔다. 1995년 데이터 보호 지침Data Protection Directive은 "데이터 주체"가 공공 혹은 민간의 "데이터 관리자"를 상대로 내세울 수 있는 일단의 권리들을 확립했다. 데이터 주체는 번호 혹은 신체적·정신적·경제적·문화적·사회적 정체성의 구체적 특징들로 신원확인이 가능한 자연인(즉 인간)이다. 지침은 데이터 주체가 명시적이고 충분한 정보에 근거한 동의 없이 자신의 데이터를 수집 내지 "처리"하는 것을 거부할 권리가 있다고 규정했고, 해당 주체의 보호를 위해서나 세금 징수 같은 공공기능을 위해서 같은 특정한 조건은 예외로 두었다. 2012년 이후 EU는 현재의 지침과 국가별로 제각각인 그것의 이행 시스템을, EU 전체에서 법으로 적용될 단일 규제로 대체하기 위한 작업을 해왔다. 새로운 법은 회사를 위한 데이터 보호 과정을 간소화하는 한편으로, 개인들을 위한 프라이버시 조항의 강화도 목표로 하고 있다. 데이터 수집이나 처리에 대한 명시적 사전 동의 원칙과 "잊힐 권리"의 명문화 같은 것이 여기 포함된다.

유럽사법재판소는 2014년 5월에 후자의 문제를 선제적으로 다루었다.[31] 2010년 스페인의 법률가 마리오 꼬스떼하 곤살레스는 스페인의 데이터 보호 기구에 고충을 호소했다. 구글에서 자신의 이름을 검색하면 오래전인 1998년에 그가 사회보장연금 불입을 하지 못해 재산을 강제로 매각해야 했다고 보도한 스페인 대형 일간지의 2개 면으로 연결된다는 것이었다. 꼬스떼하는 이 면들이 "더이상 의미가 없다"고 주장하면서, 그 내용을 변경하거나 숨기고 구글과 스페인 자회사는 링크를 제거해달라고 요구했다. 꼬스떼하의 청구를 심리한 유럽사법재판소는 한때 합법적으로 수집, 저장된 데이터라 하더라도 시간이 흘러 "데이터가 부적절하거나 무관하거나 더이상 의미가 없는 것처럼 보일 경우" 데이터 보호 명령과 부합하지 않을 수 있다고 판결했다. 법원은 또한 데이터를 삭제할 권리가 절대적인 것은 아니지만, 데이터 주체의 권리와 공익 사이에서 "공정한 균형"을 기해야 한다고 지적했다.

이 판결이 던진 파장은 미처 전모가 드러나지 않았지만, 몇달이 지나자 이 과정이 구글과 그외 다른 빅데이터 관리자들에게 엄청난 부담이 될 수 있음이 분명해졌다. 구글은 법원의 판결에 따라 이내 밀려들기 시작한 수만건의 청구를 검토하겠다고 발표했다. 그러나 이를 위해서는 문제가 된 데이터의 성격을 면밀하게 들여다보면서 그것이 정말 낡았거나 무관한 것인지 판단해야 할 뿐 아니라 대중이 그 정보에 접근해서 얻는 이익도 결정해야 한다. 예를 들어 유명인사나 책임있는 지위에 오르려는 사람에 관한 오래된 정보는 "유의미한" 것으로 간주될 수 있는 반면, 꼬스떼하의 10년 묵은 악성 부채에 관한 기록처럼 순전히 사적인 정보의 무기한 보존은 "과도한" 것으로 간주될 수 있다.

디지털 과거의 기나긴 그림자를 통제할 수 있는 권리는 데이터 보호의 중요한 새 원칙이다. 그러나 그런 원칙이 얼마나 효과적인 것으로 드러날지는 시간이 지나봐야 알 수 있을 터이다. 예를 들어 잊힐 권리와 같은 원칙에 보이는 EU와 미국의 차이는 어떤 경제적·사회적 함의가 있는가? 이는 가상적인 질문이 아니다. 초기의 반응은 상당한 견해 차이를 보여주었다. 하버드 법대 교수 조너선 지트레인은 『뉴욕타임즈』와의 인터뷰에서 "나는 이것이 대단히 실질적인 문제에 대한 나쁜 해법이라고 생각합니다"라고 말한 반면, 옥스퍼드의 인터넷 거버넌스 교수인 빅토어 마이어-쉔베르거는 이 판결이 그저 기존 법률을 확인해준 거라고 말하며 "디지털 이전 시기의 덧없음과 망각"으로의 복귀를 반겼다.[32]

현재로서는 농업 생명공학(4장을 보라)과 마찬가지로, 대서양 양편에 있는 두 강력한 정치적·경제적 구역들이, 국가, 시장, 개인들 간의 훌륭한 관계에 관한 각자의 오랜 신념과 일치하도록 서로 다른 개념 및 규제 경로를 따르고 있는 듯 보인다. 미국은 EU의 지침이나 제안된 규제처럼 데이터 프라이버시를 전반적으로 아우르는 법 대신, 불균등하게 조각난 보호시스템을 갖추고 있다. 건강보험의 이전과 책임에 관한 법Health Insurance Portability and Accountability Act하에서의 의료기록에 대해서는 높은 국가적 표준이 있지만, 소비자의 선호에 관한 데이터나 자발적으로 업로드된 개인 정보의 수집과 처리에 관해서는 거의 아무런 보호조치가 없다. 이러한 상황은 업계의 자율규제에 대한 미국의 선호를 반영하며, 국가적 법률은 자율규제의 맹점이 정치적으로 부각된 이후에야 비로소 이를 메우기 위해 개입한다. 다만 주로 건강, 보건의료, 의료보험 거부 가능성과 관련된 사안에서는 국가적으로 프라이버시에 대한 관심이 높아서 이러한 경향이 덜하다.

경계선 위의 삶

전자기술의 영역이 그 세를 넓히면서 세계의 많은 지역에서는 생활 방식의 변화를 겪었다. 크리스마스카드를 쓰고, 편지를 우편으로 부치고, 책을 읽고 그리고 점점 더 많은 사람들에게서 수표를 끊는 구식의 의례들이 사라졌다. 특히 미국의 밀레니엄 세대에게 종이를 필요로 하는 모든 거래는 20세기적인 것으로, 지나간 시대의 구차한 유물로 느낀다. 사람들이 페이스북으로 "대화"를 나누고 문자나 트위터로 친구들과 연락을 하게 되면서, 심지어 전화로 전달되는 음성조차도 조금은 시대에 뒤떨어진 것이 되었다. 멀리 떨어진 곳과의 연락은 더 가까워졌고, 우체국, 동네 서점, 마을 도서관, 심지어 지역의 쇼핑몰 같은 전통적인 만남의 장소들은 서서히 무관심 속에 사멸하고 있다. 전설적인 공간이 된 캘리포니아의 실리콘밸리는 일견 무한해 보이는 디지털 공간의 부를 캐려는 젊은 기업가들을 일확천금으로 유혹하고 있다.

이 모든 소란이 빚어낸 보이지 않는 부산물은 인터넷을 조금이라도 경험해본 모든 개인에게 또다른 디지털 자아가 생겨났다는 것이다. 검색엔진과 소셜미디어를 습관적으로 이용하는 사람들은, 어떤 측면에서 구식의 대면 접촉보다는 그들의 디지털 흔적으로 더 많은 사실을 알 수 있다. 인터넷은 그들의 지나가는 생각, 일상적인 사진, 그동안 써온 글, 그들이 한 말, 구입한 물건, 그리고 일부 사례에서는 그들의 어둡고 그늘지고 범죄적인 충동들까지도 기록하고 때로는 영구적으로 저장할 수 있다. 이처럼 다루기 힘든 우주에서 제왕노릇을 하는 것은 정부만이 아니다. 초기의 허풍과 달리 국가의 주권은 인터넷상에서 여전히 강력한 힘으로 남아 있지만 말이다. 새로운 소수의 데이터 지배자들은 사람들을 "읽고" 인간의 행동을 통제하는 능력이 국가에 버금간다. 구글, 마이크로소프트, 애플, 아마존, 페이스북, 트위터, 야후, 유튜브 외에 아직 그만큼 잘 알려지거나 어디에나 있는 것은 아닌 기업들도 있다.

인터넷 거버넌스는 이제 널리 알려진 정책 영역이다. 하지만 이를 주로 인터넷 접근에 가격을 매기는 문제로 보는 사람들은 엄청난 윤리적·법적 딜레마를 놓치고 있다. 바로 현실의 사람들이 디지털 자원을 가지고 실시간으로 행동하면서 생성된, 가상의 죽지 않는 주체와 집단 들을 통치하는 것과 관련된 딜레마들이다. 입법기관들은 부분적으로 경제성장과 기술발전을 저해할지 모른다는 우려에서 늑장 대응을 해왔다. 물질세계에 기초한 유추에 빠져 상상력이 제약된 법원들은 불완전하고 일관성 없는 판결을 내려왔다. 이러한 맥락에서 잊힐 권리에 대한 EU의 판결은, 비록 현실성이 떨어지고 여러모로 미비하긴 하지만, 올바른 방향을 가리키는 불빛으로 단연 돋보인다. 21세기에 인간이 된다는 것, 더 나아가 움직이고 변화하며 추적 가능하고 자기 의견을 고집하는 데이터 주체가 된다는 것이 어떤 의미인지에 대한 새롭고 창의적인 재구성을 향해서 말이다.

7장

누구의 지식이고, 누구의 재산인가?

사람들은 법과 윤리에 따라 어느 누구도 침범하거나 제거할 수 없는 권리를 갖는다. 우리는 인간 개인들을 존엄성을 지닌 온전한 존재로 간주한다. 개인은 자신의 신체적 자아, 소유물, 직접적 주위 환경을 부당한 공격이나 침입으로부터 지킬 권리를 갖는다. 이러한 개인의 권리는 국가의 헌법에서 유엔의 세계인권선언 Universal Declaration of Human Rights까지 매우 다양한 법적·윤리적 개념틀에서 존중받아야 하고 양도 불가능한 것으로 간주되고 있다. 이러한 점에서 사람들은 물건, 특히 소유할 수 있는 물건 혹은 재산과 분명히 다르다. 우리가 소유하는 물건들은 법에 의해 명시적으로 금지되어 있지 않은 한, 사용하거나 다 써버리고, 팔고, 맞바꾸고, 교환하고, 분할하고, 증정하고, 혹은 소유자 맘대로 부숴버릴 수 있다. 그러나 새로운 생물기술과 정보기술은 한때 상상할 수 없었던 방식으로 사람들이 사실상 자아의 일부를 나눠줄 수 있게 함으로써 개인과 재산 사이의 경계선을 헝클어뜨렸다. 우리 몸과 자아에서 유래한 재료들 — 유전자 같은 물리적 실체이든, 우리의 말과 거래의 디지털 기록이든 간에 — 의 지위는 어떤 것인가? 이 장에서 우리는 개인성의 기술적 분열과 확장이 제기한 몇몇 난제들과 그러한 도전에 대해 새롭게 나타나고 있는 대응들을 살펴볼 것이다.

불멸의 세포

이것은 현대판 스핑크스의 수수께끼 같다. 죽었지만 여전히 살아 있고, 이름이 붙어 있지만 여전히 이름이 없으며, 한 사람의 생명에 해를 입혔지만 많은 사람의 생명을 구할 수 있는 것은 무엇일까? 신약 발견을 추구하는 오늘날의 모든 생물학 실험실에서 물리적 형태로 찾아볼 수 있는 이것은 바로 인간의 "세포주"다. 종종 질병에 걸린, 유한한 생명을 가진 사람의 몸에서 뽑아냈지만 적절한 조건하에서는 영원히 살 수 있고, 인류에게 가장 두려운 쇠약성 질병들의 치료법으로 이어질 연구에 끝없이 재료를 공급하는 세포 군락 말이다.

보통의 세포들은 유한한 생명을 가지며 시간이 지나면 죽는다. 그러나 세포주 내의 세포들은 돌연변이를 겪어 심지어 인간의 몸 바깥에서도 무한정 분열하기 때문에 사실상 불멸의 존재가 되었다. 이처럼 왕성하게 증식하는 유전적으로 동일한 세포들은 현대의 생의학 연구에서 없어서는 안 되는 도구다. 세포주는 영속 가능할 뿐 아니라 복제를 해서 몇 곱절로 증식시킬 수 있다. 과학자들은 이처럼 풍부한 자원을 이용해 희소한 재료를 가지고 할 수 없었던 연구를 수행할 수 있다. 또한 연구자들은 유망한 치료법들을 세포주에 시험해봄으로써, 실험적 약이 수반할 수 있는 유독성 부작용에 살아 있는 사람을 노출하는 것을 피할 수 있다. 물론 결국에 가서 인체 사용 용도로 약의 승인을 받으려면 실제로 인간을 대상으로 한 시험을 거쳐야 하지만, 초기에 세포주를 활용하면 그 과정에서 아무에게도 해를 입히지 않고 좀더 유망한 경로를 덜 훌륭한 대안과 구분하는 것이 가능해진다. 하지만 어떤 사람의 몸에서 얻은 세포와 유전정보는 누가 소유하는가? 그것을 가지고 무슨 일을 할 수 있는지 누가 결정하는가? 그리고 만약 성공적인 치료법이 출현했을 때 누가 수익을 나눠 가질 것인가?

2013년 8월에 국립보건원^{NIH} 원장 프랜시스 콜린스와 정책 담당 부원장 캐시 허드슨은 특이한 사례 한건과 관련해 이처럼 대단히 기본적인 질문들 중 일부를 다루었다. 허드슨과 콜린스는 『네이처』에 기고한 논평에서, NIH와 한 흑인 여성의 가족이 맺은 보기 드문 합의를 설명했다. 이 여성은 다섯 자녀의 어머니로, 31세이던 1951년에 침습성 자궁경부암으로 세상을 떠났다.[1] 그녀의 이름은 헨리에타 랙스였고, 합의는 생의학 연구자들이 오랫동안 헬라^{HeLa} 세포로 알고 있던 세포주에서 얻은 그녀의 유전체에 관한 정보에 접근하는 문제와 관련돼 있었다. 합의 조건에 따라, 앞으로 연구자들이 랙스의 유전체 데이터에 접근하려면 그녀의 가족 구성원들이 포함된 심사과정을 거치게 됐다. 생명이 없는 과학적 도구인 헬라 세포주는 이런 식으로 개인성의 고전적 표지를 획득했다. 그 세포가 담고 있는 정보를 앞으로의 연구에 쓰기 전에, 그것의 원천이 된 사람의 살아 있는 대리인들이 충분한 정보에 근거한 동의를 제공할 권리다.

이러한 합의와 그 배경 사연은 의학연구의 연대기에서 독특한 사례에 속한다. 6장에서 본 것처럼 스탠퍼드 법학전문대학원 세미나에서 데이비드 리언 라일리를 헌법적 사안으로 만들지 않았다면, 그는 교도소에 갇힌 수많은 사람들 틈에서 또 하나의 길 잃은 영혼으로 남아 있었을 것이다. 마찬가지로 헨리에타 랙스는 21세기의 과학 저술가 리베카 스클루트가 그녀의 이야기를 부활시키고 그녀의 이름을 되살려내지 않았다면, 의학사의 각주로 남게 되었을 것이다.[2] 스클루트는 16세 때 지역 대학의 생물학 수업에서 헨리에타에 관해 처음 들었다. 그녀는 세포분열에 관한 강의에서 헬라 세포를 배웠다. 이 여성에 대한 그녀의 호기심은 학부에서 생물학으로 학위를 받는 과정에서 헬라 세포를 온갖 장소에서 — 과학 논문에서, 심지어 그녀 자신의 실험실 연구에서도 — 발견하면서 더욱 커졌다. 10년간의 집념어린 연구 끝에 스클루트는 기록적인 성공을 거둔 책 『헨리에타 랙스의 불멸의 삶』을 2010년 출간했다. 이 책은 가난하고 교육도 받지 못했지만 놀랍도록 활기가 넘치던 흑인 여성을 다루었다. 그녀는 불치병인 암으로 사망했지만, 그녀의 세포는 본인과 가족이 알지 못하고 동의도 하지 않은 채 채취되어 급성장하는 생의학 연구 분야에서 가장 유용한 도구 중 하나로 살아남았다. 일부의 추산에 따르면, 60년 동안 헬라 세포는 수십억 달러의 수익을 창출했고 6만건 이상의 과학 논문을 양산해냈다.[3]

헨리에타 랙스의 사연은 인종, 생명윤리, 경제사회적 불평등, 그리고 젊은 어머니의 때이른 죽음 등이 뒤엉킨 이야기로 미국 전역의 심금을 울렸다. 대부분의 사람들은 어떤 사람의 몸에서 채취한 조직이 그 사람이 죽고 나서 오랜 시간이 흐른 뒤에도 과학적 용도로 불멸화될 수 있다는 사실이나, 그러한 사용이 항상 기증자의 승인 혹은 동의를 필요로 하지는 않는다는 사실을 모르고 있었다. 스클루트가 말한 것처럼, 이 사례는 과거에 부당한 일이 저질러졌고 더 나아가 그에 대해 일정한 보상이 이뤄져야 한다는 인식을 절실히 요구하고 있었다. 결국 누군가는 헬라 세포를 이용한 연구로 부자가 된 반면, 헨리에타의 가족은 계속 가난하고 심지어 기본적인 의료 혜택을 받을 여유조차 없으니 말이다. 그러나 이 이야기는 헨리에타의 세포가 염기서열이 완전히 해독된 유전체로서 세번째 수명 연장을 할 수 있다는 전망이 생기면서 또다른 전환점을 맞았고, 이에 NIH가 예방 조치에 나서게 됐다.

세포는 물질적 사물이다. 실험접시 위에서 배양하고, 영양분을 주어 키우고, 독소에 노출시키고, 방사성을 띠게 만들고, 현대과학에서 이용 가능한 정교한 장치들을 써서 사진을 찍고 수를 헤아리는 것이 가능하다. 그러나 앞서 살펴본 것처럼 유전체 의학의 시대에는 세포가 정보의 보고로서 좀더 중요한 구실을 하기도

한다. 각각의 세포에는 그것의 원천이 된 살아 있는 존재(사람, 박테리아, 식물 등)의 유전체, 즉 유전암호 전체가 당연히 포함돼 있다. 그러한 정보는 진단 목적을 위해 쓰일 수 있다. 유전자와 그것의 원천이 된 생명체의 병리적 증상 사이의 연결고리를 연구하는데 쓰일 수 있다는 뜻이다. 예를 들어 인간의 경우 유전체 정보는 눈의 색깔이나 수학적 능력 같은 신체적·정신적 특징의 표지를 제공한다. 또한 어떤 사람이 이런저런 유전질환에 감수성을 갖는지 예측하는 기반이 된다. 유전자는 세대 간에 전달되기 때문에 어떤 사람의 유전체에 포함된 정보는 단지 그 사람뿐 아니라 가족 구성원에 관한 정보도 제공한다. 유방암과 난소암 위험을 크게 높이는 BRCA 유전자 돌연변이를 가졌다고 진단받은 여성의 자매, 어머니, 이모 역시 동일한 돌연변이를 보유해 동일한 위험에 감수성을 가질 수 있다. 이러한 의미에서 유전체 정보는 결코 온전히 개인적인 것일 수 없다. 이는 한 개인의 가족·씨족·부족·민족 공동체에 관한 정보이기도 한 것이다.

2013년 3월에 독일에서 으뜸가는 생의학 연구의 중심지 중 하나인 하이델베르크 소재 유럽분자생물학연구소European Molecular Biology Laboratory, EMBL의 라르스 슈타인메츠와 동료 과학자들은 헬라 세포 유전체의 서열을 해독해냈다. 스클루트의 책에서 이미 제기된 재산과 동의의 문제를 감안할 때, 미국 연구자들이 헬라 세포를 둘러싸고 소용돌이치는 생명윤리 논쟁에 눈을 딱 감고 뛰어들 것 같지는 않았다. 그러나 유럽의 슈타인메츠 팀이 바로 그 일을 해냈다. 자신들의 연구가 논쟁을 야기할 거라는 사실을 몰랐던 것 같은 그들은 헬라 유전체 서열을 온라인 의학 학술지『G3: 유전자, 유전체, 유전학』*G3: Genes, Genomes, and Genetics*에 발표했다. 자신들에게 자문을 구하지 않은 데 실망하고 분노한 랙스 가족은 스클루트의 강력한 지지를 등에 업고 *G3* 논문의 즉각적인 철회를 요구했다. EMBL 연구자들은 곧바로 요구에 따랐지만, 같은 시기에 워싱턴대학에 기반을 둔 미국 연구팀이 헬라 유전체에 관해 한층 더 상세한 데이터를 발표할 준비를 하고 있었다.[4] NIH 원장 프랜시스 콜린스는 과학 연구를 이끄는 지도자들이 포괄적인 해법을 찾아내지 못하면 과학에 위협이 될 거라고 보았다. 그가 과학이 법과 정책을 선도한다는 흔히 쓰이는 은유를 들고나왔다는 사실은 그리 놀라운 일이 못 된다. "헬라와 관련된 최근의 상황은 우리의 정책이 과학보다 수년, 아마도 수십년은 지체되어 있음을 실제로 보여준다. 이제는 따라잡을 때가 되었다."[5] 물론 현실에서 과학자들은 오래전부터 인간의 생물 재료들을 활용할 때의 적절한 행동과 부적절한 행동에 관해 비공식적으로 윤리적 판단을 내려왔고, 이 사례에서 NIH는 그저 그러한 관행을 좀더 공개적으로 이어간 것뿐이었다. 그 결과가 바로 앞서 언급한 역사적 합의였다. 미래의 연구자들이 헬라 유전체의 서열에 접근할 수 있게 허용하되, 랙스 가족이 참여한 심사 이후에만 그렇게 할 수 있게 정한 것이다.

헨리에타 랙스의 삶과 죽음을 둘러싼 것과 동일한 상황, 그리고 헬라 세포주의 놀라운 성장과 생명력은 두번 다시 되풀이되지 않을 것이다. 그럼에도 이 사례는 과학기술이 새롭게 돈이 되는 생산의 영역으로 진입할 때 나타나는 소유권과 통제의 우려스러운 문제들에 주의를 기울이게 한다. 무엇보다도 재산과 개인성 사이 어디에 경계선을 그어야 하는가? 여기에 더해, 사회는 어떤 발견과 발명에 보상을 해야 하며, 만약 발명가와 그외 새로운 지식 생산에 관여한 사람들이 수익을 공유할 경우 언제, 어떻게 해야 하는가? 이에 대한 답변은 부분적으로 지식재산권의 영역에 속한다. 그것이 규율하고자 하는 발명이라는 구역만큼이나 이해하기 어렵고, 전문적이고, 불완전하게 파악된 법률 분야 말이다. 또한 과학기술이 생물과 무생물, 인간과 비인간의 경계선을 가로지르는 존재를 만들어낼 때 무엇을 재산으로 간주할 것인지에 대한 관념의 변화에서 그에 대한 답변을 부분적으로 찾을 수도 있다.

발명에 대한 보상

왕과 정부가 발명가들을 독려하고 보상을 제공한 일은 인류 역사 초기부터 있었지만, 근대적 지식재산권의 기원은 종종 15세기로 거슬러올라간다. 근대 초기를 전후해서, 국가에 가치가 있는(나중에는 공공적 가치를 갖는) 뭔가를 발명한 사람에게 발명의 결실에 대한 독점적 권리 — 반드시 영구적인 권리는 아니었지만 — 를 부여해야 한다는 원칙이 등장하기 시작했다. 미국 공화국의 기틀을 다진 인물들은 그 원칙을 가슴에 깊이 새겼고 헌법에도 이를 포함시켰다. 헌법 제1조 8절에는 "연방의회는 다음의 권한을 가진다. […] 저작자와 발명자에게 그들의 저술과 발명에 대한 독점적인 권리를 일정 기간 확보해줌으로써 과학과 유용한 기술의 발달을 촉진한다"고 규정하고 있다. 그러한 권리를 실행에 옮기기 위해 의회는 1790년 미국 최초의 특허법을 제정했고, 1793년에는 행정적 부담이 줄어든 개정 법률로 이를 신속하게 대체했다.

미국의 국무장관으로서 초대 특허심사관 노릇을 했던 토머스 제퍼슨은 지식재산에 관한 독점이라는 관념을 특히 불편하게 여겼다. 아이디어와 발명에 대한 배타적 통제는 지식과 아이디어의 자유로운 공유를 자유민주주의의 주춧돌로 인식하는 그의 계몽사상적 상상력과 잘 부합하지 않았다. 1813년에 보스턴의 공장 소유주 아이작 맥퍼슨에게 보낸 널리 인용된 편지에서, 제퍼슨은 아이디어를 불에 비유했다. 불은 빛을 잃지 않고 한 사람에게서 다른 사람에게로 전달될 수 있다. "또한 그것의 특이한 성격은 어느 누구도 아이디어를 덜 소유하지 않는다는 점입니다. 다른 모든 사람들이 그것을 온전하게 소유하고 있기 때문이죠. 내게서 아이디어를 받는 사람은 내 것을 감소시키지 않으면서 자신을 위한 가르침을 얻습니다. 내 양초를 가지고 자기 양초에 불을 붙인 사람이 나를 어둡게 만들지 않고 빛을 얻을 수 있는 것처럼요."[6] 오늘날의 경제학 용어로 말하자면, 아이디어는 비경합재nonrivalrous good다. 한 사람이 사용한다고 해서 그것이 다른 사람들에게 갖는 효용성이 제한되거나 감소하지 않는다. 같은 편지에서 제퍼슨은 이렇게 썼다. 사회에 유용한 "아이디어를 추구하는 사람들에 대한 격려로서 그 수익에 독점적 권리를 줄 수" 있지만, 일반적으로 말하면 무제한적인 "독점은 사회에 이점보다는 곤란한 상황을 더 많이 만들어냅니다".

독점적 권리에 시간제한을 두는 것 이외에 — 이는 벤저민 프랭클린 같은 사람들이 선호했던 방식이었다 — 미국 지식재산법은 특허가 비용보다 이득을 더 많이 가져다줄 수 있도록 하는 추가 조항들을 담았다. 가장 중요한 것은 특허를 받을 수 있는 대상의 종류에 제한을 둔 것이었다. 전문용어로 "특허대상"patentable subject matter이라 불리는 이 목록은 1793년 특허법에서 "모든 새롭고 유용한 기술, 기계, 제조물 혹은 조성물"과 그러한 항목들에 대한 새롭고 유용한 개량을 포함했다.* 제퍼슨 자신이 "조성물"composition of matter이라는 용어를 도입한 것처럼 보인다. 이전에는 이 용어가 미국 특허법에 나오지 않았다.[7] 이 목록은 그 정의상 자연에 존재하기 때문에 인간 창의성의 산물로 간주될 수 없는 물건은 제외하며, 이미 알려져 있어 새롭거나 유용하지 않은 물건도 포함하지 않는다. 맥퍼슨에게 보낸 편지에서 제퍼슨은 이미 특허를 받은 것과 응용, 재료, 형태만 조금 다를 뿐이기 때문에 특허가 가능하지 않은 발명에 관해 길게 설명을 늘어놓았다. 그처럼 소소한 변경은 진정한 사회적 가치가 있는 창의성을 촉진하고 이를 보상하려는 특허법의 중심 목표를 충족하지 못할 것이다.

제퍼슨 시절 이후 특허를 허용하고 이에 이의를 제기하는 절

• 1790년 특허법에는 "모든 유용한 기술, 제조물, 엔진, 기계 혹은 장치, 혹은 이전에 알려지거나 사용되지 않은 그것의 모든 개량"으로 목록이 조금 더 길었다.

차들은 원형을 찾아볼 수 없을 정도로 변화를 겪었다. 1982년 모든 특허 항소를 심리하는 12명의 전담 판사들로 구성된 연방순회 항소법원Court of Appeals for the Federal Circuit, CAFC이 새로 설립되면서 중요한 제도 개혁이 있었다. 그러나 특허법의 특허대상 구절은 "기술"art 대신 "방법"process이라는 단어가 쓰인 것을 빼면 18세기에 제정된 원문과 놀라울 정도로 유사하게 유지되고 있다.

모든 새롭고 유용한 방법, 기계, 제조물 혹은 조성물 또는 이들의 새롭고 유용한 개량을 발명하거나 발견한 자는 누구든지 이 법률의 조건 및 요건에 따라 그것들에 대한 특허를 받을 수 있다.[8]

이에 추가해 특허법은 발명이 자명하지 않아야nonobvious 한다고 규정하고 있다. 다시 말해 관련 분야의 최신 동향에 정통한 사람이 기존의 발명에서 즉각적으로 이끌어낼 수 없는 것이어야 한다는 뜻이다. 특허대상을 정의하는 용어들에 더해 세개의 핵심적인 법률 용어들 — "새로운" "유용한" "자명하지 않은" — 이 갖는 의미는 과학과 산업의 변화하는 조건들에 맞추어 지속적으로 재해석되어왔다. 민주적 가치의 견지에서 특히 중요한 것은 생명공학과 관련된 발전들이다. 헨리에타 랙스의 이야기가 보여주는 것처럼, 생명의 일부에 대한 소유권을 포함한 사례들은 자유로운 과학 탐구, 기술적 창의성, 그리고 인간 생명의 신성성과 온전성의 요구 사이에서 적절한 균형을 맞추는 것을 두고 골치 아픈 윤리적 질문들을 제기한다.

몸, 세포, 자아

NIH와 랙스 가족의 역사적 타협, 그러니까 헬라 세포가 과학 실험실에서 계속 유통될 수 있게 하되 그 세포의 정보적 내용에 대한 접근은 통제하는 계약은 독특한 상황에서 도출된 것이었다. 이는 미국의 최고 과학자들이 영영 잊어버리기를 바랐던 생의학 연구에서의 지배와 차별의 패턴을 다시금 고통스럽게 상기시켰다. NIH의 지도자들은 단호한 태도로 이 결정을 상업이 아닌 윤리에 대한 응답으로 간주했다. 몇몇 가족 구성원들이 보상 문제를 거론하긴 했지만, NIH-랙스 계약에서 돈이 오고 가지는 않았다. 그러나 모두가 랙스 사례를 독특한 것으로 보아야 한다는 데 의견을 같이했다. 이는 일반화할 수 있는 사례가 아니었다. 실제로 NIH의 부원장인 허드슨은 "이것이 선례가 되지는 않을 것"이라고 강조하기도 했다.[9]

결국 헬라 합의는 5장에서 미해결 상태로 남은, 좀더 널리 퍼진 문제에 대해 어떤 일반적인 답변을 제공하지 못했다. 추출된 생물 재료는 누구에게 속하는가, 그리고 그것을 활용해 도출될 수 있는, 의학적으로 유용한 파생물에서 수익을 얻을 자격이 있는 사람은 누구인가? 온갖 종류의 의학적 과정이 환자의 몸에서 세포와 조직 — 가령 피, 오줌, 침, 혹은 외과적으로 제거된 장기에서 얻은 조직 — 을 채취한다. 미국 전역의 바이오뱅크들은 그러한 인체유래물을 수억개나 보관하고 있다. 이는 유전자분석이 용이해지기 훨씬 전에, 따라서 생물학과 데이터 혹은 정보 사이의 경계선이 무너지기 전에 수집된 것들이다. 초기에 소유권에 관해 경계를 탐색하는 질문들이 일부 제기됐지만, 이는 건별로 주 법원들에서 해결되었고 일관된 공공정책으로 모이지 못했다. 그 결과 인간의 생물학적 시료에서 추출한 정보의 지식재산권을 법이 어떻게 관장해야 하는지는 여전히 흐릿한 채로 남게 되었다.

시험대에 오른 초기 사례는 1970년대 캘리포니아에서 등장했다. 1976년 시애틀의 사업가 존 무어가 캘리포니아대학 로스앤젤레스캠퍼스UCLA로 가서 털세포 백혈병 치료를 받았을 때, 그의 나이는 겨우 31세였다. 그는 희귀암인 털세포 백혈병으로 비장이 부풀어 거의 죽을 뻔했다. 데이비드 골디 박사가 이끄는 UCLA 의사들이 그의 비장을 제거해 목숨을 구할 수 있었다. 그러나 그들은 무어에게 알리지 않은 채로, 그의 몸에서 채취한 조직에 관한 연구를 계속했고, 이를 모Mo라는 이름의 특허받은 세포주로 발달시켰다. 무어는 이후 7년 동안 정기적으로 후속 검사를 받았지만, UCLA 연구자들이 갑자기 그의 조직에서 유래한 산물에 대한 모든 권리를 포기한다는 동의서에 서명할 것을 고집하기 시작하면서 점차 의심을 품게 됐다. 이 시점에 이르러 그는 비로소 모 세포주와 그외 다른 특허들에 기반한 UCLA 연구자들의 상업적 이해관계에 대해 알게 됐다.[10] 결국 무어는 전례를 찾아볼 수 없는 근거를 들어 대학과 자신을 치료한 의사들에게 소송을 걸었다. 자신의 병든 비장을 제거하고 그것으로 연구하는 과정에서 그들이 자신의 재산을 훔쳐 나름의 용도에 썼다는 것이었다.

캘리포니아 법원은 무어의 소송이 제기한, 심원한 도덕적 중요성을 가진 질문들을 다뤄달라고 요청받은 적이 없었다. 우리의 몸과 자아 사이의 관계는 무엇인가? 우리의 몸은 물질적 재산이고, 따라서 우리가 그것이 어떻게 될지 완벽하게 통제할 수 있는가? 아니면 우리는 자율적 행위주체로서 의학적 절차 같은 신체적 침습에 동의할 권리를 가질 뿐, 절제된 조직이나 그외 잔여물을 어떻게 할지 지시할 권리까지 가져서는 안 되는가? 1990년 캘리포니아 대법원은 존 무어가 "소유"라는 용어의 그 어떤 일상적 의미에서도 암에 걸린 자신의 세포들을 소유하지 않으며, 따라서 생의학 연구를 위해 이를 절제해 활용한 것은 불법이 아니라고 판결했다.[11] 골디 박사와 대학이 실수를 저지른 지점은 그들이 가진 상업적 이해관계를 사전에 밝히지 않았고, 결과적으로 무어가 사실상의 연구 피험자로서 역할한다는 동의를 얻지 않았다는 것이었다. 7년에 걸친 소송 끝에 무어는 그러한 실수에 대한 형식적인 보상만 받았다. 그는 이후 20년 동안 환자의 권리를 옹호하는 대변자가 되었고 56세가 되던 2001년에 암으로 사망했다.

개인의 자율성, 신체적 온전성, 의사와 환자 관계, 상업적으로 이익이 있는 발명 사이의 어지러운 경계선을 잘 보여주는 또다른 사례가 1980년대 미주리주 세인트루이스에 있는 워싱턴대학에서 발생했다.[12] 저명한 전립선 외과의로서 워싱턴대학에 오래 봉직해온 윌리엄 캐털로나 박사는 여러해에 걸쳐 수천명의 환자들을 치료하면서 그들에게서 연구에 참가하겠다는 동의서를 받았다. 환자들은 캐털로나가 책임을 맡고 있는 연구를 위해 그들의 조직 검체를 보관해도 좋다는 데 동의했다. 2001년에 캐털로나는 한 생명공학 회사에 접근해 검체 중 일부를 제공하는 댓가로 전립선암에 대한 유전자검사를 평가할 때 도움을 얻으려 했다. 그의 계획을 전해 들은 대학의 기술관리국은 횡재를 얻을 잠재적 기회를 보았고, 워싱턴대학에 더 많은 경제적 수익을 안겨주도록 계약을 협상하고자 했다. 캐털로나는 자신의 계획에 대학이 간섭하자 불만을 품었고, 2003년 워싱턴대학을 떠나 노스웨스턴대학으로 옮기기로 하면서 조직은행의 일부를 같이 가져가기 위한 준비 작업에 착수했다. 그는 6만명에 달하는 워싱턴대학 연구 참가자들에게 편지를 보내 다음과 같은 문구가 포함된 반출 동의서에 서명해달라고 요청했다.

나는 윌리엄 J. 캐털로나 박사의 연구를 위해 조직이나 혈액 검체를 기증했습니다. 캐털로나 박사가 요청하면 내 검체 모두를 노스웨스턴 대학으로 반출해주시기 바랍니다. 나는 이 검체를 캐털로나 박사가 지휘하고 명시적으로 동의한 연구 프로젝트에만 활용하도록 맡겼습니다.

캐털로나는 6천건의 검체를 반출받았지만 다시 한번 대학이 개입했고, 이번에는 검체의 이전을 막고 보관된 신체물질의 소유권을 얻기 위해 소송을 제기했다.

5년에 걸친 법정 다툼 끝에 연방 제8순회항소법원은 대학의 손을 들어주는 판결을 내렸다.[13] 법원이 판단한 주된 질문은, 자신의 생물학적 검체를 연구기관에 의학연구용으로 알고 기증한 사람들이 소유권을 제3자에게 이전할 어떤 권리를 보유하고 있는가 하는 문제였다. 법원의 답변은 그렇지 않다는 것이었다. 참가자들은 연구에 참가할 때 서명한 동의서 양식에 따라 워싱턴대학에 자발적으로 선물한 것이라고 법원은 결론지었다. 그들이 여전히 보유한 유일한 권리는 추가적인 연구에 대한 동의를 철회하고 자신의 검체를 파기하도록 요구할 수 있는 권리였다. 검체를 캐털로나 박사에게 다시 보내는 것은 가능한 선택지가 될 수 없었다.

미국은 일부 국가들과 달리 인체유래물의 소유권과 관련해 어떠한 포괄적인 국가정책도 제정하지 않았다.[14] 하지만 조직의 소유권을 다룬 주 법원의 판결들을 한데 모아보면, 신약 발견과 상업적 수익으로 이어질 수 있는 연구가 생물학적 검체를 보호하려는 개인의 이해관계보다 상위의 가치를 지녔다고 간주되는 데서 우선순위의 척도를 엿볼 수 있다. 하나의 주에서 내린 법적 판결이 다른 주에서 공식적 구속력을 지니지는 않지만, 무어 판결은 캐털로나 소송에서 제8순회항소법원의 사고에 영향을 주었다. 무어, 캐털로나, 이와 관련된 몇몇 소송은 연구 참가자들이 자신의 신체 시료에 대해—거기에서 유래한 정보나 산물은 말할 것도 없고—거의 권리를 갖지 못하는 결과를 만들어냈다. 결국 병에 걸린 몸에서 채취된 재료는 그저 물질에 불과하며, 개별 환자의 통제하에 있는 물질이 아니다. 이미 본 것처럼, 경계선을 긋는 이러한 방식은 기술의 진보를 저해할 수 있다는 우려에서 그 정당성을 찾았다. 이와 같은 우려는 생물학과 지식재산에 관한 폭넓은 법적 판결들에서 중대하게 부각되고 있다. 심지어 법원들이 인간의 자아를 판매 가능한 상품으로 바꾸는 과정에서 도를 넘는 행위가 자행되고 있다고 보고 이를 억제하려 할 때조차 말이다.

특허를 위한 생명의 재발명

초기 특허법의 틀을 정한 사람들은 "모든 새롭고 유용한 기술, 기계, 제조물 혹은 조성물"을 특허대상으로 열거했을 때 무엇을 염두에 두고 있었을까? 그들이 제시한 사례는 어느정도 길잡이가 될 수 있다. 토머스 제퍼슨은 맥퍼슨에게 보낸 편지에서 자신의 논증에 대한 예시로 가장 가정적인 물건들을 들었다. 모자, 신발, 빗, 양동이, 곡물을 빻고 농사를 짓는 도구들 등, 모두 실용적이고 전적으로 생명이 없는 것들이다. 특허법 제정 이후 초기에 승인된 특허들을 보면 초기의 의원들이 어떤 것을 적절한 특허대상으로 간주했는지 좀더 엿볼 수 있다. 1790년 7월 31일에 제1호 미국 특허를 취득한 사람은 칼륨 기반의 산업화합물인 칼리potash와 진주회pearl ash를 만드는 새로운 용구와 과정을 개발한 새뮤얼 홉킨스였다. 첫해에는 다른 특허 두건이 승인되는 데 그쳤다. 하나는 양초를 만드는 새로운 방법에 대한 것이었고, 다른 하나는 원기왕성한 발명가이자 아이작 맥퍼슨의 적수이던 올리버 에번스가 자동 제분소에 대해 받은 것이었다. 이러한 물건과 과정들이 특허가 가능하다는 데는 의심이 제기되지 않았고, 그것의 유용성에 대해서도 마찬가지였다. 확인될 필요가 있는 것은 그것의 신규성뿐이었다. 특허 시스템을 둘러싼 초기의 갈등이 대부분 비용과 지체되는 시간 때문이었다는 사실은 그리 놀라운 일이 못 된다. 발명가들은 신규성 주장을 입증하는 데 소요되는 비용과 시간 때문에 짜증이 나고 참을 수 없다고 여겼다.

그러나 20세기의 마지막 4분기가 되자 산업생산은 전통적인 기계, 화학물질, 강철, 그외 일상적으로 쓰이는 하드웨어와 연관된 것을 넘어서 살아 있는 생물학적 존재를 포괄하게 됐다. 자연에 대한 설계는 일각에서 말하는 두번째 산업혁명의 중심 항목을 이뤘고, 나중에는 나노기술, 인지과학, 정보기술의 진전까지도 포괄하게 됐다. 새로운 종류의 가치있는 상품들이 출현했고 무엇을 특허대상으로, 더 나아가 좀더 일반적인 차원에서 무엇을 재산으로 간주할 것인지에 대한 좀더 오래된 개념들에 긴장을 유발했다. 몇몇 질문을 해소하기 위한 법적 판결이 등장했지만, 발명가들의 주장이 뿌리 깊은 문화적 기대 — 생명의 어떤 측면들은 사적 소유권 주장의 대상이 되어서는 안 된다는 — 와 충돌하면서 새로운 질문들이 제기됐다.

생명에 대한 특허

인도 서벵골주에서 태어나고 교육받은 미국의 생화학자 아난다 M. 차크라바티는 1970년대 초 뉴욕주 스키넥터디에 있는 제너럴일렉트릭General Electric, GE 연구소에 합류했다. 이곳에서 그는 석유에 있는 탄화수소 혼합물을 분해할 수 있는 박테리아를 설계하는 연구를 시작했다. 차크라바티는 박테리아가 석유를 분해할 수 있게 하는 유전자가 박테리아의 염색체가 아니라 플라스미드로 알려진 DNA 고리에 있다는 사실을 발견했다. 플라스미드는 생명체들 사이에 이전시킬 수 있다는 특징이 있다. 박테리아의 플라스미드를 가지고 작업한 결과는 이내 결실을 맺었다. 차크라바티는 석유를 분해하는 새로운 변종 슈도모나스 박테리아를 만들어냈다. 이는 네개의 기존 박테리아 균주의 플라스미드에서 나온 DNA의 융합된 조각들을 포함하고 있었다.

GE의 상사들은 그의 성취를 전해 듣고 산업연구소에서 흔히 하는 일을 하라고 권고했다. 발명을 특허로 출원하라는 것이었다. 다만 박테리아는 GE의 통상적인 생산라인에서 많이 벗어나 있었다. 차크라바티는 역사가 대니얼 케블레스에게, 아마도 제약회사였다면 "자연의 산물"에 대한 예외조항을 의식해 살아 있는 생명체의 특허 출원을 망설였을 거라고 말했다. 이에 따르면 자연에서 발견되는 사물에 대해서는 어떤 특허도 부여될 수 없다. 그러나 GE에서 이 사례를 담당한 특허 변호사 리오 I. 맬로시는 "냉장고, 플라스틱, 제트엔진, 핵발전소 같은 항목들에 관한 특허신청을 출원하는 데 익숙했고, 만약 뭔가 새롭고 유용한 것을 발명했다면 법적으로 제기할 수 있는 모든 주장을 포괄할 수 있는 특허를 받을 자격이 있다고 생각했다".[15] 맬로시는 단호하게 일을 추진했지만, 이 과정에서 미국특허청U.S. Patent and Trademark Office, USPTO과 나중에는 법원을 설득해야만 했다. 특허법의 목적에 비춰봤을 때 인간이 만들어낸 박테리아는 그동안 GE가 개발한 유용한 기계 목록에 있는 다른 어떤 항목과도 다르지 않다고 말이다.

차크라바티의 특허권 주장은 1980년 대법원에 이를 때까지 롤러코스터처럼 불확실성 속에서 출렁거렸다. 처음에 특허청은 현행법하에서 살아 있는 생명체를 특허낼 수 없다는 근거를 들어 그의 주장을 거부했다. 이어 이 사건은 오늘날의 연방순회법원의 전신인 관세 및 특허 항소법원Court of Customs and Patent Appeals으로 올라갔고, 이곳에서 두번에 걸쳐 심리가 열렸다(그사이에 수학적 알고리즘이 특허 가능한지에 관한 대법원 판결이 있었다). 두번 모두 항소법원은 특허청의 결정을 뒤집어 차크라바티의 특허권 주장을 인정했다. 그러자 특허청장이 다시 대법원에 상고했고, 결국 대법관들은 그 어떤 법 조항도 차크라바티의 미생물에 대한 특허 승인을 금하고 있지 않다며 5 대 4로 원심을 유지하는 판결을 내렸다. 다이아몬드 대 차크라바티 판결[16]에서 다수의견은 생명체와 비생명체의 차이가 발명가의 제품 특허 청구와 아무런 상관도 없다고 결론 내렸다. 대법원은 1952년의 의회 보고서를 인용해 특허대상 문구에 대해 사실상 무제한의 해석을 받아들였다. "인간이 만든 것이라면 태양 아래 그 어떤 것"에 대해서도 특허할 수 있다는 것이었다.

대법관들의 다수의견이 특허대상을 무생물로 제한하려 하지 않은 이유로 법정조언자amicus curiae들의 논증에서 나온 강력한 지지가 있었다. 특히 영향력이 있었던 것은 제넨테크Genentech가 제출한 법정의견서였다. 제넨테크는 유전자접합, 즉 DNA 재조합 rDNA 기법의 공동 발견자인 허버트 보이어가 세운 생명공학 창업

회사였다. 제넨테크가 후원한 연구는 1978년에 실험실에서 만들어낸 최초의 인간 인슐린 생산으로 이어졌다. 과학자들은 rDNA 기법을 써서 인슐린 생산 유전자를 합성한 후 이를 대장균에 삽입했다. 그러자 대장균이 인슐린을 만드는 살아 있는 "공장"의 역할을 했다. 이 과정은 소와 돼지의 췌장샘에서 인슐린을 추출하던 이전의 방법에 대안을 제시했다. 이러한 과정 변화는 더 값싸고 풍부한 인슐린을 만들어내리라는 기대를 모았다.

대법원에 제출한 제넨테크의 의견서는, 차크라바티의 박테리아와 법이 마땅히 그 존엄성을 보호하려 애쓰는 종류의 생명 사이에 별다른 유사성이 없음을 보이고자 했다. 이 회사는 사실 요청된 특허가 심지어 살아 있는 존재가 아니라 박테리아 세포 내부의 플라스미드 — 생명이 없는 DNA 고리 — 에 관한 것이라고 주장했다. 플라스미드는 "조성물"이라는 구절이 온당하게 적용될 수 있는 "죽은 화학물질"임이 분명했다. 여기에 더해 제넨테크는 특허청이 플라스미드와 짚의 혼합물에 대해서는 특허를 승인할 의사가 있는 듯 보인다고 지적했다. 박테리아 내부의 플라스미드는 어떤 점이 그렇게 다르다는 말인가? 의견서는 수사적인 질문을 던졌다. "생명이 없는 지푸라기 안에 있는 살아 있는 생명체에는 특허를 내주지만 미생물 안에 있는 생명이 없는 화학물질의 경우에는 이를 금지하는 것이 의회가 의도했던 바라고 말할 수 있을까? 우리는 어리석은 짓에 가까운 구별짓기를 시작하고 있는 것일까?"[17]

그러한 상식에의 호소는 법정에서의 지배적 의사결정 문화와 잘 부합했다. 관습법 판사들은 점진적 논증을 받아들이는 경향을 띠며, 추측에 근거해 먼 미래를 내다보거나 이에 개입하는 데 법정의 권위를 이용하는 것을 좋아하지 않는다.[18] 법원의 관점에서 그와 같이 미래예측에 기반을 둔 정책결정 기능은 의당 입법부에 속해야 한다. 반면 법은 판례를 되돌아보는 일을 하며, 앞을 내다볼 때는 주로 즉각적이고 쉽게 상상할 수 있는 피해를 막고자 하는 경우다. 따라서 차크라바티 판결의 다수의견이, 제러미 리프킨의 논증보다 제넨테크의 논증이 좀더 설득력이 있다고 본 것은 충분히 예상 가능한 결과다. 이 시기에 유전공학의 무제한적 발전을 가장 소리 높여 비판한 제러미 리프킨은 좀더 동떨어져 있고, 디스토피아적이고, 대법관들이 보기에 정치적인 고려를 강요하는 듯했다. 리프킨이 이끄는 조직인 민중기업위원회People's Business Commission, PBC는 법정의견서에서, 살아 있는 그 어떤 것에 대한 특허 허용도 필연적으로 좀더 광범위한 생명의 상업화로 이어질 거라고 경고했다. "만약 미생물에 대한 특허가 승인된다면, 좀더 고등한 생명 형태로 특허를 확대하지 못하게 할 과학적 혹은 법률적으로 실행 가능한 '생명'의 정의는 존재하지 않는다."[19] 대법원은 이러한 미끄러운 경사길 전망을 거부했고, 의견서 첫줄에서 자신들의 유일하고 협소한 관심사는 "특허법 101조하에서 인간이 만들어낸 살아 있는 미생물이 특허대상인지 여부를 판단하는" 것이라고 주장했다.

상황이 분명해진 지금에 와서 돌이켜보면, 여러가지 측면에서 리프킨의 입장이 선견지명이 있던 것으로 보인다. PBC가 예측했

듯 차크라바티 판결은 좀더 고등한 생명 형태에 대한 특허 출원의 길을 열어주었다. 일단 생명과 비생명 사이의 구분선은 특허 대상 여부에 아무런 상관도 없다는 판결이 내려지자, 굴, 생쥐, 혹은 더 큰 포유류에 대한 특허를 거부할 좋은 이유를 찾기가 어려워졌다. 미국특허청이 조심스럽게 일을 처리해나간 것은 분명하다. 특허청은 한참을 기다린 후에 온코마우스Oncomouse에 대한 특허를 1988년이 되어서야 승인했다. 온코마우스는 하버드대 연구자들이 유전자조작을 통해 암에 잘 걸리도록 만든 실험동물로서, 항암제 시험에서 엄청난 잠재적 가치를 갖고 있었다. 이에 대해 대중의 항의가 빗발치고 의회의 부정적 반응이 우려되자 정부는 동물 특허에 대해 자발적인 5년간의 일시중단 조치를 취했고, 1993년에야 이를 재개했다.[20] 그때 이후로 미국은 유전자조작 동물에 수백건의 특허를 부여했다. 하지만 모든 나라들이 그러한 선례를 따른 것은 아니었고, 그 정도로 무절제한 열정을 가지고 특허를 내준 나라는 하나도 없었다.

유럽특허청European Patent Office, EPO 역시 동물 특허를 허용하고 있지만, 특허가 공서양속ordre public(이 용어는 프랑스어로 "공공질서"public order를 의미하지만, 특허 맥락에서는 종종 "도덕"morality으로 번역되곤 한다)에 저촉되어서는 안 된다는 유럽 법률의 제약을 받고 있다.[21] 유럽특허청은 도덕 관련 문구를 감안해 발명에서 주장되는 이득과 그에 수반되는 부정적 결과(동물이 겪는 고통, 환경에 대한 부정적 영향, 대중의 도덕적 우려 등)를 견주어보아야 한다. 두개의 특허 신청 사례 — 하나는 승인되고 다른 하나는 거부됐다 ── 를 살펴보면 그러한 균형잡기가 미친 영향을 엿볼 수 있다. 첫째는 하버드 온코마우스에 대한 유럽특허와 관련돼 있는데, 유럽특허청은 여러차례에 걸친 평가 끝에 2004년 이를 승인했다. 하지만 특허는 생쥐에 국한되었고 다른 비인간종들은 배제했다. 둘째 사례는 업존사^社가 만들어낸 털 없는 생쥐와 관련돼 있었다. 이는 모발 치료와 양털 성장에 쓰이는 제품을 시험하는 데 활용됐다. 유럽특허청은 온코마우스의 경우 잠재적인 의학적 이득이 있다고 본 반면, 여기서는 생쥐에 미치는 영향을 상쇄할 만큼의 이득이 없다고 보고 특허 승인을 거부했다.

2002년 캐나다 대법원은 또다른 길을 택했다. 하버드 온코마우스에 대한 특허를 거부함과 동시에 모든 고등동물에 대한 특허에도 폭넓게 반대하는 판결을 내린 것이다. 그러한 판결은 특히 흥미로운데, 그 이유는 캐나다가 특허대상을 정의할 때 미국과 사실상 같은 언어를 사용하기 때문이다(캐나다는 "방법, 기계, 제조물 혹은 조성물"과 함께 "기술"이라는 단어도 계속 남겨두고 있다). 그러나 캐나다 대법원의 다수의견은 동물을 그저 또다른 "조성물"과 같이 취급해야 한다는 미국의 관점을 따르기를 거부했다. 생쥐, 심지어 온코마우스도 그것의 유전적 조성을 넘어서는 성질과 특성을 가지고 있다고 법원은 결론 내렸다. 이러한 관점에 따르면 동물은 제넨테크가 죽은 화학물질이라고 이름 붙인 것에 적용되는 각본을 단순히 조작하고 있는 것이 아니다. 그 대신 "생쥐가 암에 잘 걸리는 성질이 있어 인간에게 가치있다는 사실이 곧 생쥐가 동물의 다른 생명 형태들과 함께 오로지 그것이 구성된 유전물질을 준거로 해서 정의될 수 있다는 의미는 아니다."[22]

캐나다 법원은 특허를 받을 수 없는 고등동물과 특허가 가능한 하등 생명체를 나누는 기준을 다루지는 않았고, 그러한 기준이 다른 어딘가에서 자세히 설명된 적도 없다. 우리가 아는 사실은 캐나다에서 박테리아는 특허가 가능하지만 생쥐는 그렇지 않다는 것뿐이다. 좀더 관대한 미국의 특허 체제에서도 인간은 특허의 적용 범위 바깥에 ── 얼마나 바깥에 있는지는 아직 정의되지 못했지만 ── 있다. 이 문제는 좀더 첨예해질 가능성이 높다. 생물학 연구에서 인간의 줄기세포를 설치류 같은 동물에 삽입해 일부 얻어진 새로운 인간-동물 잡종, 즉 키메라가 만들어지고 있기 때문이다. 1997년에 제러미 리프킨은 뉴욕 의대의 발달생물학자 스튜어트 뉴먼과 팀을 이뤄 미국특허청이 키메라의 특허 가능성에 대해 분명한 선을 긋도록 자극했다. 그들은 그러한 잡종을 만드는 몇가지 제안된 방법들에 기반해 인간과 침팬지 사이의 가상의 교배종 ── 휴먼지humanzee[23]로 이름 붙여졌다 ── 에 대한 특허를 출원했다. 미국특허청은 1999년에 처음으로, 이어 2005년에 다시 한번 그들의 특허출원을 기각했는데, 두번째는 입법부의 권위에 의거해 조치를 내렸다. 2004년 미국 의회는 예산지출 법안에 수정조항을 덧붙여, "인간 생명체를 겨냥하거나 이를 포괄하는 주장에 대한 특허 부여에" 연방 자금을 사용하지 못하도록 금지했다. "겨냥하거나 포괄하는"이라는 단어의 정확한 의미는 불분명하지만, 미국특허청은 뉴먼이 설명한 휴먼지가 인간과 충분히 가까워서 의회가 금지한 범위에 들어간다고 말했다.[24]

유전자 특허의 철회

앞서 본 바와 같이, 자연에 존재하는 사물은 특허를 받을 수 없다는 것이 특허법에 확립된 원칙이다. 이러한 논리에 따르면 이미 거기 있는 뭔가를 단지 찾아내는 것은 진보성을 갖지 않으며, 이를 발견한 사람에게 어떤 특별한 소유의 권리를 부여해서는 안 된다. 이뿐만 아니라 이전에 기록되지 않은 나무나 새로운 종류의 원석原石을 발견했다고 해서 그러한 종류의 모든 나무나 원석을 소유할 권리를 부여해서도 안 된다. 그러나 생명공학은 이러한 원칙의 한계를 시험했다. 자연에서 찾을 수 있지만 오직 혼합되거나 불순한 형태로만 존재하는 물건을 분리 및 정제하거나, 복잡한 실체를 좀더 기본적인 재료들로부터 합성하는 기법들이 생겨났기 때문이다. 정제와 합성 과정은 의문의 여지없이 특허가치를 갖고 있지만, 발명가와 창업회사 들은 가치있는 단백질의 암호를 담은 DNA의 분리된 가닥이 "자연의 산물"이 아니며 마찬가지로 특허가 가능해야 한다고 주장했다. 그러한 시각을 뒷받침하기 위해 법원과 회사들은 영향력 있는 판사 러니드 핸드가 1911년에 내린 판결을 인용했다. 이는 동물의 분비샘에서 정제된 아드레날린에 관한 특허를 인정한 판결이었다.[25] 1990년대 초가 되자 미국특허청은 분리되거나 합성된 DNA 서열에 관한 특허를 일상적으로 승인하고 있었고, 이 중에는 인간의 유전자도 포함되었다. 생명공학 회사들은 이러한 특허들로 엄청난 수익을 거두었다. 이는 분리된 유전자에 기반해 진단 검사와 그외 다른 제품들을 개발할 수 있는 독점적 권리를 그들에게 부여했다. 그러한 정책이 과거로 회귀할 거라고 예상한 사람은 거의 없었다.

미국시민자유연맹American Civil Liberties Union, ACLU에 소속된 타냐 시몬첼리는 상황을 다르게 판단했다. 제약회사에 속한 변호사들이 발을 내딛기를 우려했던 바로 그 지점에서 GE의 변호사 맬로시가 일을 계속 밀고 나갔듯이, 마찬가지로 공식적인 법률 훈련을 받지 못한 시몬첼리는 법의 고정성을 미리 내다보고 낙담하지 않았다. 2003년 그녀는 뉴욕에 본부를 둔 ACLU에 이 단체의 초대 과학 자문위원으로 합류했다. 시몬첼리는 새로운 (그리고 아직 제대로 정의되지 못한) 직책에 취임했을 때 코넬대학 학부 시절부터 여러해에 걸쳐 공익운동에 헌신한 경험이 있었고, 아울러 생명공학과 관련된 정책 쟁점에 특별한 관심과 경쟁력을 갖추고 있었다. 그녀는 생물학과 사회 전공의 일부로 내가 담당한 과학과 법 강의를 수강하며 다이아몬드 대 차크라바티 판결에 관해 읽은 후부터 생체의 상품화와 상업화 경향이 확대되는 것을 지켜보며 경악했다. 그녀는 인간 유전자에 대한 특허가 잘못되었으며, 특허법의 복잡한 세부사항들에 현혹되지 않은 가장 분별있는 사람들은 자신과 관점을 공유할 거라고 확신하게 됐다. ACLU에서 그녀는 자신의 직감을 시험해보기로 마음먹고 일견 뒤흔들 수 없을 것처럼 보이던 법률적 원칙을 공격하기 위해 강력한 동맹군들을 끌어들였다.

당시 ACLU의 선임 변호사이던 크리스 핸슨은 회사들이 인간 유전자를 특허내고 있다고 시몬첼리가 처음 알려줬을 때 이를 믿을 수가 없었다. "말도 안 돼!"라는 반응을 보였다고 그는 기억했다. "누구한테 소송을 걸면 될까?"[26] 이 질문에 대한 답은 그리 간단치 않은 것으로 드러났다. 핸슨은 법정 소송에 경험이 많았지만 특허 변호사는 아니었다. 그가 시몬첼리와 협력해 제기한 법정 소송에서 승리를 거두기까지 7년의 시간이 소요됐다. 핸슨이 즉각적으로 알아본 첫번째 도전은 유망한 피고—소송을 걸 대상—를 찾는 것이었다. 그러나 법원에서 인정하고 받아들일 만한 원고들을 준비시키는 것은 쉬운 일이 아니었고, 재판에서 전문적 논증을 쌓아올리는 데 도움을 줄 과학전문가들을 끌어들이는 것 역시 마찬가지였다. 각각의 과업은 여러해에 걸친 준비와 노력을 요구했고, 그 결과는 과정의 핵심 단계들에서 운에 맡겨져야 했다.

결국 ACLU 팀이 겨냥한 피고는 미리어드 지네틱스Myriad Genetics였다. 미리어드는 유타주에 기반을 둔 회사로 암을 유발하는 BRCA 유전자에 대한 특허를 갖고 있었고, 아울러 그러한 유전자의 존재를 검출하는 수지맞는 검사를 BRCAnalysis©라는 상표명으로 판매하고 있었다. 미리어드는 단지 가장 성공한 특허 보유 회사에 그치지 않고 무자비하게 자신의 시장을 지켰다. 이 회사는 과학자와 병원 들이 자체적으로 BRCA 검사를 시행해 자신들의 영역을 침범한다고 판단되면 단호한 조치를 취했다. 미리어드가 표적으로 삼은 사람 중 하나가 뉴욕의 알베르트 아인슈타인 의과대학에 재직하던 의료유전학자 해리 오스트러 박사였다. 오래전인 1998년에 미리어드는 오스트러가 자기 병원에서 유방암

진단 검사를 제공하고자 한다면 자사가 보유한 특허에 대해 사용료를 지불해야 한다고 요구하는 편지를 오스트러에게 보냈다. 오스트러는 이 편지를 보관해두었고, 여러해가 지난 후 이 편지는 미리어드의 특허 때문에 자신이 BRCA 검사를 할 수 없었다고 주장할 수 있는 문서상의 증거를 제공해주었다. 그러한 실질적 피해 주장 덕분에 오스트러는 그를 배제하려는 온갖 노력에도 불구하고 원고 중 한 사람이 될 수 있었다. 시몬첼리와 핸슨은 학계로부터 영향력을 갖춘 과학적 조력도 얻었는데, 가장 대표적인 인물이 에릭 S. 랜더였다. 그는 하버드-MIT 부설 브로드연구소Broad Institute의 창립 소장이면서 버락 오바마 대통령의 과학자문위원회에서 공동 위원장을 맡고 있었다.

많은 요인들이 ACLU에 유리하게 작용하긴 했지만, 오랜 기간에 걸쳐 확립된 미국특허청의 정책을 무너뜨리려는 노력 — 수천 건의 특허와 엄청나게 성공적인 미국의 제약산업에도 영향을 미칠 수 있는 — 은 많은 이들에게 비현실적으로, 심지어는 경솔하게 비쳤다. 결과는 마지막까지도 의문스러웠고, 차크라바티 사건과 마찬가지로 소송 과정은 여러차례 크게 요동쳤다. ACLU에게 행운이었던 점은 이 소송이 무작위 배정을 통해 뉴욕 남부지구 연방순회법원의 로버트 W. 스위트 판사에게 맡겨졌다는 것이었다. 1922년생으로 지미 카터 대통령이 연방 판사직에 임명한 스위트 판사는 1991년 은퇴해 원로 판사senior status가 되었지만 여전히 소송에 대한 심리를 담당하고 있었다. 당시 그의 담당 서기는 버클리에서 훈련받은 유전학자 허먼 H. 유에였는데, 그가 지닌 전문지식은 스위트 판사가 이 사건을 심리하는 데 귀중한 자산이 되었다.

미리어드의 BRCA 특허들을 무효화한 스위트 판사의 2010년 판결은 모든 사람을 깜짝 놀라게 했다. 특히 도저히 이길 수 없는 소송이라는 논평이 쏟아지는 것을 견뎌온 시몬첼리와 핸슨에게 그랬다. 하지만 판결이 근거한 원리는 바로 그 유효성이 이미 검증된 "자연의 산물" 원칙이었다. 특허로서 자격을 갖추려면 해당 산물은 특허대상 시험을 통과해야 하는데, BRCA 유전자들은 차크라바티 판결에서 요구한 것처럼 인간의 몸속에 있는 유전자와 "현저하게 다르지" 않기 때문에 이를 통과하지 못했다고 법원은 말했다. 오히려 정반대로, "분리된" DNA는 그 생물학적 기능과 그것이 암호화한 정보 모두에서 몸속에 있는 원래 DNA와 동일하다. 스위트 판사는 이렇게 결론 내렸다. "따라서 자연에서 발견되는 염기 서열을 포함한 '분리된 DNA'를 가리키는 문제의 특허들은 법적으로 지속 불가능하며, 특허법 101조하에서 특허 불가능한 대상으로 간주된다."[27]

놀라운 1라운드의 승리였지만 ACLU가 실제로 소송에서 이겼다고 선언할 수 있으려면 연방법원 체계에서 두 단계를 더 거쳐야 했다. 미리어드는 순회법원 판결에 항소했고 다음 단계는 도전자들에게 덜 순조롭게 진행됐다. 설립 이후 비판자들에게 친기업적·친특허적이라는 평가를 받아온* 연방순회항소법원CAFC의

---

* CAFC가 설립된 이유는 부분적으로 특허 판결이 특화된 전문성과 특허정책에 대한 일관된 접근을 요구한다고 생각되었기 때문이다. 그러나 설립 이후 많은 사람들

판사 세명으로 구성된 패널은 두차례에 걸쳐 각각 2 대 1로 미리 어드의 손을 들어주는 판결을 내렸다. 판결 중 한번은 대법원으로 넘어가기 전에, 다른 한번은 대법원이 사건의 재고를 요청한 이후에 이뤄졌다. 두번 모두 다수의견은 분리된 유전자가 특허 가능성의 기준을 충족한다고 결론 내렸다. 아울러 두번 모두 다 수의견은 번창하고 있는 산업 분야에서 가장 믿을 만한 건축학적 버팀대 중 하나를 허물어버림으로써 이 분야의 기반을 약화하는 것을 크게 꺼리는 태도를 보였다.

흥미로운 예상 밖의 전개도 나타났다. 법무부가 미리어드의 유전자 특허는 무효라는 ACLU의 주장을 지지하는 법정의견서를 제출한 것이다. 정부는 특허청에 대한 반대 주장에서 미리어드가 원하는 많은 것을 주되, 분리된 BRCA1과 BRCA2 유전자의 소유권이라는 궁극적 보상은 주지 않는 중도적 노선을 견지하고자 했다. 의견서는 분리된 DNA와 역전사효소를 이용해 전령 RNA[mRNA]로부터 합성된 상보적 DNA[cDNA]를 구분했다. 이러한 구분을 뒷받침하기 위해 정부 의견서는 공상에 의존했다. 분리된 유전자가 특허를 받을 수 없는 이유는 이것이 "마법의 현미경" 시험을 통과할 수 없기 때문이라고 주장한 것이다. "만약 상상의 현미경이 인체 속에 존재하는 특정 DNA 분자에 초점을 맞출 수 있다면, 이

___

은 CAFC의 판결에 비판적 깊이가 결여돼 있고 심지어 변리사 집단의 포로가 되었다고 인식해왔다. 가령 David Pekarek-Krohn and Emerson H. Tiller, "Federal Circuit Patent Precedent: An Empirical Study of Institutional Authority and IP Ideology," Northwestern University School of Law Scholarly Commons, Faculty Working Papers, 2010을 보라.

DNA 분자는 특허대상의 자격을 상실한다."[28] 그러나 인공적인 cDNA는 그러한 현미경으로 볼 수 없을 것이다. 천연 DNA 서열과 달리 cDNA는 유전자의 암호화 부분(엑손)으로만 구성돼 있고, 자연 속에 존재하는 대로 가닥 전체를 이루는 그 사이의 비암호화 부분(인트론)은 포함하지 않기 때문이다. 따라서 cDNA가 단백질을 발현하는 능력은 상응하는 DNA와 기능적으로 비슷하지만, 인간의 몸속을 현미경으로 들여다본다면 그러한 상보적 서열을 정확하게 찾을 수는 없을 것이다.

정부의 창의적 유추는 CAFC를 설득하지 못했다. 어떤 분자를 현미경으로 보는 것은 "분리된 DNA 분자를 수중에 가지고 있고 사용할 수 있는 것과 크게 다르다"고 법원은 판단했다. 보는 것은 그저 발견이고, 과학이 하는 일이며 호기심을 충족하기 위한 일이었다. 반면 유전자를 분리해내는 것은 물질을 조작하고 유용한 어떤 것, 이전까지 자연에서 찾을 수 없던 어떤 것을 만들어내며, 따라서 특허법이 촉진하고자 하는 종류의 기술적 진보성에 해당한다. 그러나 대법원에 제출된 에릭 랜더의 의견서는 CAFC의 입장에 중대한 차질을 빚었다. 랜더는 최고 수준의 과학적·정책적 권위를 가진 지위에 기반해, CAFC가 분리된 DNA가 체내에서 나타나지 않는다는 잘못된 생각을 하고 있다고 대법원에 진술했다. 그와는 정반대로, "인간 염색체에서 분리된 DNA 조각들이 인체 내에 흔히 나타난다는 사실이 지난 30여년 동안 널리 확립돼 있었다. 이뿐만 아니라 이렇게 분리된 DNA 조각들은 인간 유전체 전체에 걸쳐 있으며, 여기에는 BRCA1과 BRCA2 유전자도

포함된다".[29]

　이제 대법원이 최종 판결을 내릴 차례가 되었다. 법원에 던져진 질문은 간단하면서도 핵심을 찔렀다. "인간의 유전자는 특허 가능한가?" 이에 대해 대법원은 만장일치로 법무부의 중도적 입장을 재가했다. 분리된 유전자는 체내에서 발견된 DNA 서열과 동일하며, 따라서 자연의 산물로서 특허를 받을 수 없다는 것이다. 반면 자연에서 나타나는 분자에서 엑손만으로 구성된 cDNA는 자연의 산물이 아니므로 특허의 대상이 될 수 있다. 여러해에 걸쳐 소송, 모순적인 판결, 불확실성이 줄곧 이어졌지만, 이 모든 것이 갑자기 너무나 간단해 보였다. 심지어 앤터닌 스캘리아 대법관조차도 자신이 좋아하는 현란한 화법을 절제하고 동료들의 판단에 동의하는 단 한 문단의 의견만 남겼다.

국경을 넘어선 권리

　생물학적 정보와 이를 의학적·상업적 이득으로 바꿀 수 있는 능력은 오늘날 점점 더 다양해지는 행위자들 사이에 분산되어 있다. 각각은 새로운 발명들이 궁극적으로 그 위에 건설돼야 하는 기반의 핵심적인 일부를 통제한다. 개인들은 생물 재료와 가족사를 제공하고, 병원은 바이오뱅크로 들어가는 시료를 수집하고, 생명공학 회사들은 세포와 유전자를 조작해 정제·분리·합성된 제품을 만들어내고, 제약회사들은 어떤 검사나 약을 개념 단계에서 시장까지 이동시키는 연구개발을 수행한다. 중합효소연쇄반응 polymerase chain reaction, PCR을 향상시킨 공로로 1993년 노벨 화학상을 수상한 미국의 생화학자 캐리 멀리스처럼 설사 한 사람이 획기적인 발견의 공로를 인정받는다 하더라도, 그러한 작업은 경제적·사회적·법적 하부구조에 기반을 두고 있다. 그러한 하부구조가 없다면 상을 받은 발견들은 결코 가치있는 상품들을 만들어낼 수 없을 것이다.[30]

18세기 서구의 지식재산법에 생명을 불어넣은 고독하고 독창적인 발명가라는 관념은 너무나 제한적이어서 21세기의 고도로 분산된 지식시스템에서 나오는 복잡한 소유권 주장을 다루기에 부적절해 보인다. 부정합이 가장 두드러지는 순간은 지식재산 주장이 국경을 넘을 때다. 국제 조약과 협약을 통해 그러한 경계 영역을 규제하려는 여러가지 시도들이 있었지만, 이는 여전히 제대로 통제되지 못한 공간으로 남아 있다. 이곳에서는 해적질piracy과 부당한 부의 축적 모두가 심각한 문제를 제기한다.

토착지식

일단의 어려움은 토착지식과 현대 생의학의 발견 사이의 관계와 연관돼 있다. 식민지 시기에 군대 정복자와 선교사 들은 전통적인 식물 기반의 의약품을 써서 다양한 질병을 치료하는 지역민들의 지식과 관행을 거리낌없이 전용했다. 그러한 지식은 제국주의의 중심지로 다시 이동했고, 그곳에서 이제 막 태동한 제약산업에 근간을 제공했다. 예를 들어 이미 1630년대에 예수교 선교사들은 에콰도르와 뻬루에서 나는 기나나무 껍질을 유럽으로 보내 말라리아열로 유발된 오한을 치료하는 데 사용하도록 했다. 나중에 기나나무는 생명을 구하는 약 키니네의 원천이 되었다. 문자 그대로나 비유적인 의미로나, 토착지식과 자원에서 가치가 추출되었다. 그러나 그에 대한 보상은 이뤄지지 않았다.

많은 관찰자에게 오늘날의 문제는 예속과 부당한 부의 축적이라는 역사적 패턴이 계속되는 듯 보인다는 점이다. 원주민 치유사들이 인류에게 엄청난 가치를 지닌 자원을 갖고 있었는데도, 서구의 지식재산법을 정의하는 신규성, 유용성, 비자명성의 관념은 산업화 이전 사회의 집단적 지식을 보호하는 데 아무런 역할도 하지 못한다. 산업화 이전 사회에서 지식은 공동체의 차원에서 유지되고 건강상의 이득은 인구 전체에 축적된다. 1992년 제정된 생물다양성협약Convention on Biological Diversity, CBD은, 토착민들이 그들의 지식과 자원을 이용당하고 착취당한 만큼 적절한 보상을 받아야 한다고 명시함으로써 이러한 불균형을 바로잡고자 했다. 수익 공유benefit sharing는 생물다양성 보존 및 그 구성요소의 지속가능한 개발과 함께 CBD의 주요 목표 중 하나다. 협약 제8조 j항은 체약당사국들이 "원주민사회 및 현지사회의 지식, 혁신적 기술 및 관행을 존중, 보전 및 유지"하고 "그 지식, 기술 및 관행의 이용에서 발생하는 이익의 공평한 공유를 장려"해야 한다고 규정하고 있다.

이러한 조항들은 "생물탐사"bioprospecting의 촉진이 목표였다. 이는 식물 및 미생물 유전자원을 발굴해 생물다양성 보호를 촉진할 수입을 창출하는 것을 말한다. 다시 말해 "생물다양성을 구해 내기 위해 이것을 판매하는"것이다. CBD는 또한 선진국에 있는 부유한 연구기관들이 재정 형편이 어려운 개발도상국의 협력자들을 찾도록 장려함으로써 기술이전을 위한 기반을 마련했다. 개발도상국의 협력자는 지역의 지식을 공유하는 데 동의하는 대신 선진 기술과 노하우를 제공받게 되었다. 그러한 계약은 종종 지역 협력자가 법적 구속력을 가진 계약을 맺을 능력이 있는지를 잘못 판단해, 그런 공동체에서 누가 실질적인 자연의 대변인인지 소란스러운 논쟁을 야기했다.[31] CBD는 생물해적질biopiracy로 가는 공개 초대장이라는 공격이 난무했다. 그럼에도 일부 분석가들은 CBD 시행 이후 첫 20년 동안 제도적 학습의 긍정적 단계들을 목격했다.[32]

복제약

또다른 일단의 문제들은 지식재산 체제가 고착하는 경향을 보이는 오늘날의 사회경제적 불평등에서 유래한다. 부유한 나라들은 가난한 나라들보다 훨씬 더 쉽게 새로운 기술 제품과 서비스를 생산하며 그에 접근하고 비용을 지불할 수 있다. 그 결과 좀더 가난한 나라들에서는 해적질을 통해서나 특허권 침해에 의해 서구 특허 체제가 만들어낸 독점을 우회하려는 수많은 유인들이 존재한다. 전지구적 공중보건에 심대한 영향을 미치는 실천 중 하나는 특허약과 성분이 동일한 복제약generic drug을 생산하는 것이다. 이런 약은 원래 비용의 몇분의 1의 가격으로 판매할 수 있다.

1994년 이전까지 많은 개발도상국들은 생명과 건강을 지키는 데 필요하다는 이유로 약을 특허 보호에서 제외했다. 그러한 예외 덕분에 인도, 브라질, 아르헨티나 같은 국가들은 복제약을 생산하는 능력을 크게 발전시킬 수 있었다. 복제약은 선진국에서 특허로 보호받는 형태와 화학적으로 동일하거나 매우 흡사하지만 훨씬 더 저렴한 약을 말한다. 선진국 제약회사들에 따르면, 복제약은 그들이 어려운 발명 작업을 하고 실패의 위험을 짊어지는 동안, 혁신을 하지 않고 단지 모방만 하는 회사들이 수익을 독차지하게 한다.

1994년에 이러한 주장은 우루과이라운드로 알려진 국제 무역 협상에서 절정에 달했고, 결국 무역 법률의 개정으로 이어졌다. 서명국들은 '관세 및 무역에 관한 일반협정'GATT하에서 낮은 관세 장벽을 누리려면 '무역 관련 지식재산권에 관한 협정'TRIPS에 따라 당시 선진국에 존재하던 것과 흡사한 저작권 및 특허 보호를 제공하는 지식재산 법률을 채택해야 했다. 법이 바뀌었지만 이는 비판자들을 진정시키지 못했다. 비판자들은 TRIPS가 가난한 나라에서 부유한 나라로 부를 이전하는 또하나의 조치라고 보았다. 무역시스템을 전반적으로 개혁해야 한다는 압력을 받은 세계무역기구WTO 회원국들은 2001년 도하에서 저개발 국가들에 대한 압박을 일부 완화하는 데 합의했다. TRIPS에 관한 특별 선언은 HIV/에이즈, 말라리아, 결핵 같은 공중보건 위기에 직면한 국가들이 자국 시민들에게 필수 의약품을 제공하기 위해 TRIPS의 요구조건을 깨뜨려야 하는 상황이 생길 수 있음을 인정했다. 이 국가들은 그러한 상황에서 강제실시권을 발동해 필수 의약품의 가격을 낮추는 방식으로 특허 보호를 우회할 수 있다. 아이러니한 점은 개발도상국이 아니라 선진국이 개정 조항의 첫 시험대에 올랐다는 사실이다. 미국에서 9·11 이후 탄저균 공격이 뒤따르자 독일 제약회사 바이엘은 탄저병에 듣는 특허 항생제 시프로의 가격을 크게 낮춰야 했다. 미국이 강제실시권을 발동하겠다며 위협했기 때문이다.

현재 복제약에 대한 전지구적 특허 체제의 불안정성을 보여주는 또다른 신호는 스위스의 거대 제약회사 노바티스가 생산하는 항암제 글리벡과 관련해 인도에서 제기된 소송에서 나타났다. 인도 회사들은 이매티닙이라는 화합물의 결정 형태인 글리벡의 복제약을 생산해 판매하기 시작했다. 당시는 TRIPS 이전이었고, 인도가 아직 의약품에 관한 특허를 허가하지 않은 시점이었다. 나중에 인도가 TRIPS 이행을 위한 자체 법률을 제정하자, 노바티스는 자사의 약에 관한 특허를 출원했다. 이렇게 되면 구할 수 있는 복제약에 비해 약가藥價가 열배나 높아져 대다수 인도 소비자들이 구매할 수 없게 될 터였다. 2013년에 인도 대법원은 글리벡이 새로운 특허법의 제3조 d항을 충족하지 못한다고 판결했다. 이는 추가적인 치료 이득을 주지 못하는 소소한 개선에 기반을 둔 특허 갱신 — 흔히 "특허독점 연장"evergreening으로 알려진 관행 — 을 불허하는 조항이다.* 법원은 노바티스가 특허를 취득하려는

---

* 제3조 d항에 따르면, "증대된 효능을 가져오지 못하는 이미 알려진 물질의 형태를 단순히 발견한 것"은 제조업자에게 특허를 부여하지 않는다.

글리벡의 특정 형태가 이미 시장에 나와 있는 더 값싼 특허만료 약에 비해 더 효능이 뛰어남을 보여주지 못했다고 판단했다.[33] 이는 기존 제품의 특허독점을 단지 연장하려는 것에 불과했기 때문이다.

글리벡 소송은 인도정부가 기존의 특허 보호를 TRIPS에 동화하고 있던 기간에 일어났다. 노바티스는 서로 약간 다른 제품 규격을 가진 글리벡에 대한 특허를 두차례 출원했는데, 한번은 이러한 법률 변화가 시작되는 시점이었고 다른 한번은 완료되는 시점이었다. 이와 똑같은 상황이 많은 다른 약들에 되풀이될 가능성은 낮다. 그러나 인도 대법원은 특허법의 비중립성, 정치적 가치와 지식재산 보호 사이의 밀접한 연결, 그리고 지식재산과 관련해 선진국과 개발도상국의 윤리적 요구의 불일치를 강조하기 위해 비상한 노력을 기울였다. 법원은 또다른 판사가 1957년에 저술한 특허 개혁에 관한 보고서를 일견 긍정적인 태도로 인용했다.

> 아얀가 판사는 특허법의 조항들을 설계할 때 이 나라의 경제적 조건, 과학기술 발전의 상태, 미래의 필요와 여타의 관련된 요인들 등을 특별히 참조함으로써, 특허 독점 시스템이 남용될 수 있는 여지를 설사 제거하지는 못하더라도 최소화할 수 있게 해야 한다고 보았다.[34]

노바티스 소송은 인도에서 글리벡의 특허 가능성에 결론을 내렸지만, 좀더 큰 윤리적 문제를 남겨놓았다. 만약 지식재산법이 가치에서 자유로운 것이 아니라 특정 국가나 지역의 정치적·경제적 선호를 표현한 것이라는 아얀가 판사의 주장을 받아들인다면, 특허 시스템들 간의 차이는 어느 정도까지 인정되는가? 한가지 가능한 방법이 2014년 9월에 암시되었다. 캘리포니아에 기반을 두고 고가의 C형 간염 치료제를 생산하는 길리어드사이언스 Gilead Sciences가 일곱개의 인도 복제약 제조회사들의 특허사용허가에 서명하여 차별화된 전지구적 가격 시스템을 만들어낸 것이다.[35] 계약에 따라 길리어드는 인도에서 자사의 약을 1정당 10달러에 판매하게 되었는데, 이는 이 회사가 미국에서 책정한 가격의 1백분의 1이었다. 그 댓가로 인도 제조회사들은 길리어드에 특허사용료를 지불했지만, 가난한 나라들에 자사의 복제약도 계속 판매했다. 그런 나라에서는 환자들이 고가의 약을 사먹을 금전적 여유가 없을 터였다. 그러나 이는 두 나라의 제약회사들 간에 맺어진 임시변통의 사적 계약이었다. 다른 약, 기업, 혹은 환자 집단에게는 법률적 가치나 선례로서의 가치를 갖지 못했다.

결론

과학은 계속해서 생명이라는 책의 책장을 넘기며 새로운 사실과 발명의 기회들을 드러내고 있다. 법의 기능은 사회가 기본적인 인간 가치 —— 생명에 대한 존중과 생명의 다양성 및 번성에 대한 고려 같은 —— 와 부합하는 방식으로 해당 책장의 내용을 읽고 사용하도록 보장하는 것이다. 주된 목표를 발명의 촉진에 맞추고 있는 지식재산법 역시 예외가 아니다. 지식재산법이 발견자와 발명가가 고안해낸 것이면 무엇이든 모두 보상해야 하는 것은 아니다. 사실 이 법은 심지어 책장을 반대로 넘길 수도 있다. 과학기술이 널리 공유된 가치들을 앞질러 너무 빨리 혹은 부주의하게 책장을 획획 넘기는 것처럼 보인다면 말이다. 특히 이런 일은 자원 배분이 유독 불평등하게 남아 있는 세상에서 일어날 가능성이 높다. 그러한 경우 발명이 국가적 혹은 전지구적 규모에서 항상 공공선과 잘 부합한다는 가정은 다시 검토되고 비판적 질문이 제기될 수 있으며, 정책과 법에서 연관된 변화가 나타날 수 있다.

유럽 특허법의 공서양속公序良俗 조항은 특허 가능성에 도덕적 제약이 가해질 수 있음을 우리에게 상기시킨다. 캐나다가 온코마우스에 대한 특허를 거부한 것은 생명의 상품화에 상한선을 설정한 조치다. 심지어 자유주의적인 미국에서도, 다이아몬드 대 차크라바티 판결에서 미국 특허법이 "인간이 만든 것이라면 태양 아래 그 어떤 것"에도 적용된다고 해석한 것은 시간이 흐르면서 미국의 윤리, 법, 심지어 과학의 기준에 의거하더라도 너무 광범위했음이 드러났다. NIH와 랙스 가족의 합의, 그리고 미리어드의 유전자 특허 소송은 법이 갖는 창조적 비선형성의 여지를 잘 보여주고 있다. 사회의 가치들이 "이건 도를 넘었다"고 선언하는 경우 스스로 정한 원칙도 뒤집을 수 있는 정도까지 말이다.

또한 특허 분쟁은 당연시되는 가정들을 변화시킬 때 개인의 행동이 갖는 힘을 보여준다. 차크라바티의 특허 변호사들은 "자연의 산물" 원칙을 우회해 대법원이 생명특허를 허용하게 하는 데 성공했다. NIH는 헬라 유전체 정보에 접근하는 것을 통제하는 데 랙스 가족이 참여할 수 있게 함으로써, 가족의 여장 헨리에타 랙스의 추억을 기리려는 리베카 스클루트의 외골수적인 십자군 전쟁에 경의를 표했다. NIH의 결정은 알지도 못하고 동의하지도 않은 채 자신의 몸을 연구에 기증했던 한 여성에게 사후적 발언권을 제공했다. 인간 유전자 특허의 사례에서 관료기구인 미국특허청은 분리된 유전자가 특허대상이 된다는 의미로 특허법을 해석했다. 좀더 폭넓은 사회가 이 사안을 어떻게 생각하는지는 타냐 시몬첼리와 크리스 핸슨이 많은 전문가들이 고정불변이라고 생각했던 정책을 뒤집기 위해 가능성이 낮은 캠페인을 시작하기 전까지는 시험대에 오르지 않았다. 생명 그 자체가 걸려 있는 문제에서는 개인들의 목소리가 좀더 깊은 물살을 건드릴 수 있고, 예외적인 경우 일반인의 가치와 난해한 법이 다시금 합치될 수도 있다.

지식재산법이 정의에 함의하는 바가 가장 절실하게 눈에 띄는 순간은 특허 주장이 국가들 간에 격차를 만들어낼 때다. 한 지역에서 오래 보존되어온 문화적 지식이 또다른 지역에서 블록버스터 약에 기반을 제공하고 연관된 수익을 안겨줄 때, 혹은 독점 약가로 인해 비용을 부담할 여력이 없는 환자들이 필수 의약품을 구할 수 없을 때처럼 말이다. TRIPS를 통해 지식재산 보호를 전지구화하려는 시도에도 불구하고 그런 움직임의 윤리적 함의에는 여전히 의문들이 남아 있다. 도하에서 서명된 강제실시권 조항은 그런 함의를 모두 해결해주지 못했다. 미국 특허법이 생명의 과도한 상품화에 직면해 조정을 해야 했던 것처럼, 전세계 공동체는 필수의약품에 대한 특허를 엄격하게 강제함으로써 삶과 죽음을 통제하는 제약산업의 힘을 깊이 숙고해보아야 한다. 다행히도 제약회사, 환자단체, 활동가 의사와 법률가, 세계무역 체제는 전지구적 생의학의 윤리에 심대한 중요성을 갖는 대화에 이미 나서고 있다.

8장

미래를 되찾다

지금까지 본 것처럼 기술은 종종 도구적 측면에서 미리 예정된 목표를 향한 수단으로 정의된다. 그러나 이러한 사고방식은 너무 협소해서 현대사회 어디에나 퍼져 있는 도구와 기구를 만들어낸 역동적이고 다면적인 관계를 포괄하기 어렵다. 우선 기술에 대한 도구적 이해는 인간의 목표가 잘 정의되어 있고 고정적이라고 암암리에 가정한다. 우리가 도구를 사용하는 이유는 가령 식량을 찾거나 궂은 날씨를 피하는 것처럼 충족되어야 할 필요가 있기 때문이라는 식이다. 하지만 그처럼 일상적인 목표를 위해 도구를 사용하는 것은 인간만의 독특한 행동이 아니다. 새들도 그런 일을 한다. 누벨칼레도니의 놀라운 까마귀들은 긴 막대기를 써서 나무에 구멍을 내는 곤충들을 나무둥걸이나 동물의 사체에서 파낸다. 실험에서 이 까마귀들은 심지어 복수의 도구를 연이어 사용하고, 철사를 구부려 뭔가를 움켜쥐는 더 나은 도구를 만드는 법도 알아냈다.

제인 구달은 탄자니아의 곰베강 국립공원Gombe Stream National Park
에서 현장 연구를 하면서 침팬지들이 다양한 목적을 위해 도구를
만들고 사용하는 것을 관찰했고, 이는 그녀와 그 연구대상인 침팬
지들을 유명하게 만들었다. 나뭇잎과 이끼는 물을 마시는 데 쓰는
원시적인 스펀지가 되었다. 나뭇가지와 잔가지, 돌멩이는 흰개미
집을 두드리거나 그 속에 찔러넣고, 견과류나 동물의 뼈를 깨뜨려
속을 파내고 때로는 그저 과시하기 위한 용도로 쓰였다. 코끼리
역시 놀라운 도구 사용자였다. 코끼리는 나뭇가지를 다듬어 파리
채로 쓰거나 물을 얻기 위해 땅을 팔 때 썼고, 돌멩이는 길을 막는
장애물을 부수는 데 썼다. 동물원에 있는 코끼리는 정육면체 모
양의 나무토막을 굴려서 옮긴 후에 그걸 딛고 올라서 아슬아슬하
게 높이 매달려 닿지 않는 과일을 따먹는다고 알려져 있다.[1] 훈련
을 받은 코끼리는 긴 코로 물감이 묻은 붓을 정확하게 조작해 표
준적인 그림을 여러차례 반복해서 그릴 수 있다.[2] 하지만 이 놀라
운 사례들에는 수행해야 하는 과업의 성격에 대한 심사숙고가 빠
져 있고, 도구 사용자가 애초에 달성할 만한 가치가 있다고 간주
한 목표에서 이후 나타난 변화도 반영돼 있지 않다.

실용성이나 예측 가능성, 그 어느 것도 인간과 기술 사이의 변
화, 발전하는 관계를 포착해내지 못한다. 인간의 기술적 마법은
단순하고 미리 정해진 목적을 달성하기 위한 반복적 작업의 수행
을 훨씬 넘어선 곳까지 뻗어나간다. 예술가적 기교, 상상력, 미지
의 것을 탐구하려는 욕망은 오랫동안 기술을 만들고 사용하려는

의지를 지배했다. 시간을 기원전 35,000년경으로 돌려서 '잊혀진 꿈의 동굴'에 들어가보자. 이 문구는 2010년에 저명한 독일 영화감독 베르너 헤어초크가 사람의 손으로 인간 혹은 동물의 형상을 그린 가장 초기의 예술 중 일부를 탐구한 다큐멘터리의 제목이기도 하다. 프랑스 아르데슈강의 옛 물줄기가 구부러져 아름다운 뽕다끄Pont d'Arc 아래로 흘러가기 전에 강을 굽어보고 있는 절벽면 깊숙이 쇼베동굴이 숨어 있다. 이곳 쇼베동굴 벽에는 빙하시대의 예술가들이 놀라운 동물 그림을 여러점 그려놓았다. 몇몇은 움직이는 모습이고, 몇몇은 종이 위에 그린 그림처럼 솜씨좋게 번지는 효과를 냈으며, 몇몇은 좀더 명확한 표현을 위해 윤곽선을 예리하게 깎아냈다. 쇼베동굴의 예술은 집중된 풍부함과 기술적 숙달에서 독보적이지만, 그 시기에 예술은 좀더 폭넓게 꽃을 피웠다. 원시인류는 돌, 뿔, 상아를 아무런 실용적 쓸모도 없는 표상으로 변형하기 시작했다. 제작자들은 사자의 머리를 가진 남자나 여성의 몸을 양식화한 무수히 많은 조각상 — 이는 피카소에게 영감을 주었다 — 처럼 결코 존재하지 않는 것들을 상상했다. 2013년 대영박물관이 개최한 빙하시대 미술 전시회는 이 모든 추상과 미니멀리즘, 선사시대의 세련된 상징주의를 개관한 후에 이 시기가 "근대정신이 도래한" 시기였다고 선언했다.

빙하시대의 혈거인(남성일 수도 있고 여성일 수도 있다)이 도구를 써서 오직 그들의 마음속에만 존재하는 것을 그리고 조각했다면, 현대의 인간들은 우리 존재의 가장 기본적인 목적을 다시 상상할 때 기술을 써서 얼마나 더 많은 일을 할 수 있을까? 우리는 누구이고, 삶의 목적은 무엇이며, 우리는 어떻게 살아야 하고, 미래에는 어떤 일이 펼쳐질 것인가? 그러한 최초의 미적·상징적 감수성을 넘어서는 거대한 도약은 기술이 개인의 목적뿐 아니라 집단적 목적에도 봉사하기 시작하면서 찾아왔다. 동굴 벽에 곰이나 들소, 야생 염소를 그린 혈거인은 혼자서 작업했을 수도 있다(다른 누군가가 그걸 볼 거라는 사실이 분명 중요했지만 말이다). 오늘날의 기술적 상상력은 세상을 좀더 심대하게 바꿔놓을 수 있으며, 훨씬 더 많은 사람에게 그 결과는 종종 돌이킬 수 없는 것으로 나타난다. 합성생물학자들이 새로운 생명체를 만들어내는 데 성공하거나 컴퓨터과학자들이 인간의 뇌들을 가로질러 사고를 연결하는 방법을 알아낸다면, 이러한 발명들은 생명이 어디서 시작되고 끝나는지, 인식이 의미하는 바는 무엇인지, 인간 자아는 어떤 것인지에 대한 공통의 이해를 바꿔놓을 것이다. 만약 신경공학자들이 뇌 속에 나노 규모의 삽입물을 넣어 인간의 기억을 활성화하거나 억제하는 방법을 알아낸다면, 그런 가능성의 존재 자체만으로도 망각, 그리고 아마도 용서와 관련된 현재의 기대는 완전히 달라질 것이다. 만약 지구공학자들이 지구가 지나치게 더워지지 않도록 태양 복사를 관리한다면 대기 중에 방출된 에어로졸은 하늘을 하얗고 밝게 물들일 것이고, 지구상에 있는 모든 이에게 자연의 경험은 달라질 것이다.

　요컨대 기술은 단순히 우리가 이미 예견한 목표를 달성하는 수단이 아니라, 지도에도 없고 종종 불확실한 미래로 열려 있는 문이다. 그곳에서 현재의 사회적 이해와 실천은 근본적으로 변형될 수 있다. 이뿐만 아니라 불확실성은 사람들을 유인할 수도 있지만 반대로 단념시킬 수도 있다. 인간 사회가 기술에 투자하도록 끌어들이는 밝게 빛나는 약속은, 그것이 실패하고 예상치 못한 고장이 거대한 규모로 일어나면 무엇이 잘못될 수 있는지에 관한 좀더 어두운 불안감과 나란히 나타난다. 과학소설은 그처럼 무시무시한 추측들로 가득 차 있다. 타계한 마이클 크라이튼은 쥬라기공원의 세계를 꿈꿨다. 그의 소설에 나오는 과학자들은 공룡을 되살려낼 수 있는 지식과 기술을 갖고 있었지만 야생동물의 생식이 통제 불능에 빠지는 것을 막을 만한 선견지명은 없었다. 이후에 쓴 소설 『먹이』*Prey*에서 크라이튼은 인간의 몸을 죽이고 숙주화하는 자기복제 나노봇 무리를 상상했다. 결국 이에 맞서는 기술적 수단이 발견되어 나노봇 무리는 파괴된다.

소설은 기술 미래의 외연을 비현실적이고 때로 터무니없는 극단까지 밀어붙인다. 하지만 2장에서 본 것처럼, 신중한 사회는 오래전부터 스스로를 미래의 피해로부터 지키는 데 투자해왔다. 최악의 시나리오가 경고 없이 들이닥쳐 사람들을 궁핍하게 만들지 않도록—여기에는 기술의 진보와 연관된 위험이 포함된다—보험과 위험평가가 발전했다. 물론 농부들이 가뭄으로, 상인들이 폭풍으로, 주택 소유주가 지진, 화재, 홍수로 피해를 볼 가능성은 통계적으로 예측 가능하다. 따라서 이를 계산하고 피해로부터 보호하는 것은 상대적으로 쉬운 일이다. 반면 새로 등장하는 수많은 기술과 연관된 재앙에 가까운 가능성을 수량화하는 일은 그보다 더 어렵다. 예를 들어 합성 병원체가 실험실을 탈출해 인간의 면역계를 압도함으로써 수백만명의 사망자를 낸다거나, 나노봇이 걷잡을 수 없이 증식해 창조주인 인간을 죽인다거나, 기후변화가 전례 없는 규모로 전세계 농업을 황폐화할 가능성이 여기 속한다. 하지만 심지어 그처럼 상대적으로 희박해 보이는 가능성에 대해서도 이를 상상하고 피하기 위한 노력이 이뤄져왔다. 현재에 위치한 눈과 정신으로 이러한 가능성을 예견하기란 사실상 불가능에 가깝지만 말이다.

이 장에서 나는 현대사회가 기술의 미래를 통치 가능한 공간으로 되찾으려 애쓰는 과정에서 활용해온 주요한 절차적 메커니즘들을 개관할 것이다. 여기서 통치 가능한 공간이란 그것이 사회가 지닌 선善의 관념에 부합하고 통제의 가능성을 회피하지 않기 때문에 안전하게 거주할 수 있는 공간을 의미한다. 그러나 각각의 절차적 메커니즘은 권력과 숙의에서 그 나름의 딜레마를 제기한다. 가장 중요한 것은 누구를 포함할까 하는 문제이다. 열성적인 기술 생산자들은 세상을 특정한 미래로 인도하고 싶어한다. 그런 미래를 상상하는 데 누가 참여하게 될 것인가? 가장 기본적인 민주주의의 문제는 기술의 잠재력에 대해 진정으로 집단적인 성찰을 가능케 할 제도를 설계하는 좀더 구체적인 난제와 연결돼 있다. 지난 수십년 동안 몇가지 전략들이 정책결정자들의 주목을 끌었고, 이들 각각은 좀더 면밀히 검토해볼 만한 가치가 있다. 아래에서는 기술영향평가(즉, 선택 가능한 기술 경로들에 대한 체계적 지도 작성)와 여기서 파생된 구성적 기술영향평가, 윤리적 분석, 그리고 숙의민주주의를 다시 활성화하고자 하는 대중참여의 방법 등을 차례로 살펴보도록 하겠다.

기술영향평가

지금에 와서 돌이켜보면 1972년은 베트남전의 긴장이 완화되고 방글라데시가 탄생하는 등 세계를 바꿔놓은 정치적 사건들이 일어난 해였다. 이해는 인류 역사에서 기술의 이정표를 이룬 중요한 해이기도 했다. 스웨덴의 스톡홀름에서 유엔인간환경회의United Nations Conference on Human Environment가 열렸고, 최초의 DNA 재조합 실험에 성공했으며, 아폴로 17호가 발사돼 달로 향하는 마지막 유인비행에 나섰다. 이처럼 거창한 사건들 사이에서 그해 10월 미국 의회가 제정한 법은 거의 주목을 받지 못했다. 기술영향평가국법Office of Technology Assessment Act3은 영향력 있는 학계 과학 자문위원들의 작품이었다. 하버드대학의 물리학자이자 공대 학장인 하비 브룩스가 그들을 이끌었다. 그들은 빠른 기술변화에 맞서 합리적 정책을 제정할 수 있는 역량을 연방 의원들에게 제공하겠다고 결심했다. 이 법은 '목적'에서 이렇게 적고 있다. "현존하는, 그리고 새롭게 출현하고 있는 국가적 문제들에 관한 공공정책 결정에서는, 기술적 응용의 결과를 최대한 예측하고 이해하고 고려하는 것이 필수적이다."

의회의 정책 관련 자문 요구를 충족하기 위해 이 법은 기술영향평가국Office of Technology Assessment, OTA이라는 새로운 행정기구를 설립했다. 하지만 의회 의원들은 더 나은 정보의 필요성을 인정하면서도 전문가들에게 너무 많은 권력을 위임하지는 않을지, 혹은 고삐 풀린 정치적 당파가 OTA의 전문성을 포섭해서 이기적 목적으로 사용하지는 않을지 우려했다.[4] 새로운 기구가 출범하기도 전에 이를 주어진 환경에 맞추기 위한 협상이 이어졌다. 결국 의회는 규모가 작고 정치적으로 균형 잡혀 있으며, 조직 내 위계가 적고 외부 자문위원들에 크게 의존하는 기관 설계로 낙착을 보았다. 12명으로 구성된 기술영향평가위원회Technology Assessment Board, TAB가 OTA를 관장했는데, 상원과 하원 의원이 각각 6명씩 포함되어 주요 양당을 균등하게 대표하도록 했다. 위원회는 OTA 국장을 임명했고 기구가 수행하는 모든 연구를 승인했다. OTA 내부 직원은 2백명 미만의 정규 직원들로 이뤄졌고, 그중 4분의 3 가량은 연구자들이었다. 그외의 경우 연구는 산업체와 대학 소속의 관련 전문성을 가진 임시 자문위원들의 네트워크에 의존했다. 정치에 합리적 근거를 제공하는 것이 유일한 목적인 조직이 입법 과정의 야단법석 속에서 어떻게 기능했는가? OTA의 22년 역사는 그처럼 아슬아슬하게 균형을 잡는 행동, 좀더 일반적으로는 미국의 정치적 의사결정에 기술적으로 정통한 목소리를 집어넣는 일의 한계에 대해 얼마간의 통찰을 제공한다.

긴장이 수면 위로 떠오르기까지는 얼마 걸리지 않았다. 닉슨 행정부 말기는 군비축소, 의약품 안전, 환경보호 등 기술적 요소를 지닌 많은 쟁점들을 놓고 자유주의자와 보수주의자 사이에 의견이 갈린 첨예한 정치적 양극화의 시기였다. 초대 소장으로 에

밀리오 Q. 다다리오가 임명된 시점부터 균형의 약속을 무너뜨리는 당파적 분위기가 OTA의 활동에 드리워져 있었다. 다다리오는 코네티컷주 출신의 민주당 전 하원의원으로 기술영향평가국법의 주요 지지자였다. 다다리오는 TAB를 움직이는, 대체로 민주당소속의 정치인들을 지나치게 따르는 것처럼 보였다. 초대 의장을 맡은 매사추세츠주의 유력 상원의원 에드워드 M. 케네디가 그들을 이끌었다. 다다리오가 퇴임할 즈음에 이 기구는 적대감의 소용돌이에 휘말렸다. TAB의 공화당 의원들은 케네디가 OTA를 장악해 자기 수하의 보좌진과 정치적 의제의 연장선으로 재구축하려 하고 있다고 공격했다.[5]

이후 OTA 수장들은 당파성을 멀리하고 정치적 중립성과 의회위원회들의 폭넓은 승인을 지향하는 쪽으로 기구를 이끌었다. 재임기간이 가장 길었던 3대 소장 존 H. 기번스는 자신이 재임한 12년 동안 OTA의 정체성을 크게 바꿔놓았다. OTA는 1970년대에 대체로 단일 위원회의 후원을 받아 연구했지만, 1990년대에는 이를 포기하고 연구 하나당 평균적으로 거의 3개 위원회의 후원을 받는 쪽으로 변모했다. 중립성 유지를 위해 결정적으로 중요한 전략은 직접적인 정책 권고를 피하는 것이었다. 대신 OTA는 선택 가능한 대안들을 제공하면서 각 선택지의 장단점을 열거했다. 예를 들어 1991년에 자동차 연료 경제를 향상하는 방안을 고려해달라는 요청을 받자, OTA는 기준 상향뿐 아니라 경제적 유인이나 좀더 효율적인 연료 사용으로 이어질 기술적 설계 등의 다른 선택지들도 함께 고려했다. 기번스는 로널드 레이건을 백악관으로 보낸 1980년 대선의 열띤 탈규제 분위기 속에서 OTA를 폐지하려는 움직임을 저지하여 초기에 정치적 성공을 거뒀다. 이후 14년간은 상대적으로 잠잠했지만, 이 기구는 1994년 이른바 공화당 혁명으로 불리는 두번째의 중대 격변에서 살아남지 못했다.

하원 의장 뉴트 깅그리치가 이끈 1994년의 중간 선거는 공화당이 40년 만에 처음으로 상·하원을 모두 장악하는 결과를 낳았다. 깅그리치의 영향을 받은 선거 공약 "미국과의 계약"Contract with America은 세금 감면, 연방 예산 축소, 지난 수십년 동안 민주당이 도입한 다수의 사회복지 프로그램 철폐 등을 포함한 10개조 계획을 담고 있었다. 승리에 도취된 의회의 새로운 다수당은 상징적인 차원에서 의회 자체의 예산 삭감이 필요하다고 보았고, OTA가 다시 한번 도마 위에 올랐을 때에는 이를 구하려는 열의도 거의 없었고 의지도 부족했다. 어떤 의미에서 OTA는 그 자신이 거둔 성공의 희생양이 된 셈이었다. 중요성을 가질 만큼 충분히 크지도 않았고, 열띤 변호의 목소리를 만들어낼 만큼 충분히 정치적이지도 않았다는 점에서 말이다. 한 분석가에 따르면,

결국 OTA에 대한 자금 지원이 사라진 것은 그것이 너무 컸기 때문이 아니라 너무 작았기 때문이었다. 이 기구의 문을 닫는다고 해도 의회가 규모가 크거나 잘 제도화된 활동의 손실을 감내할 필요는 없었다. 이는 예산 삭감에 대해 작은 실질적 기여를 했지만, 그보다는 정부 규모를 축소하려는 의회의 신념을 과시했다는 점에서 더 큰 상징적 의미를 제공한 듯 보였다.[6]

OTA는 미국의 정책 현장에서 살아 있는 존재로서는 모습을 감췄지만 기구에 대한 자금지원이 끝났을 뿐, 설립 인가가 취소된 것은 아니었다. 그 결과 이 기구는 미국의 고위 과학 및 공학 지도자들의 상상 속에서 황금기를 떠올리게 하는 유령 같은 존재로 살아남아 있다. 그 존재는 의회가 기후변화처럼 긴급한 사안을 다루면서 이성을 옹호할 용기를 갖게 되면 다시금 소환될 수 있다. 국립과학재단NSF의 전 총재이자 저명한 과학정책 자문위원인 닐 레인이 의장을 맡은 미국예술과학한림원American Academy of Arts and Sciences의 명망있는 위원회가 2014년에 발표한 보고서『토대의 복원』Restoring the Foundations에서는 이렇게 쓰고 있다. "의회에 국가적 과학기술 사안을 다루고 대통령과 정책을 조율할 수 있는 메커니즘이 없다는 것이 중대한 정책 문제로 남아 있다." 이어 보고서는 OTA의 "권위있는 분석이 과학기술과 관련된 입법적 의사결정에서 결정적으로 중요했다"고 서술하고 있다.[7]

그러나 문을 닫은 지 20년이 지난 지금 와서 돌이켜보면, OTA가 의회에 "권위있는 분석"을 제공하는 임무를 어느 정도까지 해냈는지는 여전히 불분명하며 OTA의 정책보고서들이 입법에 얼마나 영향을 미쳤는지는 그보다도 더 불분명하다. 여기서는 기술정책에 대한 OTA의 기여, 그리고 기술적 의사결정을 민주화하고 미국의 기술 미래를 건전한 기반 위에 올려놓는다는 OTA의 전반적 목표를 잘 보여주는 세가지 사례를 살펴보도록 하자. 세가지 사례는 군비축소, 생명공학, 기술영향평가의 실천과 관련있다.

스타워즈 논쟁

첫번째 사례는 국방정책, 그중에서도 특히 1983년 레이건 대통령이 제안한 전략방위계획Strategic Defense Initiative(흔히 "스타워즈"로 불렸다)에 대한 OTA의 평가에서 볼 수 있다. 1년 후 OTA는 반핵운동 단체인 우려하는과학자동맹Union of Concerned Scientists과 함께 작업해 배경 보고서를 발간했다. 이 보고서는 대통령과 그 자문위원들이 옹호한 방패가 기술적으로 작동 불가능함을 보였다. 『뉴욕타임즈』의 저명한 칼럼니스트 톰 위커가 이를 깎아내리며 썼던 표현처럼 한마디로 "백일몽"에 불과하다는 것이었다.[8] 배경 보고서는 MIT의 물리학자 애슈턴 카터의 작업에 크게 의존했다. 카터는 전직 OTA 직원이자 일급 핵 분석가로서, 그 프로젝트 참여를 계기로 하버드대학의 존 F. 케네디 공공정책대학원의 교수가 되었고, 나중에는 버락 오바마 대통령 재임기에 국방부 고위직에 올랐다. 자유주의 진영에서는 OTA의 의견에 과학이 정치를 눌러 이긴 훌륭한 사례라며 찬사를 보냈다. 반면 레이건 지지자들은 이 보고서에 대해 분노의 목소리를 냈다. 가령 헤리티지재단과 『월스트리트저널』은 이 보고서가 정치가 추동한 나쁜 과학이자 국가안보에 대한 무책임한 경시라고 보았다.[9] 반대자들은 이 보고서를 위촉한 OTA 위원회에 맥조지 번디 같은 케네디와 존슨 행정부 시절의 이데올로그들이 포진해 있다고 공격했다. 문서의 주요 저자인 카터는 특별 기밀취급 허가를 받아 얻어낸 자료를 공개했다는 점에서 특히 분노를 불러일으켰다.

OTA 분석의 지지자들은 제안된 미사일 방패가 작동 불가능할 뿐 아니라 소련의 편집증에 불을 붙여 어렵게 얻어진 "공포의 균형"—전지구적 적대관계에 있는 두 나라의 거대한 핵 병기고를 억제해온—을 불안정하게 만들 거라며 반박했다. 나중에 베를린장벽이 무너지고 소련이 해체되고 난 후, 일부 보수주의 분석가들은 공포의 동역학이 실제로는 미국에 유리하게 작동했다고 주장했다. 경쟁적·방어적인 군비경쟁에 나서면서 소련은 재정이 고갈되었고 이것이 공산주의의 몰락으로 이어졌다고 말이다. 이러한 논쟁은 시간이 충분히 지나고 기밀문서가 충분히 공개되어 세밀한 역사 연구가 가능해질 때까지 수십년 동안 해소되지 못한 채 남아 있을 가능성이 높다. 그러나 이 사례에서 OTA의 개입은 그 설계자들이 희망했던 중립적 전문성의 공간을 만들어내는 데 실패했다고 결론 내려도 크게 무리는 없을 것이다. 스타워즈에 관한 배경 보고서는 냉전 시기의 국방정책에 관해 불협화음을 일으키며 진행 중인 논쟁에서 또 하나의 시끄럽고 귀에 거슬리는 목소리가 되었다. 자유주의자들은 이를 신뢰하며 받아들였지만 보수주의자들은 정치적 술책이라며 무시했다. OTA의 분석이 충분한 정보에 근거한 숙의민주주의의 대의를 중대하게 진전시켰다고 주장하기는 어려워 보인다.

OTA와 생명공학 정책

OTA의 문서를 모아놓은 웹사이트에는 "생물학 연구 및 기술"이라는 제목 아래 28편의 보고서가 올라와 있다. 이 목록은 1981

년에 발간된 "응용유전학이 미치는 영향" 연구에서 시작해 OTA 가 이미 문을 닫은 이후인 1995년 9월에 발간된 "연방 기술이전과 인간유전체프로젝트"에 관한 보고서로 끝난다. 그사이에 OTA 는 다양한 정책 관련 주제에 관한 보고서를 만들어냈다. 가령 유전자 선별검사가 작업장에 미치는 영향, 법의학 DNA 검사, 다른 국가들에서의 발전과 비교한 미국 생명공학 산업의 위치 등이 그런 주제들이다. 1987년에서 1989년 사이에 발간된 다섯 편의 보고서는 특허에서 대중 인식에 이르기까지 생명공학에서의 "새로운 발전"을 다루고 있다. 하지만 거의 매년 한 편 이상의 보고서를 발간한 이 인상적인 기록이 이처럼 새로 출현한 기술 부문 — 아마 최근 미국의 역사에서 가장 논쟁적인 동시에 수익성이 높은 기술 중 하나였을 — 의 윤리, 정치 및 정책에 미친 영향은 어떤 것이었는가?

레이건 행정부 시절에 나온 가장 중요한 규제결정 중 하나는 생명공학에 대한 규제 완화였다. 1980년 미 대법원은 생명 형태에 대한 특허가 "인간이 만든 것이라면 태양 아래" 그 어떤 다른 것에 대한 특허와도 다르지 않다고 판결했다. 또한 1986년 6월에 대통령 직속 과학기술정책국 Office of Science and Technology Policy 은 유전공학이 그다지 새롭지 않아서 생명공학을 특별히 겨냥한 입법은 불필요하다고 결정했다. '생명공학 규제를 위한 협력체계' Coordinated Framework for Regulation of Biotechnology [약칭 '협력체계']는 기존 법률이 대체로 생명공학의 산물을 포괄할 수 있는 적절한 관할권을 제공한다고 결론 내렸다.[10] 연방정책은 산물의 종류에 따라 주관 기구를 지정하고 "새로운 (유전자교환) 생명체"와 "병원체" 같은 핵심 용어들의 정의를 표준화했으며 기구들 간의 시의적절한 정보교환을 제공하는 등의 조치들을 내려 활동을 간소화했다.

이처럼 상대적으로 생명공학에 자유방임으로 접근한 덕분에 미국은 농업(녹색) 생명공학과 제약(적색) 생명공학 모두에서 초기의 산업 선도국으로 자리매김했다. 그러나 앞서 5장에서 본 것처럼, 미국의 식물 생명공학은 국경을 넘어 제품의 수출을 추구하면서 이내 저항의 물결에 직면했다. 특히 좀더 예방적인 접근과 유기농에 대한 좀더 폭넓은 관심에 규제의 기반을 두고 있던 유럽에서 그러했다. 심지어 미국의 소비자들조차도 몬산토식의 시장 제국주의에 완전히 열광하지는 않는 것으로 드러났다. 소비자들은 GM 식품을 유기농 제품으로 지정하는 것을 거부했고, GM 성분을 포함한 식품의 분명한 표시제를 주장하는 운동도 주별로 계속되고 있다. 이는 의심의 환경이 있으며 많은 사람들의 경우 완전한 거부 의사가 있음을 증명하고 있다.

OTA가 이러한 문제가 생겨날 것을 예견했다거나 '협력체계'에 대한 잠재적 대안들을 의회에 효과적으로 조언했음을 시사하는 증거는 거의 없다. "새로운 발전" 시리즈의 연구 중 하나로 유전자변형생명체의 현장 시험을 다룬 1988년 보고서에서 OTA는 나중에 공개적 논쟁이 벌어지게 될 기술적 질문들 중 상당수를 검토했다. 예를 들어 이 보고서는 생물학적 근연종인 생명체들 사이에 유전자 이동의 가능성이 있다고 지적했지만 재앙에 가까운 사고가 날 확률이 극히 낮음을 강조함으로써 이를 무해한 것으로 그려냈다. 알지 못하는 모름(4장을 보라)은 OTA 시야 안에 있지 않았다. 이 기술의 새로움, 그리고 재조작 가능성에 열려 있는 생물계의 복잡성에도 불구하고 말이다. 캘리포니아에서 크게 논쟁을 일으켰고 결국에는 상업적으로 실행 불가능하다고 드러난 아이스 마이너스 박테리아와 관련해, OTA는 걱정할 만한 이유가 거의 없다고 결론 내렸다. "그러나 서로 다른 몇몇 연구들에 따르면, 설사 최악의 가정들(그중 상당수는 알려진 사실과 배치된다)이 연쇄적으로 실현된다고 하더라도 아이스 마이너스 박테리아의 대규모 농업 응용을 통한 기후 패턴의 변화는 가능성이 낮아 보인다. 하지만 이러한 가정들 중 상당수는 추가 연구에서 검증되어 더 나아질 수 있다."[11]

OTA는 연구 요약문에서 의회가 GMO의 계획된 환경 방출 신청을 심사할 때의 세가지 선택지를 제시했다. 첫째는 기존 방식대로 하는─다시 말해 다른 시판 전 심사와 별반 다르지 않은 요구조건을 내거는─것이었다. "살아 있는 생명체가 성장, 번식하거나 비대상 종들에 유전물질을 전달하는 능력이 있어 문제"가 생길 수도 있다고 보고서에서 인정했는데도 말이다.[12] 둘째는 가장 상세한 선택지이자 OTA의 전문가 집단이 제일 선호한 듯 보이는 선택지로서, 모든 신청에 사전평가를 진행하되 각각에 위험등급을 부여해 심사의 범위와 강도를 그에 따라 결정하는 것이었다. 셋째는 가장 선호되지 않은 선택지로서 모든 신청에 대해 최대한의 검토를 진행하는 것이었다.

만약 OTA의 기능 중 하나가 전문성이 갖는 안정화의 힘을 가치의존적 문제를 다루는 의회라는, 좀더 민주적인 포럼 쪽으로 돌려놓는 것이었다면 지금에 와서 돌이켜볼 때 OTA의 생명공학 보고서들은 그런 임무를 다하지 못한 것으로 보인다. OTA가 내놓은 정책 제안들의 시점과 내용은 미래에 닥칠 어려움을 내다보는 데 크게 못 미쳤고, 의회의 견해를 움직여 생명공학에 관해 독자적인 사고를 할 수 있게 돕지도 못했다. 1988년이 되자 백악관은 이미 '협력체계'를 발표하면서 결과적으로 가장 덜 간섭적인 OTA의 첫번째 선택지를 강하게 지지한 셈이 되었다. 이 제안은 미국의 정책이 되었고 지금까지도 그 지위를 유지하고 있다. 그러나 OTA가 언급한 생물체들의 특이성은 사라지지 않았다. 예를 들어 거대한 GM 옥수수 경작지가 제왕나비 같은 비대상종들에 미치는 영향은 이를 근거가 없는 것으로 일축하려는 산업체들의 노력에도 불구하고 생태학에서 계속해서 제기되고 있다.[13] 마찬가지로 유전자의 종간 전이 문제는 주기적으로 되돌아와 생명공학을 괴롭히고 있다. 캘리포니아대학 버클리캠퍼스의 이그나시오 차펠라의 논쟁적 연구가 그런 사례다. 그는 미국 옥수수의 유전자변형된 형질이 멕시코에서 지역별로 소중하게 여기는 토착종을 오염시켰음을 입증했다고 주장했다.[14]

구성적 기술영향평가

OTA가 미국 바깥에 미친 영향은 그것이 미국의 국내 정책에 미친 영향을 능가하는지도 모른다. 다만 여기서도 이 기구는 모범적인 운영 모델로서보다는 어떤 사고방식에 영감을 주는 쪽으로 더 많이 기여했다. 1980년대에 다수의 유럽 국가는 기술영향평가의 원칙을 받아들였고, 이와 함께 과학 내지 기술적 요소를 포함하는 사안들에 관하여 의원에게 도움을 주는 전문기구라는 아이디어도 수용했다. 덴마크와 네덜란드는 1980년대 중반에 OTA와 흡사한 사무소를 가장 먼저 설립한 나라들 중 하나가 됐다. 영국은 1989년에 의회과학기술사무국Parliamentary Office of Science and Technology, POST을 설립해 의회의 위원회와 개별 의원 들에게 정보와 브리핑을 제공했다. POST의 권한에 과학이 포함된 것은 영국에서 연구 및 연구정책에 높은 가치를 부여하고 있음을 말해준다. POST는 다른 비슷한 기구들과 달리, 자신의 역할을 기술 예측이나 정책 자문의 측면보다 정보 제공의 측면에서 정의하고 있다. 유럽 차원의 기구인 유럽의회기술영향평가European Parliamentary Technology Assessment 네트워크는 다양한 국가 조직 사이에 정보 공유와 공동 프로젝트의 기회를 제공한다.

기술영향평가는 다양한 기구와 정치문화를 가로질러 확산되면서 기술적 분석과 민주적 숙의를 연결하는 각국의 고유한 전통을 따라 서로 다른 노선을 취하며 발전했다. 그러한 전략 중 하나는 1984년 네덜란드기술영향평가국Netherlands Office of Technology Assessment, NOTA의 정책 문서에서 처음 개발되었고 구성적 기술영향평가constructive technology assessment, CTA라는 이름으로 알려졌다. NOTA는 시민들의 관점이 반드시 기술의 설계에 들어가야 한다는 관찰에서 출발했다. 이는 오직 합의회의 같은 참여의 과정을 통해서만 이뤄질 수 있었다. 합의회의는 전형적 시민들이 어떤 주어진 기술이 어떻게 진보하기를 바라는지 정책결정자들에게 적극적으로 표현하는 과정이다. CTA는 기술과 사회 사이의 지속적인 커뮤니케이션의 필요성을 상상한다. 그리하여 "행위자들의 역사적 경험, 미래에 대한 그들의 관점, 기술의 영향이 주는 약속 혹은 위협에 대한 그들의 인식"이 지속적으로 기술의 진보에 되먹임될 수 있게 한다.[15] 이러한 전망은 합의에 기반한 정책결정의 강한 전통을 가진 나라에서 반향을 불러일으켰고, 네덜란드의 다양한 기구와 업종 단체들은 보건의료정책과 같은 사안들에 관한 시민참여 절차를 받아들였다.

CTA는 그 설계에서 OTA의 접근과는 근본적으로 다르게 보인다. OTA의 접근은 일련의 전문가들이 다양한 관점을 제시하는 데 의지하지만, 시민들 혹은 다른 행위자들의 직접적 의견 개진을 위한 공간을 포함하고 있지는 않다. 하지만 혹자는 이렇게 물을 수 있다. 과연 CTA는 진정으로 평등주의적인 상상력의 공간을 열어젖혀 다양한 행위자들이 기술 궤적의 설계 단계에 참여하는 것을 허용하는가, 아니면 정부와 산업체가 미리 앞당겨 내린 선택에 대해 대중의 승인을 얻어내기 위한 실용적 활동에 좀더 가까운가? CTA는 기술영향평가의 한갈래로서, 기술영향평가가 집단적으로 미래를 상상하고 이에 적응하는 양식으로서 갖는 미덕뿐 아니라 단점까지도 집약하고 있는 것 같다.

문제의 핵심은 CTA가 정치가 아닌 정책의 편에 서 있다는 바로 그 사실에 있다. "구성적"이라는 용어는 기술에 대한 긍정적 믿음을 표시하고 CTA가 믿음을 저버리는 일은 아주 드물게만 일어나며, 그러한 믿음 자체는 의심의 대상이 되지 않는다. CTA는 혁명적인 것이 아니라 점진적인 것이다. CTA의 절차적 접근은 이것이 갖는 분별있고 진보적인 성향을 확인해주지만, 이는 기술 향상을 위한 원대한 계획의 윤리와 씨름하기 위한 포럼보다는 실행의 기법으로 더 많이 작동한다. 결국 CTA는 대화, 참여, 충분한 정보에 근거한 논쟁에 집중한다는 바로 그 점에서, 넓은 범위에 걸친 격렬한 의견 충돌에는 적합하지 않은 듯 보인다. 인간이 통상적인 정치의 범위를 넘어서는 목표 ─ 가령 석유기반 경제의 탈탄소화, 인간 뇌의 강화와 상호접속, 멸종된 종의 부활, 지구의 온도를 낮추기 위한 하늘의 개조 같은 ─ 를 달성하기 위해 계속해서 커지고 있는 기술적 힘을 어떻게 사용해야 하는가를 둘러싼 의견 충돌이 여기에 해당한다. 실패로 돌아간 두가지 녹색에너지 계획을 살펴보면 기술정책의 정치가 어떻게 대중적 논의를 주변화하면서 구성적 대중참여의 가능성을 사실상 제거하는지 좀더 면밀하게 들여다볼 수 있다. 두 사례는 모두 오늘날의 국가와 주요 산업체들 간의 긴밀한 협력의 동역학을 보여준다. 이 과정에서 소규모의 개별 정치 행위자들은 배제된다.

첫째는 미국의 무배기가스 차량zero-emissions vehicle, ZEV, 즉 전기자동차 이야기다. 1990년에 캘리포니아대기자원위원회California Air Resources Board는 제너럴모터스를 포함한 주요 자동차회사들이 가솔린 자동차를 계속 판매할 수 있는 댓가로 향후 8년 동안 판매 차량의 2퍼센트를 ZEV로 전환해야 한다는 의무규정을 만들었다. 이론적으로 CTA 행위자들은 그러한 의무조항이 어떻게 구체적 현실로 탈바꿈할 수 있는지 조정하는 데 필요한 다층적 대화를 만들어내는 활동을 할 수 있었을 것이다. 그러나 현실에서는 2006년 영화 「누가 전기자동차를 죽였나?」Who Killed the Electric Car?가 보여주는 것처럼, 제너럴모터스가 소비자 수요를 줄였고 아마도 연방 및 주 규제기관들과의 공모하에 캘리포니아주가 2000년까지 ZEV 의무조항을 축소하도록 유도했다. 다큐멘터리에서 으스러진 전기자동차들은 잠재적 관심을 가진 대중들의 힘에 비해 기업-정부 관계가 갖는 막강한 힘을 상징적으로 보여준다.

둘째 이야기는 데저텍Desertec과 관련된 것이다. 이는 사하라사막을 태양전지판으로 뒤덮어 북아프리카와 유럽에서 쓸 전기를 생산하려는 야심찬 계획으로, 대략 5500억 달러의 비용이 들 것으로 추정됐다. 21세기 초에 만들어진 이 계획은 처음에 기술적으로 실현 가능해 보였고 지멘스나 보쉬 같은 독일의 거대 산업체들 사이에서 상당한 흥분을 불러일으켰다. 그러나 이는 예상된 재정 후원을 얻어내는 데 실패했고, 지멘스와 그외 핵심 행위자들이 관심을 잃어버리면서 결국 중단됐다. 사후평가에 따르면 계획을 추진한 사람들은 구상 초기에 북아프리카에서 유럽 수출용 전기를 생산하는 것의 지역 정치 측면에 거의 주목하지 않았다. 이 지역에서 점차 커지는 소요사태—부분적으로 이슬람 근본주의의 부상에서 동력을 얻은—는 에너지 기술관료들을 분명 깜짝 놀라게 했다. 나중에 "유토피아적"이고 "일차원적"인 계획으로 평가절하된 데저텍은 상의하달식의 개념적 계획의 한계를 잘 보여준다. 좀더 중요하게는 기술정책의 가장 초기 단계에서 관심

있는 대중들이 참여해 사회적 지성을 발휘할 수 있는 진입 지점의 부재를 드러낸다.

발명의 윤리적 난국

가능하지 않지만 인간이 정말로 발휘하고 싶었던 종류의 변화의 힘은 한때 신에게만 속한 것이었다. 우리 조상들은 오직 신의 지식만이 질병과 불공평이라는 오랜 악덕을 제거하고 인간의 마음 깊숙한 곳을 탐색하며, 지구 위 혹은 그 주위를 움직이는 모든 것의 기능을 관장할 수 있다고 생각했다. 과학기술은 이러한 초인적인 능력 중 많은 것을 우리의 힘이 미치는 곳에 가져다놓았고, 그 결과 그저 평범한 인간들이 "신놀음"play God 을 할 수 있게 됐다. 그러나 자만심과 잘 알지도 못한 채 도를 넘는 것에 대한 불안도 깊이 깔려 있다. 이러한 불안은 기술발전이 재앙에 가까운 피해의 잠재력을 촉발하고, 자연을 기술로 바꿔놓을 조짐을 보이면 재빨리 모습을 드러낸다. 혹은 5장에서 논의했듯이 사람들이 그러한 개조가 선의에 기반한 경우에라도 지켜야 한다고 믿는 인간성의 핵심적인 특징들을 기술발전이 파괴하는 듯 보일 때도 마찬가지다.

각국의 대응 중 하나는, 기술의 침입에서 떼어놓아야 하는 영역들을 정책으로 상세하게 기술하는 것이었다. 20세기를 지나면서 세계 여러 나라가 힘을 합쳐 대다수의 인간이 혐오스럽게 여기는 발전을 추구하지 말자는 협약을 체결했다. 국제 조약들은 인간의 생존과 지구 환경을 위협하는 기술(그리고 기술의 뒷받침을 받는 사회적 행동)에 제약을 두고 있다. 지금까지 합의된 것으로는 핵 군비 축소 및 비확산, 화학무기, 지뢰, 지속성 유기오염물질 금지, 오존층 파괴 화학물질의 단계적 생산 중단, 멸종위기종의 보호, 생물다양성과 빼어난 자연경관을 무분별한 산업화로부터 보존하는 것 등이 있다. 이러한 행동 대부분은 건강, 안전, 환경, 더 나아가 인간의 생존에 가해지는 물리적 손상에 초점을 맞추었다. 회복 불가능한 도덕적 피해를 입힐 수 있는 기술 활동을 수행하지 말자는 합의는 좀더 드물게 나왔다. 인간복제와 대물림되는 유전적 특성의 변형에 대한 사실상 전지구적인 금지는 생명공학이 넘어서면 안 되는 한계에 관해 바로 그처럼 널리 공유된 (하지만 보편적으로 공유되지는 않은) 직관에 달려 있다.

새로 등장하는 기술들은 대단히 골치 아프면서도 핵무기나 인간복제가 제기하는 실존적 위협의 수준에는 미치지 못하는 수많은 윤리적 우려를 제기한다. 사회가 새로운 지식과 참신한 능력을 향해 저돌적으로 질주하는 와중에도 과학기술이 공공적 가치와의 접점을 잃지 않고, 제대로 표현되지는 못했지만 실재하는 도덕적 감수성을 짓밟지 않게 하려면 어떻게 해야 할까? 지난 사반세기 이루어진 동안 공적 윤리기구들의 성장이 부분적인 답을 제공한다. 많은 나라가 윤리적 숙의를 일종의 정책 실천으로 받아들였다. 이는 기술진보를 사회적 가치와 동기화하는 것을 목표로 한다. 다양한 형태의 기술영향평가와 마찬가지로, 이러한 과정들 역시 기술의 미래에 대한 민주적 통제를 확보할 때의 서로 다른 미덕과 한계를 보여준다.

많은 서구 사회에서 기술에 관한 윤리적 숙의는 생의학과 생명공학의 진전을 둘러싸고 시작됐다. 이러한 움직임은 제2차 세계대전 시기 독일 의료과학이 저지른 끔찍한 학대가 드러나면서 긴급성을 획득했다. 주요 전범 재판이 끝난 후 군사법정에서 열린 뉘른베르크 의사 재판Nuremberg Doctors' Trial은 23명의 저명한 의사와 관리 들을 불법적인 의학 실험과 대량학살 죄목으로 피고석에 세웠다. 한가지 결과는 인간 피험자에 관한 연구를 관장하는 일단의 원칙으로 뉘른베르크 강령Nuremberg Code이 제정된 것이었다. 첫째는 충분한 정보에 근거한 동의informed consent의 원칙으로, 이는 오늘날 생의료 윤리의 근간으로 기능하고 있다. 이 원칙은 모든 실험적 맥락에서 "인간 피험자의 자발적 동의가 절대 필수적"이라고 적고 있다.[16] 오늘날 전세계 주요 연구기관들은 상설위원회 —미국에서 이는 기관생명윤리위원회IRB로 알려져 있다— 를 두어 연구자들이 잠재적 위험성이 있는 연구를 시작하기 전에 법적 효력을 지니며 충분한 정보에 근거한 동의를 반드시 얻도록 하고 있다.

충분한 정보에 근거한 동의의 원칙, 그리고 이와 연관된 보호 장치들은 개별 연구자들과 그들이 수행하는 실험의 피험자들 사이에 가장 직접적으로 적용된다. 그러나 뉘른베르크 강령에 대한 그처럼 협소한 해석은 전후 시기에 형성된 좀더 폭넓은 합의 내에 있다. 사회는 기술과 그 후원자들이 윤리적으로 책임을 지게 만들 권리를 갖는다는 생각이 그것이다. 특히 기술진보가 친밀한 사회관계 혹은 위험과 편익의 분배를 중대한 방식으로 교란할 조짐을 보일 때 그렇다. 이러한 원칙을 공식적으로 선언한 단일 강령이나 헌법은 존재하지 않지만, 지난 반세기 동안 수많은 개별 제도의 발전은 윤리적 예측과 배려를 사실상 우리가 일종의 초국적 입헌주의로 간주하는 것의 요소로 승인했다. 여기서 핵심은 윤리적 함의와 결과의 사전평가에 대한 믿음으로, 통상적인 기술 영향평가가 건강, 안전, 경제, 환경에 미치는 영향에 집중하는 것을 보완한다.

사회가 기술혁신의 윤리적 차원에 대해 성찰하는 것을 가능케 하는 제도는 두가지 주요 형태를 띤다. 매우 큰 주목을 받는 정치적으로 설립된 기구(종종 국가정책의 사안들에 직접 발언하는)와 거의 눈에 띄지 않는 관리형 기구(연구의 일상적 과정을 담당하는)이다. 국가 수준의 위원회들은 모종의 의제설정 권한을 누릴 수 있지만, 아울러 긴급한 새 현안을 다뤄달라는 정치인들의 요청을 받을 수도 있다. 이뿐만 아니라 그러한 위원회들은 각국 정부의 의사결정 부처들과 어떤 관계를 맺는가에 따라 매우 다른 지위를 점하며, 권한도 그에 맞춰 형성되고 제한을 받는다.

미국에서 국가 윤리기구들은 1974년에 활동을 시작했다. 이해에 의회가 보건교육복지부에 '생의학 및 행동학 연구의 인간 피험자 보호를 위한 국가위원회'National Commission for the Production of Human Subjects of Biomedical and Behavioral Research의 설립을 요청했다. 그 위원회의 가장 중요한 기여로는 뇌사의 기준을 마련한 것, 그리고 인간 피험자에 관한 연구를 승인할 기관생명윤리위원회를 설립한 것이 있었다. 의회는 1980년대 들어 여러개의 생명윤리기구의 설립을 지시했지만, 1988년부터 1990년 사이에 잠시 활동한 생의학윤리자문위원회Biomedical Ethical Advisory Committee가 실패로 돌아가면서 의회의 주도적 역할은 끝이 나고 말았다. 상원과 하원에서 동수로 뽑힌 위원회의 균형 잡힌 위원 구성 탓에 미국 낙태 정치의 매서운 교착상태를 피해가지 못했다. 1996년 이후 클린턴 행정부를 시작으로 국가 생명윤리기구들은 명시적인 대통령 훈령에 의해서 활동을 해왔다.

미국의 국가윤리위원회들은 대통령에게 봉사하건 의회에 봉사하건 간에, 확연한 정치적 압박을 받고 있다. 특히 백악관에서 구성한 위원회들은 대통령의 정치적·정책적 선호에 대체로 공감하는 사람들이 의장을 맡는다. 그래서 부시 대통령 시절인 2001년에서 2005년까지 대통령생명윤리위원회President's Council on Bioethics의 의장을 맡은 리언 카스 박사는 생의학 연구에 보수적 입장이라고 알려진 인물이었다. 그는 사회가 추구하기를 주저해야 하는 방향에 대한 일종의 시험으로 "혐오감의 지혜"wisdom of repugnance로 공식적으로 알려진 "우웩 반응"yuk reaction을 제시한 것으로 유명하다.17 반면 오바마 대통령은 흠잡을 데 없는 자유주의 이력을 지닌 정치철학자 에이미 거트먼 교수에게 대통령생명윤리문제연구위원회Presidential Commission for the Study of Bioethical Issues의 의장을 맡겼다. 거트먼이 이끄는 위원회는 새로운 기술의 약속을 정의하는 문제를 과학에 맡기는 한편으로, 대체로 위험이 자명해 보이는 영역에서는 주의를 당부했다. 예를 들어 유명한 과학자이자 기업가인 J. 크레이그 벤터가 자신의 회사에서 새로운 합성 미생물을 창조했다고 주장했을 때 위원회는 이를 규제할 필요가 없다고 결론 내렸을 뿐 아니라, 언론이 잘못된 공포를 전달하지 ─ "신놀음" 같은 자극적 언어의 사용을 포함해서 ─ 않도록 공공 감시단체의 임명을 권고하기까지 했다.[18]

이보다 훨씬 덜 눈에 띄는 역할을 담당하는 것이 미국의 주요 대학들에서 연구 수행을 감독하는 일군의 윤리위원회들이다. 여기에는 인간 피험자 연구를 책임지는 IRB, 동물실험을 책임지는 기관동물실험윤리위원회Institutional Animal Care and Use Committee, IACUC, 그리고 가장 최근에 인간 배아에서 줄기세포를 유도하는 것에 대한 미국 대중의 우려에 대응해 설립된 배아줄기세포연구감독(ESCRO 혹은 간혹 SCRO로 약칭) 기구가 포함된다. 국가윤리위원회들은 최초의 시험관아기인 루이즈 브라운의 탄생이나 복제양 돌리의 탄생처럼 딱 보기에 획기적인 기술의 대약진이 나타난 이후에 종종 판단이나 안심 보증을 요청받는다. 반면 IRB, IACUC, ESCRO는 연구 활동에 대해 거의 눈에 보이지 않는 시녀의 역할을 한다. 이 기구들은 노골적인 윤리적 위반을 방지하는 임무를 맡고 있지만, 동시에 과학자들이 이해하는바 과학의 진보를 가로막지 않을 것으로 기대된다. 이 기구들은 대학 내 교수나 직원들에게 의지해 대학 당국자들이 설립하지만 (국가위원회의 경우와 달리) 그 구성원들은 전문성에 입각해 선정되며 명백한 정치적 심사나 이데올로기적 균형 요구에 따르지 않는다.

이러한 위원회들 역시 윤리적 상상력의 범위를 한계짓는 제약 속에서 활동한다. 위원회는 일종의 문지기 역할을 하며, 위원회의 분석 결과 너무 위험해 보이는 연구 방향을 차단할 권한을 갖고 있다. 윤리위원회들은 공공자금 지원기구가 심각한 위반 사례를 찾아내면 모기관의 명성이 훼손될 수 있음을 — 동료들에게 벌금이 부과되거나 정직 처분이 내려지는 극단적 전망은 말할 것도 없고 — 너무나도 잘 알고 있다. 그러한 고려들 덕분에 지침 적용 시 극도의 주의를 기울이게 되지만, 종종 감독은 정해진 양식을 제대로 작성했는지 확인하는 다분히 기계적인 과정으로 축소된다. 한편 주요 연구대학들에 설치된 윤리위원회는 자기 대학의 저명한 과학자들에게 가해진 압력에도 민감하다. 요즈음 수준 높은 과학은 엄청나게 경쟁적이다. 명망 있는 학술논문, 지원금, 상은 중요한 결과를 얻어낼 수 있는가뿐 아니라 그것을 가장 먼저 얻어낼 수 있는가에 달려 있다. 윤리위원회들은 그 구성과 임무로 인해서 과학자 동료들의 야심과 우선순위에 공감하는 경향을 보이며, 사회가 빠른 과학적 진보에 정당한 관심을 보이는데도 장벽을 세우는 것을 꺼리는 경우가 많다. 이는 반대로 윤리위원회들이 새로운 방향의 과학 연구나 혁신이 갖는 근본적 목적에 질문을 던질 만한 최선의 위치에 있지 않음을 의미한다. 대부분의 경우 그들은 그러한 목적을 주어진 것으로 받아들이고, 자신들의 역할을 과학의 감독자 혹은 적이 아닌 조력자로 상정한다.

미국의 기술개발 프로그램들이 거듭해서 공공적 윤리 숙의에 자금을 할애하긴 했지만, 그러한 심사숙고를 수행할 최선의 방법에 대한 어떤 단일한 모델이 나타나지는 않았다. 아마도 가장 잘 알려진 것은 1990년에 출범한 인간유전체프로젝트의 윤리적·법적·사회적 함의Ethical, Legal, and Social Implications, ELSI 프로그램일 것이다. 처음에 ELSI는 국립보건원과 에너지부가 관장하는 중앙집중화된 자금지원 프로그램으로 활동했다. 그것의 임무는 대부분 연구자가 발의한 제안서에 자금을 지원하는 방식으로 "문제를 예측하고 가능한 해법을 찾아내는" 것이었다. ELSI 연구는 국립인간유전체연구소National Human Genome Research Institute에서 계속되고 있지만, 프로젝트의 자금지원은 1990년대 말에 분산됐고 ELSI 연구자문위원그룹ELSI Research Advisoers Group의 감독 아래 놓이게 됐다.[19]

ELSI의 역사를 보면 과학자 공동체도, 연방 지원기구도 초기에 NIH가 윤리 연구에 자금을 지원한 방식에 만족하지 않았음을 알 수 있다. 초기의 윤리 연구에서는 자기 나름의 관심사를 추구하는 연구자들이 대체로 연구를 제안하고 우선순위를 결정했다. 반면 후속 기획들, 가령 나노기술이나 합성생물학을 지원하는 프로그램의 경우, 각 기술 영역의 윤리적·사회적 차원에 관한 연구에서 좀더 엄격하게 통제된 접근법을 택했다. 그러한 기획에서 도출된 권고안들은 과학자들이 "책임있는 혁신"이나 "예측적 거버넌스" 같은 명분을 내걸고 자체적으로 취할 수 있는 행동을 강조했는데, 이는 그리 놀랍지 않다. 여기서는 연구 과정에 몰두하고 있는 과학자들이, 자신들의 작업과 연관된 그 어떤 딜레마도 이해하고 해소하기에 가장 좋은 위치에 있다 — 아마도 학교 내의 윤리 자문위원 한두명의 도움을 얻을 수는 있지만 — 고 가정한다. 그렇다면 윤리적 분석은 광범하게 민주적인 목표가 아니며 도구적인 역할을 한다고 여겨진다. 정부가 도덕적 위험이 잘 통제되고 있다며 우려하는 대중을 안심시키거나, 유전자 프라이버시 같은 특히 골치 아픈 사안에 관한 정책을 개발할 필요를 느낄 때가 여기 해당된다.[20]

그러한 도구적 목적을 진전시키지 못하는 윤리적 분석은 공공의 지원을 받을 만한 가치가 없다고 평가절하되는 경향이 있다. 예를 들어 2010년에 국립과학재단NSF과 캘리포니아대학 버클리 캠퍼스의 저명한 인류학 교수인 폴 래비노우 사이에 보기 드문 공개적 다툼이 일어났다. 래비노는 해당 대학에 본부를 둔 합성생물공학연구센터Synthetic Biology Engineering Research Center, SynBERC에서 윤리적 차원의 연구를 책임지고 있었다. NSF 심사에서는 래비노우와 그 동료들이 수행한 연구의 몇몇 측면들이 "상황을 앞서서 주도하는 발전적인 모습보다 일차적으로 관찰적인 성격이 강해 보인다"고 결론 내렸다.[21] 이 말을 해석해보면 NSF는 잠재적 위험성을 갖는 생물학 연구에 대한 보안 지침을 개발하는 과정에서 SynBERC의 진전에 불만이 있고, 그 목표는 합성생물학의 다른 윤리적 차원들을 탐구하는 것보다 우선한다는 뜻을 담고 있었다. 래비노우는 프로젝트에서 윤리적 쟁점들의 연구를 전담하는 스러스트 4Thrust 4에 대한 통제권을 사실상 잃었다. 대신 이를 이끄는 역할은 프로젝트 내부의 과학자인 드루 엔디에게 넘어갔다. 래비노우는 몇달 동안 계속 연구자로 머물렀지만 결국 SynBERC에서 사임했다. 그는 과학자들이, "그들에게 생명 조작을 맡겨서

이를 후원하고 있는 사회 일반에 대한 책임"을 방기하고 있다고 공격했다.[22]

윤리기구의 설계와 활동은 각국에서뿐 아니라 국가들 간에도 매우 큰 차이를 보이며, 이는 공공적 가치를 포함하는 것을 다양한 방식으로 가로막거나 이에 기회를 제공한다. 전체적으로 보면 도덕적 문제를 야기하는 기술발전—특히 생명과학기술과 관련된 사안들—을 다룰 때 독일과 영국의 접근법에서 모두 일반 대중의 의견 제시가 더 중요하게 나타난다. 독일에서는 행정부가 아닌 의회가 윤리적 숙의를 담당하는 국가기관을 통제한다. 2007년 윤리위원회법 제정에 따라 독일윤리위원회Deutscher Ethikrat가 설립됐는데, 이 기구의 사명은 "제기되는 윤리, 사회, 과학, 의학, 법의 문제, 그리고 연구개발과 관련해 개인과 사회에 일어날 수 있는 가능한 결과를 탐구하는" 것이다.[23] 위원회는 의견, 권고, 연차 보고서 등을 통해 생의학 연구의 이동하는 최전선을 다루며, 특히 기존 법률이 그 적용범위에서 빈틈을 노출한 듯 보이는 쟁점들을 파고든다. 예를 들어 2011년 위원회가 만든 인간-동물 키메라에 관한 보고서는 "세포질체잡종"cybrid(인간 세포의 핵을 동물 난자에 집어넣어 만든 것)을 인간의 자궁에 이식하는 것을 금지하도록 배아보호법을 개정하라고 권고했다.[24] 독일이 1990년에 배아법을 제정한 당시에는 그럴 가능성이 예견되지도 않았고 그에 맞선 보호장치도 존재하지 않았다.

과학, 윤리적 분석, 입법 사이의 공식적이고 중앙집중적인 연결을 선호한 독일과 달리, 그 반대쪽 극단에 있는 영국은 공공의 윤리적 숙의에 대해 좀더 느슨하게 구조화되고 비공식적인 접근을 받아들인다. 너필드생명윤리위원회Nuffield Council on Bioethics는 영국에서 생명과학 및 생명공학과 관련된 윤리적 쟁점들에 지속적인 숙의와 권고를 제공하는 가장 두드러진 기구이다. 이는 1991년에 모기구인 너필드재단Nuffield Foundation이 설립했고, 영국에서 생의학 연구자금을 대는 주요 원천인 웰컴 트러스트Wellcome Trust의 연구비 지원과 정부 산하 의학연구회Medical Research Council의 후원을 받고 있다. 미국의 ELSI에서 그랬던 것처럼, 너필드위원회의 강령에서도 미래예측이 눈에 띄는 특징이다. 위원회의 첫번째 목표는 "대중의 우려에 응답하고 이를 예측하기 위해 생물학 및 의학 연구의 최근 진전에 의해 제기된 윤리적 문제들을 파악하고 정의하는"것이다.[25] 여기서의 전제는 전문가 기구가 일반 대중보다 좀더 멀리 앞을 내다볼 수 있으며, 이들의 조언은 다시 심각한 부정적 결과를 야기할 수 있는 대중의 우려를 정책결정자들이 완화하는 데 도움을 줄 수 있다는 것이다.

법이나 행정명령에 의해 설립된 것은 아니지만 너필드위원회는 그 정당성을 지키기 위해 사회 일반의 민주적 규범을 따른다. 그 위원은 임기가 3년으로 연임이 가능한데, 공개적 모집 광고와 전문직 네트워크를 통해 선발된다. 유사한 공공기구들이 으레 그렇듯, 이 위원회도 젠더, 인종, 전문 영역 등을 골고루 안배해 균형 유지를 위해 힘쓴다. 위원회는 자문 요청에 응하는 식으로 연구 주제를 택하지만 웹사이트를 이용해 대중에게서 앞으로의 연구 제안을 받기도 한다. 이 모든 절차들은 어떤 공식적 국가기구도 채택할 만한 것을 모방하고 있지만, 어떤 정치기관 혹은 행위자가 위원회의 최종 보고에 책임을 지지는 않는다.

요컨대 이러한 사례들은 기술의 미래에 대한 윤리적 숙의의 원칙을 산업사회에서 흔히 볼 수 있게 되었음을 보여준다. 시의적절한 미래연구와 예방 행동을 통해 가능한 도덕적 피해를 예측하고 막을 수 있다는 믿음은 특정 국가에 국한되지 않고 널리 퍼져 있다. 그러나 가장 굳건하게 제도화된 윤리적 분석 방식은 너무나 자주 지배 이데올로기와 일치하는 듯 보인다. 정치적으로 설립된 국가윤리위원회의 선언이나, 좀더 낮은 수준에서 활동하는 수많은 기관 윤리기구들의 순응적이고 대체로 규칙에 따르는 활동에서 이런 점을 엿볼 수 있다. 따라서 연구 수행을 감독할 책임을 맡은 위원회들에서 나타나는 "윤리"의 전문직업화는 누가 기술을 통제하는가에 관한 골치 아픈 질문들을 제기한다.[26] 그러한 기구가 증가함에 따라 훌륭한 기술 미래에 대한 민주적 상상력 ─ 이를 공공의 사회기술적 상상력sociotechnical imaginary이라고 부를 수 있을 것이다[27] ─ 은 좀더 협소한 기술관료적 전망으로 대체되어온 것처럼 보인다. 그런 협소한 전망 아래에서는 전문가들이 기관의 명성 혹은 피험자의 건강과 안전에 명백한 위험이 있다는 데 동의할 때에만 연구에 제동이 걸릴 수 있다. 기술의 미래를 놓고 논쟁할 때 일반 대중을 직접 참여시키려는 노력은 더 나은 결과를 얻어낼 수 있을까?

대중참여: 만병통치약인가, 위약인가?

국가는 오래전부터 기술이, 민주주의가 궁극적으로 의지하는 기반인 피통치자의 승인을 얻어내는 강력한 자원임을 깨달았다. 특히 국가가 공격받고 있을 때 정부는 기술적 과시로 국민들을 죽음과 파괴로부터 보호할 능력이 있다고 설득할 수 있다. 반면 대형 기술 실패는 국가에 대한 신뢰에 부담을 주거나 이를 약화할 수 있다. 1984년 인도의 보팔 참사, 1986년 소련의 체르노빌 핵발전소 사고, 1990년대 영국의 두번째 "광우병" 위기 등이 이를 보여주는 사례들이다. 영국의 광우병 위기에서는 치명적인 퇴행성 뇌질환이 소에서 인간으로 전파되었다. 그러한 종간 이전이 일어날 가능성은 극히 낮다고 전문가들이 확신에 차 보증했는데도 말이다. 이 모든 사례에서 국가는 대중의 신뢰가 산산조각난 후 그 파편들을 주워모아야 하는 처지가 되었고, 개중에는 성공한 사례도 있었고 실패한 사례도 있었다. 이러한 교훈극이 민주주의 담론 속에 들어오면서, 정부가 엄청난 피해를 유발할 수 있는 기술 프로젝트에 착수할 때 사전 동의를 얻을 필요성이 강조됐다. 대중참여, 혹은 좀더 최근의 용어를 빌리자면 기술적 의사결정에 대한 대중참여는 시민들이 과학자, 엔지니어, 공무원과 힘을 합쳐 좀더 참여적인 기술의 미래를 그려낼 기회를 제공한다. 그러한 실천들은 현실에서 어떤 양상으로 전개됐고, 시민들이 기술발전의 경로에 자신의 가치를 주입하는 것을 어느 정도로 허용했는가?[28]

미국 대중을 기술 통제에 관한 의사결정에 참여시키려는 시도
는, 오랜 세월에 걸쳐 유효성이 입증된 당사자주의적 과정의 메
커니즘을 이용해 전통적으로 법의 보호 아래서 진행되었다. 이미
1946년에 의회는 행정절차법Administrative Procedure Act, APA을 통과시
켰다. 이는 현대적 법률 제정에서 하나의 이정표가 된 사건으로,
대중 자문의 원칙을 연방정부의 모든 규제력 행사에서 하나의 요
소로 확립했다. APA가 통과되기 이전의 상원 토론 과정에서, 이
법의 주요 입안자 중 하나인 패트릭 매캐런 네바다주 상원의원은
미국 헌법이 미처 내다보지 못했고 명시적으로 허용하지도 않던
거버넌스의 "네번째 차원" ── 행정the administrative ── 이 열렸다고
말했다. 의미심장하게도 매캐런은 APA를 헌법의 언어로 지칭하
며, 이것이 "그들과 관련된 사안에서 어떤 식으로든 연방정부 기
구들의 통제나 규제를 받는 수십만명의 미국인들을 위한 권리장
전"이라고 했다.[29]

APA가 전문적 연방기구들에 의해 점차 운영되던 민주주의를
위한 헌법적 기초를 다시 놓았다면, 1970년대에 터져나온 건강·
안전·환경 입법의 물결은 그러한 토대 위에 20세기 후반에 정부
의 윤곽을 지배했던 상부구조를 건설했다. 보수주의 비평가들은
흔히 큰 정부big government를 두고 정부가 통제불능에 빠졌다고 폄
하하지만, 그러한 입법의 물결이 연방정책의 가장 난해한 측면
들조차도 이해하고 영향을 미칠 수 있는 시민들의 능력에 확신
을 표현하고 있다는 사실은 너무나도 자주 간과되곤 한다. 그러
한 법들은 시민들이 반드시 알고 있는 것은 아니지만 지식을 갖출

수 있는 존재라고 상정한다. 다시 말해 유사시에는 효과적인 자기 통치를 위해 필요한 지식을 얻을 수 있는 존재라는 말이다. 지식적으로 유능한 시민이라는 이러한 관념은 토머스 제퍼슨부터 존 듀이, 그리고 그 이후까지 미국의 정치사상에 면면히 흐르고 있다. 그러다 1980년대에 가속화된 탈규제와 신자유주의의 열풍은 공공의 문제를 해결하는 정부의 능력뿐 아니라 기술을 공통의 가치에 부합하게 만드는 대중의 능력에도 도전장을 내밀었다. 탈규제 전환은 수십년에 걸친 민주화 입법에 의해 가능해진, 아래로부터의 지속적인 비판적 모니터링 없이 의제를 설정하고, 전문성을 계발하고, 설계 선택을 할 권리를 민간부문과 그것의 가장 강력한 대표자들에게 사실상 이양했다.[30]

미국 행정 실천의 1백년 역사는 국가가 법적으로 강제할 수 있는 안전장치 속에서 혁신가들을 규제하는 기술 민주주의의 전망과 기술 생산자들이 주로 시장의 법칙에 따라 대중이 원하는 것을 상상하고 상품을 내놓는, 좀더 자유주의적인 듯한 전망 사이를 헤쳐나간 과정이었다. 이 기간을 민주주의가 쇠퇴하고 집단적 추론의 사유화와 파편화가 증가한 시기로 보자는 유혹이 있을 수 있다.[31] 그러나 자유지상주의자들은 디지털 매체가 만들어낸 자기표현과 자기통치의 새로운 가능성을 직접민주주의의 반가운 시작이자, 국가 온정주의와 힘센 이해집단 ── 농기업, 거대 제약회사, 심지어 주류 의학까지 ── 의 숙의 공간 장악을 넘어서는 개선으로 본다. 그러한 해방을 향한 열정은 종종 신기술의 도래에 수반된다. 그러나 6장에서 논의한 것처럼, 인터넷 시대의 민주적 약속이 개인과 집단의 운명에 대한 더 많은 통제로 이어질지 더 적은 통제로 이어질지는 앞으로 좀더 두고 봐야 한다.

미국에서 이루어진 참여적 발전은 역사적으로 장 자끄 루쏘가 말한 "일반의지"의 관리인이자 규정자로서 더 큰 권위를 누려온 국가들에서의 발전과 극명한 대비를 이룬다. 20세기 중반 미국을 특징지은 시민들의 참여 권리 확대는 서유럽의 많은 국가에서 일어나지 않았거나 미국에서보다 덜 광범위한 형태로 일어났다. 권위주의 국가와 개발도상국 들은 가령 농업·에너지·경제·의료·산업정책에서 정부가 대체로 통제하는 기술 선택에 영향 받는 시민들에게 발언권을 주는 절차적 개혁을 받아들이는 데 한층 더 느렸다. 이러한 견지에서 보면 농업 생명공학의 도입에 반대하는 전세계적 항의(4장을 보라)는 직접민주주의의 전지구적 사례연구로 볼 수 있다. 전세계에서 소농, 환경운동가, 개발에 비판적인 사람, 그외 다른 회의론자들은 일련의 시위를 통해 특정한 형태의 기술혁신뿐 아니라 그것의 전지구적 확산을 뒷받침하는 국가 중심의 정치에도 도전하기 시작했다.

21세기로 접어들 무렵 영국에서의 발전은 미국의 사례와 대비해 특히 시사하는 바가 크며, 대중참여의 다양한 접근법들의 장단점을 보여준다. 역사적으로 영국의 행정 실천은 정책의 근거로 긴밀하게 네트워크로 엮인 엘리트들 간의 비공식 자문에 의지했다. 매우 최근까지도 의사결정을 개방하는 공식 명령은 드물게 일어나는 일이있다. 미국의 정보공개법Freedom of Information Act은 제정 시기가 1966년까지 거슬러올라가며 1974년 워터게이트 청문회에 대한 대응으로 크게 확대된 반면, 영국에서 정부의 정보에 대한 좀더 제한적인 접근을 허용하는 법이 제정된 것은 2000년의 일이었다. 자문은 계속해서 정책결정의 근간을 이뤘지만, 대부분의 경우 국가가 자문의 대상을 결정했다. 마치 걸러내지 않은 다중을 끌어들일 때의 혼란을 겁내기라도 하는 것처럼 말이다. 이에 따라 영국의 일부 분석가들은 좀더 폭넓은 대중의 관점과 가치를 정책결정에 끌어들이는 것을 목표로 하는 "자발적 참여"를 더 많이 요구해왔다.[32]

기술에 관한 대중논쟁에 더 많은 시민을 참여시키려는 한가지 야심 찬 기획은 전통적으로 닫혀 있었던 과정을 개방하려는 시도가 만들어낸 긴장을 잘 보여준다. 영국정부가 GM 작물의 도입에 관한 대중의 의견을 청취하기 위해 1년에 걸쳐 진행한 'GM 국가?'GM Nations?가 바로 그 기획이었다. 단명했지만 영향력이 컸던 농업환경생명공학위원회Agricultural and Environment Biotechnology Commission, AEBC의 권고에 따라 2003년에 실시된* 'GM 국가?'는 영국 전역에서 6백여차례의 공공 회합과 행사를 열어 GM 작물에 관한 중요하면서도 새로운 정책 강령에 영향을 미치고자 했다. 시민들의 의견은 분명해 보였다. 조사 대상이 된 영국 국민 중 GM 작물을

---

* 농업환경생명공학위원회는 토니 블레어의 노동당 정부가 1990년대 말에 터져나온 논쟁에 대응해 설립한 12인 기구였다. AEBC의 역할은 GM 작물의 과학적 차원뿐 아니라 윤리적·사회적 차원에 관해 영국정부에 자문을 제공하는 것이었다. 이 기구는 점차 정부와 다른 견해를 견지하면서 2005년에 해체되었다. 자세한 내용은 http://webarchive.nationalarchives.gov.uk/20100419143351/http://www.aebc.gov.uk/aebc/index.shtml을 보라(2014년 11월 접속).

선호하는 이는 2퍼센트에 불과했고, 95퍼센트는 비GM 농업의 오염에 우려를 표했다. 대다수 참가자들은 농업 생명공학이 주는 이득에 상당히 반신반의하는 태도를 보였고, 주요 산업 행위자들이 장악하고 있다고 오랫동안 이해된 영역에 대한 독립적인 감독이 이뤄지지 않는다고 지적했다. 그러나 'GM 국가?'가 만장일치의 결과를 얻어냈고 정부 규제기관들이 이를 면밀하게 주시했으며, 수많은 언론의 논평이 양산되었음에도 불구하고,[33] 이는 미래의 숙의 모델로 받아들여지지 못했다. 생명공학 옹호자들은 이것이 스스로 뽑힌 반기술 세력을 위한 포럼이었다며 평가절하한 반면, 반대자들은 정부가 대화의 결과와 상관없이 친GM 정책을 따르려고 이미 마음을 정해놓았다며 공격했다. 논쟁에서 "얻은 교훈"에 관한 정부 보고서는 단연 애매모호했고, 대중의 의견을 그와 병행해서 진행된 과학적·경제적 기술영향평가들과 통합하는 데 실패했음을 부각했다.[34] 다시 말해 'GM 국가?'는 대중이 국가가 선호하는 정책적 입장에 동의하도록 만들지 못했기 때문에 공식적 실패로 간주되었다.

좀더 긴 안목으로 되돌아보면, 대중을 신기술의 윤리적·사회적 함의에 관한 대화의 장으로 끌어들이려는 영국의 독특한 실험은 너무 적고, 너무 때늦고, 너무 특이했다는 인상을 준다. 이는 역사적으로 폐쇄적이고 내향적인 정책 문화—신뢰받는 내부자들의 협상에 의존하는—에 보기 드물게 개방적이고 참여적인 자기통지의 행사를 새로 집어넣으려는 시도였다. 이뿐만 아니라 그러한 노력은 해당 쟁점에 대한 의견들이 이미 완전히 양극화되어 정책으로 억제하기에는 반대 의견이 너무나도 커진 이후에 이뤄졌다. 그러한 상황에서 'GM 국가?'는 거의 필연적으로 실패할 수밖에 없었다. 랭커스터대학에 몸담고 있는 일군의 저자들 ― 그중에는 AEBC 위원이었던 로빈 그로브-화이트도 있었다 ― 은 이렇게 결론지었다. "농업 GM의 경험은 규제기관이 새로운 상황과 기술에 직면할 때, 과거의 기술을 위해 개발되었고 기존 논쟁에 매여 있는 평가틀에 의지하는 경향이 있다는 증거를 보여주었다." 저자들은 그처럼 예전에 벌인 싸움에 의지하는 것이 "특정한 신기술의 독특한 특성과 성질을 적절하게 탐색하고 사회적으로 현실적인 분석을 해내는 것을" 가로막는다고 보았다.[35]

결론

우리는 기술이 단지 실용적 목표를 달성하기 위한 도구가 아니라, 현대사회가 미래의 삶을 위해 잠재적으로 좀더 해방적이고 의미있는 설계를 탐구하고 만들어내는 장치임을 보았다. 인간 사회는 기술을 통해 자신의 희망, 꿈, 욕망을 표현하는 한편으로, 이를 성취하기 위한 물질적 기구들도 만들어낸다. 이뿐만 아니라 사회가 새로운 기술에 익숙해지고 이를 이용해 변경된 이해와 목적을 추구함에 따라 집단적 전망과 열망은 변화, 발전한다. 기술의 선택 또한 본질적으로 정치적이다. 이는 사회에 질서를 부여하고, 이득과 부담을 분배하며, 권력의 통로가 된다. 그렇다면 기술과 민주주의가 거의 20세기 말이 될 때까지 현대 국가들의 거버넌스 실천에서 대체로 서로 거리를 두었다는 사실은 놀라울 수밖에 없다. 국가 관리, 기업, 과학자, 발명가, 금융가를 포함하는 엘리트들은 모두 현대사회를 지탱하는 거대한 기술 하부구조를 창안하는 데 참여했다.[36] 반면 대중들은 특정한 진보의 방향이 바람직한지 그렇지 않은지에 대해 거의 혹은 전혀 발언권을 갖지 못했다.

지난 수십년 동안 세가지 종류의 정책 기획이 기술 기업가들과 그들을 후원하는 대기업 및 정부에게서 미래를 되찾으려는 시민들의 점증하는 욕망에 응답했다. 이들 각각은 미국의 정책에서 초기의 뿌리를 찾을 수 있지만, 다른 나라로 확산되면서 국가적 차이를 드러내기도 했다. 그러한 차이는 위험과 편익에 대한 공개 평가에서뿐 아니라 시민들이 정부에 무엇을 기대할 권리를 갖는가에 대한 근본 관념에서도 나타났다. 또한 각각의 노력은 과학과 산업체가 공공의 가치에 호응하게 만드는 일의 어려움을 보여주는 장애물에 부딪혔다. 그러한 호응의 결과로 기술의 진보가 늦춰지거나, GM작물의 사례에서 보듯 자연과 문화 관계를 재설계하는 특정한 방식의 수익성이 제약을 받을 때 특히 그러했다. 그리고 미국은 한때 기술 논쟁의 민주화를 전세계적으로 선도하긴 했지만, 그 정책이 사유화와 시장 메커니즘으로 전환하면서 한때 세가지 정책 영역 모두에서 누리던 우선적 지위가 약화됐다.

사회기술적 미래를 예측하고 통세하는 가장 직접적이고 공식적인 수단인 기술영향평가는 미국 기술영향평가국[OTA]의 설립 이후 서구 국가들에 널리 보급됐다. OTA에서 파생됐거나 이를 모방한 기구들 중 상당수는 그것의 모델보다 더 오래 유지됐지만, OTA 자체의 몰락은 기술을 좀더 민주적인 것으로 만들려는 OTA의 접근에 내재한 몇몇 결함들에 주의를 환기했다. OTA의 평가 활동은 입법 과정과 결부돼 있었고, 입법 자체의 몇몇 결함들 때문에 어려움을 겪었다. 가령 현재의 정치에 볼모가 되거나, 불확실한 공공자금 지원에 의지하거나, 대중의 의지나 환경의 빠른 변화에 미약하게 반응하는 등의 문제가 그것이다. 구성적 기술영향평가는 그 원칙에 따르면 좀더 참여적으로 보이며, 기술의 영향을 받는 집단들을 끌어들여 기술이 사용자들의 인지된 필요에 호응하게 만들려고 애쓴다. 그러나 제너럴모터스의 전기자동차나 데저텍의 사례가 보여주듯, CTA의 유용성은 사회의 미래에 대한 폭넓은 구상이 대중의 통제를 벗어난 곳 어딘가에서 일어난 이후에야 분명해지는 경우가 너무나 잦다. 두 사례 모두에서 구상된 기술 미래의 채택 혹은 최종적 포기는 그러한 프로젝트들이 삶에 가장 직접적인 영향을 미치게 될 대중과 별다른 연관이 없었다.

윤리위원회와 대중참여 활동들은 쟁점을 명료하게 해준다는 점에서 가치가 크지만, 민주적 거버넌스의 메커니즘으로서 단점도 갖고 있다. 미국에서 생명윤리 숙의의 역사는 심오한 도덕적 쟁점들이 어떻게 일상적인 형태의 위험평가와 동일시되는지, 그리고 연구가 계속될 수 있게 하면서도 윤리적 기준이 충족되고 있다고 대중들을 설득하는 실용적 조치와 다를 바 없는 것으로 이해되는지를 보여준다. 기관생명윤리위원회 같은 기구들은 유전자혁명이 제기하는 근본적인 헌법적 쟁점들 ─ 인간됨의 바로 그 의미를 포함해서 ─ 을 논의하기 위한 적절한 장소가 못 된다. 생명윤리는 민주적 감독이 이뤄지고 있다는 느낌을 주어 사람들을 안심시키는 또하나의 전문가 담론이 되었고, 그럼으로써 기업가적인 과학기술의 상상력에 무제한의 자유를 부여해 무엇을 공공선으로 간주할 것인지를 그것이 사실상 결정하게 했다.

　가장 역설적인 것은, 대중들을 의사결정의 영역 속으로 받아들이려는 노력조차도 견고한 의사결정 전통의 개방이라는 측면에서 그리 대단치 않은 성공을 거두는 데 그쳤다는 사실이다. 'GM 국가?'는 하나의 패러다임을 제공한다. 일국의 정부가 특정한 기술 경로에 관한 대중의 의견을 요청하기 위해 일찍이 착수한 가장 광범위한 시도라고 할 만한 이 사례에서, 결국 올바른 대중이 자신의 의견을 표현했는지 여부에 관한 의견 충돌이 일어났다. 흔히 국가가 자문을 요청하는 정치문화에 익숙하던 영국 관리들은 생명공학 비판자들이 진정한 민주화라고 본 부류의 "자발적 참여"uninvited participation를 받아들이기가 어려웠다. 미국의 행정 과정은 좀더 개방적이어서 기술을 통치하는 문제에 관심이 있거나 영향을 받는 당사자가 그에 대해 목소리를 내고자 한다면 원칙적으로는 접근이 허용되어 있지만, 이 역시도 선택의 자유라는 유혹적인 목소리에 굴복하고 있다. 미국의 정책은 기술을 정치의 한 형태가 아니라 소비자 자격을 부여하는 원천으로 다시 그려냄으로써 숙의라는 어려운 훈련을 포기하고 계몽된 소비주의라는 좀더 손쉬운 길을 택했다. 이어지는 마지막 장에서는 오늘날 기술진보의 풍경과 그것이 전지구적으로 뒤얽혀 있지만 여전히 매우 불평등한 세계에서, 숙의를 통한 윤리적인 미래 창조를 위해 제공하는 전망을 살펴보기로 하겠다.

9장

사람을 위한 발명

20세기의 상당한 시간 동안 "기술"이라는 단어는 지저분하고, 녹슬고 냄새 나고 종종 눈에 보이지 않는 1차 산업혁명의 하부구조를 상기시켰다. 윈스턴 처칠은 정부에 자문을 하는 과학자들을 "꼭대기가 아닌 수도꼭지에"**on tap but not on top**(수도꼭지를 열어 필요한 물을 받는 것처럼 정책결정자들이 과학자들의 전문성을 필요에 따라 활용하되, 과학자들을 정책결정의 최상층부에 두어 대신 결정을 내리게 해서는 안 된다는 의미) 두어야 한다고 말한 것으로 알려졌다. 그러나 21세기로 접어드는 시점에서 기술은 사회변화를 위한 역동적인 힘이자 한층 더 커진 희망과 두려움을 담고 있는 것으로 보인다. 전지구적 대중은 기술이 인간 존재의 목적과 조건을 극적으로, 또 돌이킬 수 없이 바꿔놓을 수 있음을 점차 깨닫게 되었다. 세계 인구 전체로 보면 20세기 말 기술의 대약진은 더 나은 건강, 더 빠른 통신, 더 청결한 환경, 상상도 할 수 없는 지식과 정보의 풍요로움을 약속했다. 개별 인간 주체의 수준에서 보면 동일한 기술들 — 나노기술, 생명공학, 정보기술, 인지과학의 진보에 의해 추동되는 — 은 자신을 새로 만들 수 있는 확대된 기회를 창출했다. 이는 지금껏 상상도 할 수 없던 삶의 향상을 가져왔지만, 동시에 그러한 힘이 오용 내지 남용되어 인류에게 두고두고 영향을 미칠 피해를 입힐 수 있다는 두려움도 존재했다.

핵 절멸의 위협은 전세계가 새롭게 기술 위험에 주목하게 된 한가지 강력한 동인이었다. 하지만 1980년대 이후로는 업계 내부자들이 "수렴 파괴"convergent disruption라고 부른 현상의 도화선이 된 기술들이 강화된 인간의 역량에 대한 대중의 기대를 증폭하는 한편으로 기술의 지배적이고 만연한 영향력에 관한 새로운 우려를 불러일으켰다. 생명공학은 생명과 건강의 기적을 약속했지만, 환경 악화와 도덕적 타락에 관한 뿌리 깊은 우려를 되살려냈다. 좀더 최근에는 나노기술, 합성생물학, 인지과학과 신경과학 그리고 무엇보다도 컴퓨팅 능력이, 인간됨의 의미를 재정의하는 기술의 엄청난 잠재력에 이목을 집중시켰다. 특히 정보기술은 급증하는 개인 데이터의 활용으로 인간 주체들이 전례 없이 채굴과 감시에 취약한 존재가 될 시대의 도래를 알렸으며, 빅데이터와 알고리즘은 오류가 없는 듯한 거버넌스의 도구들로 인간의 분별력을 대체할 수 있다. 한편 낡은 산업생산의 시대가 남긴 무시무시한 유산인 기후변화는 기술진보를 향한 우리의 욕구가 억제되지 않을 때 어떤 일이 일어날 수 있는지를 보여주는 유령처럼 지구를 위협하고 있다. 그러나 이처럼 극단적인 위협에 직면해 있음에도 일부 사람들은 기술이 그 자신의 독에 맞선 최선의 해독제를 제공한다고 여전히 확신하고 있다. 그 형태가 지구를 식히기 위한 지구공학이든, 오염 없는 성장을 가능케 할 새로운 에너지 기술이든, 혹은 인간의 서툰 관리로 망가지지 않은 행성들로 탈출하는 궁극의 SF적 공상이든지 간에 말이다.

흔히 볼 수 있지만 결함이 있는 세가지 믿음들이 기술의 거버넌스에 대한 체계적 사고를 오랫동안 저해했다. 이들 각각은 기술이 근본적으로 관리 불가능하며, 따라서 윤리적 분석과 정치적 감독 너머에 있다고 주장한다. 첫째는 기술결정론이다. 이는 수세기에 걸친 역사적 경험과는 정반대로, 기술이 내장된 모멘텀을 갖고 있으며 이것이 역사의 경로를 형성하고 추동한다고 주장한다. 둘째는 기술관료제이다. 이는 오직 숙련되고 식견을 갖춘 전문가들만이 기술의 진전을 통치할 수 있는 능력을 갖고 있다고 암시한다. 셋째는 의도하지 않은 결과이다. 이 관념은 기술이 유발한 피해를 암암리에 의도나 사전 숙고의 영역 바깥에 위치지으며, 그 결과 우리의 기계적 혹은 인지적 비인간 협력자들이 의미있는 인간의 통제하에 놓일 가능성 그 자체에 대한 운명론을 부추긴다.

우리는 이 책에서 기술시스템이 사실 이러한 통념의 갈래들이 상정하는 것보다 좀더 쉽게 변형될 수 있고 좀더 윤리적·사회적 감독에 열려 있음을 보았다. 기술의 생산과 운용은 여러 수준에서 윤리적 질문들을 제기했는데, 가령 개인의 가치와 믿음을 어떻게 보호할 것인가부터 독특한 법률 및 정치 문화에 영향을 받는 국민국가의 정책적 직관을 얼마나 존중해야 하는가까지 다양하다. 이러한 질문들은 20세기 말 기술의 전지구적 확산으로 긴급해졌고, 기술 선진사회들에 적극적인 공공의 반성과 대응의 의무를 부과하고 있다. 예를 들어 의약품은 한때 인류 전체에 이득을 가져다주는 의학지식과 실천의 기적과도 같은 대약진으로 간단히 간주되었다. 그러나 전지구적 시장에서 약은 단지 일국 차원이 아니라 초국적인 권리 및 의무와도 관련된 일단의 규범적 쟁점들과 점차 뒤얽히게 됐다. 이러한 쟁점들에는 인간 생물 재료의 소유권, 의료 데이터의 프라이버시, 임상시험에 대한 동의, 인간 피험자 연구의 윤리, 복제약 제조, 실험 의약품과 필수 의약품에 대한 접근권, 토착지식의 보호, 그리고 이와 관련된 많은 사안들이 포함된다. 이 모든 쟁점들에서 위험부담과 기대는 관찰자의 사회경제적 위치 — 병든 사람인가 건강한 사람인가, 부자인가 빈자인자, 생산자인가 소비자인가, 선진국 시민인가 개발도상국 시민인가 등과 같은 — 에 따라 대단히 큰 차이를 보인다. 결국 의약품은 치료 약제로서 지닌 직관적 성질을 훌쩍 넘어서는 힘을 발휘한다. 의약품은 인체를 초국적 공간에서 과학, 의료, 경제, 법, 정책의 대상으로 재구성한다. 그러나 신약 개발의 정치와 윤리에 관한 숙의 절차는 여전히 국가 차원에서보다 초국적 차원에서 현저하게 덜 효력이 있다.

어떻게 하면 심대한 영향을 미칠 기술적 발명들이 전지구화되는 세계의 윤리적 요구에 맞게 통치될 수 있을까? 누가 혁신의 위험과 이득을 평가해야 하는가? 특히 그 결과가 국경을 가로지를 때 누구의 기준에 따라야 하는가? 어떤 영향받는 집단에게 자문을 구해야 하며, 어떤 절차적 안전장치 아래에서 해야 하는가? 만약 의사결정이 잘못 이루어진 것이거나 피해를 주는 것으로 드러날 경우 어떤 개선책을 강구해야 하는가? 경미한 기술사고나 실수들은 계속해서 우리에게 좀더 심오한 사회적·정치적·법적 분석의 필요성을 일깨워주고 있다. 그러나 옳고 그름과 관련된 많은 기본적 쟁점들은 여전히 심대하게 논쟁적이고, 이를 해결하기 위한 원칙들은 기껏해야 지평선 끝에서 희미하게 깜빡이고 있을 뿐이다. 마지막 장에서는 앞선 장들에서 논의하고 예시한 점을 요약하며 기술시스템의 거버넌스에서 지난 수십년간의 국가적·전지구적 경험으로 얻은 중요한 통찰들을 개관한다. 우리 앞에 여전히 놓여 있는 도전들은 그러한 역사를 한데 묶어주는 세가지 주제로 분류할 수 있다. 기대, 소유권, 책임의 문제가 그것이다.

기대: 불평등한 선물

기술에 관한 모든 정책 담론들을 관통하는 한가지 실마리를 찾는다면, 이는 현명한 예측에 대한 요구일 것이다. 1970년대와 1980년대의 기술영향평가 프로그램들은 기술이 유발하는 신체적·환경적 피해를 예견하고 미연에 방지하려는 관심에서 생겨났다. 마찬가지로 새로운 기술의 윤리적 함의를 평가하는 프로그램들은 참을 수 없는 도덕적 해악을 예측하고 피하려는, 널리 퍼진 욕구를 반영한 것이다. 현대사회에서 물질적·도덕적 결과의 예측이 개연성 있는 결과에 대한 전문가 예상과 긴밀하게 연관돼 있는 것은 아마 놀랄 일이 못될 터이다. 위험평가에서 시작해서 나중 단계에 가서야 의사결정에 가치를 주입하는 기술정책의 선형 모델은 초반의 예측 단계를 전문가 혹은 기술관료들에게 위임한다. 그들은 기술이 어떻게 작동하는지, 그리고 어디서 잘못될 수 있는지를 가장 잘 이해할 것이라 생각되는 사람들이다. 그러나 앞선 장들에 여기저기 흩어져 있는 이야기들이 보여주는 바와 같이, 전문가들의 상상력은 종종 그들이 가진 전문성의 바로 그 성격 때문에 제약을 받는다. 전문가들은 모르는 것보다 아는 것을 앞세운다. 이에 따라 전문가들의 예측은 단기적이고 계산 가능하고 논란이 없는 효과를 특히 중시하고, 추측에 근거했거나 믿기 어렵거나 정치적으로 논쟁적인 효과는 간과하는 경향이 있다. 그리고 전문가들은 선구적인 과학적 통찰에 정통하다는 데 도취되어 잡종적인 사회기술 시스템의 복잡성을 얕잡아 보는 일이 너무나 잦다. 그런 시스템에서는 인간 요소와 비인간 요소들 사이에 잘 이해되지 못한 변화의 과정과 되먹임이 일어나면서 실험실에 기반한 예측의 정확성을 좌절시킨다.

누가 미래를 상상하는가?

기술변화의 초기 약속 단계에서는 미래예측이 종종 전문가 대변자들이 해당 분야에서 갖는 능력에 따라 형성되고 제약된다. 아실로마에 모인 분자생물학자들은 생물학적 재난을 미연에 방지하려 애썼지만, 상업적 생명공학이 다시 형성한 세상을 상상하지는 못했다. 주요 GM 작물들이 야생 근연종을 몰아내는 일이 일상적으로 일어나는 세상이, 재조합 DNA 기술이 발견된 지 불과 몇십년 만에 미국에 생겨났는데도 말이다. 사하라사막에서 유럽으로 태양에너지를 전송하는 것을 구상한 독일 엔지니어링 회사들은 엄청나게 다른 문화와 경제에 걸쳐 있는, 그처럼 대담한 초국적 프로젝트를 정치적으로 관리하는 문제를 생각해보지 않았다. 결국 데저텍은 그 설계자의 상상력이 맞닥뜨린 통치 불가능성의 희생양이 되었다.

제도적 보수성 역시 선견지명을 갖춘 예상을 가로막는다. 예를 들어 법원은 법에서 안정성의 보장을 추구하지만, 그 댓가로 기술변화에 영향을 받는 가치들은 무시된다. 제넨테크가 아난다 차크라바티의 박테리아를 단순한 물질로 규정한 것은 생명공학 회사들의 점진적 전망을 선호한 민사 고등법원에서 제러미 리프킨의 일견 근거 없는 우려를 누르고 승소했다. 리프킨은 박테리아에 대한 특허 허용이 고등동물에 대한 특허 허용으로 이어지는 미끄러운 경사길이 될 수 있다며 우려를 표했다. 그러나 지금에 와서 돌이켜보면 제넨테크나 과학자 공동체의 저명한 대변자들보다 리프킨이 생명특허의 개연성 있는 궤적을 더 정확하게 예견한 것으로 보인다. 캐나다 대법원이 온코마우스에 관한 특허를 거부한 것이나 미 대법원이 인간 유전자 특허에 관한 입장에서 후퇴한 것은 생명특허의 좀더 극단적인 함의를 사후적으로(관점에 따라서는 '뒤늦게') 부인했음을 의미한다.

아울러 전문가의 사고에서는 윤리적 우려의 날을 무디게 만드는, 사실과 당위 사이의 암묵적 미끄러짐을 종종 찾아볼 수 있다. 과학자들의 상식에서 벗어난 것은 무엇이든 불합리하거나 가공되었거나 공상적인 것으로 간주되며, (아직) 이뤄질 수 없는 일은 걱정할 만한 가치가 있다고 생각되지 않는다. 우리가 앞서 본 바와 같이 발명은 그 자체로 선으로 간주되는 경향이 있다. 윤리적 감독을 들먹이는 경우는, 주로 약속된 선이 이윤에 대한 무모한 탐욕으로 인해 탈선하지 않도록 보장하려 할 때다. 여기서 기술적 개연성이 낮은 일에 대한 예상은 잠재적으로 "비현실적인" 윤리적 추측과 성급한 대중의 우려를 막아주는 장벽 노릇을 한다. 예를 들어 2013년 『사이언스』가 올해의 대약진 후보로 선정한 짧은 목록을 살펴보자. 『사이언스』는 "마침내 도래한 인간복제"라는 제목 아래 이렇게 보도했다. "올해 연구자들은 인간 배아를 복제해 이를 배아줄기ES세포의 원천으로 활용했다고 발표했다. 이는 오랜 숙원이던 목표였다." 이어 기사는 이러한 발전의 윤리적 의미를 깎아내리면서 사회가 걱정할 필요가 없는 이유로 도덕적 거부감이 아닌, 그런 일이 일어날 개연성이 낮다는 점을 들었다. "이번 업적은 아울러 복제 아기에 관한 우려를 제기한다. 그러나 그런 일이 당장 일어날 것으로 보이지는 않는다. 오리건 연구자들은 수백건의 시도에도 불구하고 복제된 원숭이 배아 중 대리모 암컷에 임신이 된 것은 하나도 없었다고 말하고 있다."(강조는 인용자)[1] 이 설명에서 자취를 감춘 것은 이러면 어떻게 될까what-if 하는 질문이다. 대리모 암컷에 임신이 되어 복제아기가 출현할 개연성이 좀더 높아졌다고 가정해보자. 우리처럼 무한히 창조적인 역량을 갖춘 사회들이 그처럼 원대한 기술적 실험의 윤리적 함의에 관해 성찰하는 일을 인간 존엄성에 대한 위협이 임박한 이후로 미뤄두어야 한다면, 과연 이를 온당하다고 할 수 있을까?

『사이언스』 기사가 상상한 혁신의 세계를 보면, 대중이 언제 복제아기에 대한 우려를 표현하는 것이 적절한가 하는 의문이 떠오른다. 오리건이나 다른 지역의 연구자들이 복제배아를 가지고 임신을 유도하는 데 성공했다고 발표한 이후에나 해야 하는가? 물론 그 단계가 되면 새로운 "사실"is이 좀더 미묘하고 예방적인 "당위"ought의 가능성 ─ 가령 윤리적으로 논쟁적인 임신을 유도하려는 "수백건의 시도"를 하기 전에 연구자들이 다시 한번 생각해보게 하거나 공개적으로 논의하게 하는 규칙 같은 ─ 을 압도하게 될 테지만 말이다. 이뿐만 아니라 인간 배아복제를 "오랜 숙원이던 목표"로 그려내는 것은 어디서 배아가 끝나고 아기가 시작되는지에 관해 국가별로 존재하는, 논쟁적이면서도 상이한 도덕적 합의를 무시한다. 예를 들어 독일에서는 미국에 비해 연구과정에서 훨씬 초기에 우려가 제기될 수 있다. 이는 두 나라에 공리주의적 논증과 상반되는 의무론적 논증에 서로 다른 선호가 있음을 예시한다. 두 사례 모두에서 윤리적 사고는 "서구적" 전통에 뿌리를 두고 있는데도 그렇다. 윤리적 추론에 대한 기본적인 믿음에서 나타나는 그러한 차이를 감안하면, 기술 선진 국가들이 단독으로 전체 인간종에 심대한 결과를 가져오는 결정을 내리는 것이 과연 적절하다고 할 수 있을까?

확신에 찬 전문가의 단언을 도덕적 분석의 기준선으로 삼으면, 윤리적 평가는 개연성 있는 시나리오들의 비용과 편익에 대한 공리주의적 분석으로 어떻게든 넘어가는 경향을 보이게 된다. 인간 복제와 합성생물학을 각각 평가한 두개의 서로 다른 미국 대통령 윤리위원회에 일어난 일이 바로 그것이다. 각 사례에서 위원회는 해당 기술이 아직 사용하기에 충분히 안전하지 않기 때문에 당장은 윤리적으로 걱정할 일이 없다고 결론 내렸다.[2] 기술을 가지고 어떤 종류의 세계 — 어떤 형태의 생명인가도 포함해서 — 를 만들어야 하는가에 관한 원칙적 질문들은 임박한 위험에 대한 좀더 피상적인 평가가 선호되면서 옆으로 밀려났다. 그처럼 실망스러울 정도로 제한적인 활동은 몇몇 민주주의 이론가들의 희망과 배치된 것이었다. 그들은 구성적 기술영향평가(8장을 보라)와 같은 절차들을 통해 시행된 예측적 거버넌스가 "테크노사이언스의 긴 호砑를 인도적 목표 쪽으로 좀더 휘게 하는 데 기여할 수 있다"고 보았다.[3]

낙수 혁신

현대사회는 돈과 전문성이라는 자원을 대대적으로 투입해 부정적인 기술 미래를 예측하고 잠재적 악영향을 피하려 애써왔다. 하지만 그러한 자원은 국가와 기술 영역별로 불균등하게 배분돼 있다. 2013년 방글라데시의 라나플라자 공장 붕괴 같은 사건들은 좀더 부유한 국가들이었다면 용인 불가능했을 방식으로 가난한 사람들의 목숨이 위험에 처해 있는 전지구적 정치경제의 현실을

보여준다. 놀랍게도 직물산업 역사상 최악의 참사가 발생한 2013
년에도 책임 소재를 규명하기가 어려웠다. 거의 30년 전인 1984
년에 보팔의 유니언카바이드 공장에서 죽음의 이소시안화메틸
구름이 아무 의심 없이 잠든 도시로 퍼져나갔을 때 그랬던 것처
럼 말이다. 소헬 라나에 대한 기소가 공식화되기까지 2년이 넘는
시간이 걸렸다. 방글라데시 노동자들을 고용한 많은 의류회사들
이 보상기금의 출연을 약속했지만, 책임 계통을 공식적으로 확인
하고 주요 초국적 행위자들에게 공개적으로 해명을 요구할 수 있
는 전지구적 포럼은 존재하지 않았다. 위험평가가 그처럼 끔찍한
사고를 내다보고 예방하는 것을 의미한다면, 이는 전지구적으로
심각한 경제, 정치, 정보 불평등의 조건 속에서 앞날을 예상하고
사람들을 보호하는 임무에 부응하지 못했다.

위험평가의 실패는 이처럼 널리 쓰인 예측 기법을 역사적으로
지탱해온 협소한 인과적 틀에 기인한 것일 수도 있다. 위험평가
는 "과학"으로 해석되면서 사회적 요인들을 지속적으로 경시하
며, 위험 생성에 대한 기여에서 좀더 이해하기 어려운 경제적·제
도적·문화적 요인들 대신 수량화될 수 있는 변수들을 지나치게
강조한다. 두차례의 우주왕복선 참사, 즉 챌린저호와 컬럼비아호
사고가 터진 후에야 미국의 사고전문가들은 NASA 내부에서 이
러한 비극을 가능케 한 조직적 조건들을 찾기 시작했다. 경천동
지할 보팔 참사는 그와 비견할 만한 심판의 순간을 만들어내지
못했다. 그 결과 많은 사람들이 여전히 성급하고 부당한 합의라
고 여기게 되었고, 고도로 위험한 기술이 부와 전문성에서 대등

하지 않은 나라들 사이에 이전됐을 때 잘못되는 모든 것에 대한 공정한 판결을 불가능하게 했다.

거버넌스의 장치로서 갖는 한계에도 불구하고, 예측은 어떤 사회도 그것 없이 삶을 영위하지 않으려 한다는 가치를 갖고 있다. 역사를 통틀어 인간은 현재의 공포와 시련을 상쇄하는 수단으로 예측된 미래 — 현세에서든 내세에서든 — 에 눈을 돌려왔다. 발명가들은 더 나은 세상의 전망에 이끌려 새로운 도구들을 상상하고 창조해냈다. 증기기관, 조면기, 전구, 그리고 튀길 때 발암물질인 아크릴아미드가 덜 생긴다고 하는 오늘날의 유전자변형 이네이트Innate 감자 등이 그런 도구들이다.[4] 해방의 전망은 캘리포니아에 기반을 둔 싱귤래리티대학Singularity University의 야심에 불을 붙였다. 이 대학은 기하급수적 규모로 한번에 10억명씩 사람들의 삶을 향상시키겠다는 포부를 밝히고 있다.[5] 이러한 낙관적 기대는 혁신의 경제학에도 힘을 불어넣는다. 투자자들은 연구개발의 기나긴 과정을 따라가면 언젠가 높은 수익을 거둘 거라는 기대에 신생 기술회사들의 주식을 사들인다. 소비자들에게도 역할이 주어진다. 가령 애플의 최신 제품을 기다릴 때 미처 예상치 못한 향상 — 세련되고 다재다능하고 빠른 — 을 기대한다는 점에서 그렇다. 근대성의 축복 가운데 하나는 발상과 실현 사이의 간극이 단축되어왔다는 사실이다. 지식을 발명으로 번역하는 능력은 우리가 지닌 과학적·경제적 자원과 함께 성장해왔다. 오늘날에는 참신한 발상이 신속하게 주목을 끌고, 이를 유용한 형태로 만들어 실시간으로 전지구적 시장에 내놓는 데 필요한 모험자본과 법적·정치적 지원을 얻을 가능성이 높다. 인류 역사를 통틀어 이러한 시기는 일찍이 없었다.

그러나 긍정적 기대라는 드문 호사는 이미 많은 것을 소유한 사람들, 또 그렇기에 더 많은 것을 소유한다는 것이 무엇을 의미하는지 생각하는 데 유리한 입장의 사람들에게 대체로 한정돼 있다. 자신은 소비자들이 어떤 것을 원하기도 전에 그것이 무엇인지 안다는 스티브 잡스의 유명한 주장은 결핍의 경제가 아닌 풍요의 경제에서 만들어진 것이었다. 잡스는 사람들이 뭔가를 원할 뿐 아니라 자신이 그들을 위해 생각해낸 멋진 장치들을 구입할 돈도 가지고 있다고 가정했다. 그러나 전세계 사람들 대부분은 기술의 진보에서 나오는 즉각적 이득이나 향상된 장기 전망을 스스로 기대할 만한 위치에 있지 못하다. 그들은 다른 어딘가에서 설계된 발명으로 자신들의 삶이 나아질 거라는, 선의를 가진 외부인들의 약속을 받아들여야 한다. 그러한 발명은 기술의 움직이는 최전선에 더 가까이 있는 기업가들이 대규모의 변화를 일으킬 수 있는 자본과 노하우를 가지고 세상에 내놓는 것이다. 따라서 불평등 — 접근성의 불평등뿐 아니라 심지어 기대의 불평등 — 은 기술혁신의 공정한 거버넌스에서 해결되지 못한 윤리적·정치적 장벽으로 나타난다.

기술적·경제적으로 더 풍요로운 사회들이 누리는 불공평한 상상력의 이득을 상쇄하기 위해 부상한 아이디어 중 하나가 "검소한 혁신"frugal innovation 혹은 "검소한 엔지니어링"frugal engineering이다. 여기서 검소함은 덜 유복한 사람들의 재력에 더 잘 맞는 기술을 만드는 것을 의미한다. 이를 보여주는 전형은 2005년 매사추세츠공과대학의 니콜라스 네그로폰테가 기획하고 전직 유엔 사무총장 코피 아난이 지지한 1백 달러 노트북 프로젝트이다. 목표는 전세계로 유통하기 위해 쉽게 구입 가능한 컴퓨터를 만들자는 것이었다. 불필요한 장식을 떼어내고 대다수 개발도상국들을 괴롭히는 불규칙한 전력 공급 같은 불리한 조건에서 작동할 수 있게 만든 컴퓨터다. 검소한 혁신은 인도 타타그룹이 내놓은 세계에서 가장 저렴한 자동차 나노^{Nano}에서, 간소하게 만들어 큰 인기를 끈 노키아 1100 휴대폰, 그리고 유니레버의 일회용 화장실에 이르기까지 모든 것을 포괄한다. 심지어 "공유경제"의 부상 ─ "여분의" 방, 자동차, 심지어 반려동물까지 예비 자본으로 탈바꿈시키는 ─ 을 일종의 검소한 혁신으로 볼 수도 있다. 이는 가진 사람들에게 남는 물건을 못 가진 대중이 유익하게 활용할 잠재력이 있다.

공유경제는 풍요의 경제에서 성공을 거둔 개념이긴 하지만(남는 물건이 그렇게 많은 곳이 달리 어디 있겠는가?) 무함마드 유누스가 제안한 무담보 소액대출^{microcredit}이라는 영향력 있는 개념과 가족유사성을 갖고 있는 것으로 보인다. 이 역시 꼭 많은 것을 소유해야만 모두에게 더 많은 수익을 공유하고 창출할 수 있는 것은 아니라는 원칙에 의거했기 때문이다. 여기에 더해 가난한 사람들을 위한 특정한 물질적 혁신들, 가령 연기가 나지 않는 조리용 화덕, 퇴비화 변소, 간단한 정수장치 등은 선진국 엔지니어와 과학자들의 주목을 끌었고 대단히 유익한 것으로 판명될 수 있었다. 그러나 전반적으로 보아 가난한 사람들을 겨냥한 생존형 혁신과 부유한 사회의 수렴 기술에서 대약진을 추동하는 종류의 선지자적 관념 사이의 간극은 여전히 충격적인 수준이다.

비록 "장식이 없는" 상품으로 상찬을 받긴 하지만, 이는 여전히 혁신의 낙수 이론trickle-down theory of innovation을 대체로 나타내고 있다. 이에 따르면 부유하고 자원이 풍부한 사람들의 기술적 성취가 덜 혜택받은 사람들의 기대지평을 정의한다. 부자들이 자신의 환경에 맞게 발명한 것들은 가난한 사람들이 필요로 하고 원해야 하는 것들의 절대적 기준이 된다. 다만 기능이 적고 감각적 매력이 떨어지며, 자생적 발전의 기반 구실을 할 가능성이 아마 더 낮은 형태로 제공될 뿐이다.[6] 혁신의 문제가 거꾸로 제기되는 일은 극히 드물다. 1일 수입 2달러 이내로 연명하는 전세계 인구의 2/3 남짓에게 가장 의미가 있는 종류의 기술 미래는 과연 어떤 것일까?[7] 그들이 얼마 안 되는 수입 중 50일치를 아이의 노트북 컴퓨터에 지출해야 할까, 아니면 기술이 좀더 유리하게 바로잡을 수 있는 좀더 긴급한 요구들이 있는 것일까? 어쨌든 노트북을 소유하는 것이 장난스럽지만 생산적인 부류의 연결(페이스북, 레딧, 핀터레스트, 인스타그램)로 이어지는 문을 열어주는 걸까? 부자들은 아무런 노력도 기울이지 않고 그러한 연결을 상상하고 탐닉할 수 있는데도 말이다.

기술 미래의 설계에 스며든 권력 격차는 우려스러운 것이지만 그것이 인류의 유일한 윤리적 걱정거리는 아니다. 대량소비 생활방식의 지속 불가능성을 우리가 그 어느 때보다도 의식하고 있는 시대에, 부자들이 그린 미래가 가난한 사람들의 상상력보다 우선해야 하는지는 불분명하다. 소형화, 녹색화, 단순화, 심지어 "프리거니즘freeganism(다른 사람들이 버린 쓰레기로 먹고 사는 것)이 젊은이들 사이에서 호소력을 갖고 부상하는 것을 보면, 지구에 부담을 덜 주고 사는 방법에 대한 더 나은 아이디어는 아래로부터 나올 필요가 있는지도 모른다. 이는 생물과 무생물에 대한 쉼 없는 제국주의적 착취가 아니라 사회통합과 돌봄의 가치에 좀더 주목하는 아이디어다.

소유권과 발명

지난 수세기 동안의 기술발전은 공동선에 대한 기대 못지않게 재산 혹은 사적 이익의 개념에 많은 것을 빚지고 있다. 새로운 기술은 종종 새로운 자원추출 방식을 포함하며, 이전까지 전유되지 않은 자원을 이용하고 유통하는 방법을 알아낸 사람에게 엄청난 수익을 안겨준다. 탐광과 채굴의 사례가 얼른 떠오르지만, 기술은 그외에도 많은 형태의 자원 활용을 가능케 했고 이는 종종 국가와 제국의 확장이라는 프로젝트와 연결됐다. 캘리포니아는 19세기 중엽에 새로 발견된 금을 노리는 수십만명의 이민자들이 유입되면서 근대국가가 되었다. 남아프리카에서 세실 로즈의 제국주의적 야심의 근간을 이룬 것은 다이아몬드 광산이었고, 콩고에서 왕 레오폴드 2세의 야만적 체제를 떠받친 것은 고무와 상아 무역이었다. 착취, 학대, 권력의 남용이 이러한 사업들에 그림자를 드리웠지만, 그것이 생산하는 상품의 수요가 존재하는 한 기술, 경제, 정치의 결합은 억압적 체제를 유지시켰다.

가장 초기의 추출기술이 사람들이 이미 가치있게 여기던 것들을 암석, 흙, 식물, 해양에서 뽑아냈다면, 오늘날의 많은 기술은 역사적으로 상품으로 간주되지 않던 것들에 가치를 부여한다. 생물재료, 그러니까 유전자부터 실험실에서 창조한 새로운 존재 ─ 암에 잘 걸리는 하버드대학의 온코마우스 같은 ─ 에 이르는 모든 것이 이 범주에 들어간다. 탄소시장과 생태계 서비스 같은 구성물들은 자연의 일부를 교역 가능한 상품으로 바꿔놓았다. 금을 사용하는 것과 같은 방식으로 이것을 소유하거나 사용할 수는 없지만 말이다. 아울러 이 범주에는 정보혁명으로 생산된 빅데이터의 급성장도 포함된다.[8] 소셜미디어는 대규모의 정보집적을 통해 사람들의 습관과 선호, 기억과 열망을 상품화했다. 페이스북은 10억명이 넘는 사람들이 "친구"들과 연결되기를 희망하며, 그러한 친구들에게 연락하고 그들이 무엇을 하고 있는지 아는 댓가로 민간기업에 기꺼이 대량의 개인정보를 제공할 의향이 있다는 사실에 입각해 사업을 한다. 트위터는 140자로 된 사람들의 스쳐 지나가는 생각들과 첨부된 이미지들을 이용한다. 인터넷 덕분에 순간적 인상 ─ 정신적인 것이든 시각적인 것이든 ─ 을 전세계 청중들에게 전파하는 일이 가능해지기 전까지는 공유하는 것이 적절하다고 거의 아무도 생각지 않던 이미지들이다. 핀터레스트는 사람들이 결혼식, 휴가, 주택 리모델링, 그외 사람들이 기대하는 미래로 맞아들이고자 하는 것들에 대한 꿈을 공유하는 것에 기반해 번창한다. 소비자직접 검사 회사들은 자발적으로 제공된 유전정보를 데이터베이스로 만드는데, 이는 제약 연구개발에 상업적 잠재력을 지니고 있다. 이 모든 기술시스템은 새로운 방식으로 사람들에게서 수익을 창출한다. 시장에 내다 팔 수 있는 새로운 상품을 만들어내는 자원으로 그들의 생각, 말, 습관, 몸, 감정을 채굴하는 방식으로 말이다.

헬라 세포주의 길고 복잡한 사연은 사람들이 자신의 몸에 대해—그리고 아마 자신의 마음에 대해서도—갖고 있는 통제의 감각이 기존의 법률과 정책에 내장된 소유권 추정과 큰 차이를 나타낼 수 있음을 보여주었다. 리베카 스클루트가 재구성해 퓰리처상을 받은 헨리에타 랙스의 이야기는 현대 생물학의 가장 유용한 연구 도구 중 하나와 미국이 계속 골머리를 앓아온 인종과 빈곤의 서사가 뒤섞인 불안정한 혼합물에 불을 붙였다. 국립보건원은 역사적으로 배제된 집단—과거 생의료 윤리의 실패와 밀접한 관련이 있는—의 도덕적 주장을 무시한 채 내버려둘 경우 홍보상의 재난이 빚어질 것임을 알아챘다. 한시적 절차를 통해 NIH가 당장 직면한 문제가 해결됐고, 랙스 가족은 조상의 생물학적 유산과 관련된 결정에 참여할 수 있는 권리를 얻었다. 독특한 역사적·정치적 부가요소들이 없었다면 헬라 세포주 사례는 실패하고 헨리에타 랙스는 두번째 죽음을 맞이했을 수도 있다. 그 비범한 사례는 과학과 그 연구대상이 덜 대칭적인 협상 지위를 누리는 상황에서 설득력 있는 선례로 기능할 가능성이 낮다.

대부분의 경우 기술혁신을 관장하는 지식재산체제는 2백여년 전 현대 산업세계에서 유래한 소유권과 자본의 관념을 계속해서 옹호한다. 물론 이러한 관념이 완전히 동질적인 것은 아니며, 심지어 서구 국가들 사이에도 차이는 존재한다. 유럽의 특허법은 공서양속 내지 도덕에 저촉되는 발명에 반대하는 명시적 조항을 포함한다는 점에서 미국 특허법과 다르다. 유럽의 특허법은 또한 "진보성"inventive step의 구성요소를 보이는 데서도 더 높은 기준을 요구하는 반면, 미국 특허법은 특허청이 한동안 아무런 유용성이 입증되지 않은 분리된 DNA 단편에 대해서 특허를 허용한 사례에서 보듯 가장 관대한 편에 속한다. 그러나 전반적으로 지적재산은 그 규범적 기반 — 가령 집단적 노력보다 개인의 기업가정신을 선호하는 것 같은 — 을 기술적 중립성의 장막 아래 감추고 있다. 글리벡 사례(7장을 보라)에서 인도 대법원은 특허법이 경제발전의 도구이며, 따라서 그것이 제공하는 보호의 범위와 성격은 "이 나라의 경제적 조건을 반영해야 한다"고 명시적으로 진술한 바 있다.[9] 지식재산권의 규범적 기반과 권력 비대칭성을 강조하는 그러한 언어를 서구의 법원 판결에서 찾아보기란 매우 어렵다.

그러나 법은 소유권 주장을 확인하거나 불안정하게 할 수도 있다. 소유권 주장이 자율성, 프라이버시, 생명, 혹은 건강에 관한 대중의 우려와 뒤얽히는 부분이 가시화되고 부인할 수 없는 것이 되었을 때 그렇다. 법이 가진 힘은 인간 유전자에 대한 특허를 중단시킨 미 대법원의 2013년 판결에서 두드러지게 등장했다. 이 판결은 수십년 동안 이와는 다른 입장을 취해온 특허청의 정책을 뒤집었다. 공익단체인 미국시민자유연맹이 수년간 펼친 활동의 결과, 인간 유전체의 일부를 사유화하는 것이 정당한가에 관해 암묵적이지만 널리 받아들여진 공공적 가치를 침해한 상품화 움직임은 실패로 돌아갔다. 그러한 180도 전환은 국제무대에서도 일어날 수 있다. 다만 여기서는 동인이 인격권의 정치보다는 정치경제가 되는 경향을 띤다. 그래서 생물다양성협약은 토착 지식 보유자의 소유권 주장을 인정함으로써 수세기에 걸친 무분별한 생물해적질을 뒤집으려 했다. 이 조약은 지역의 지식과 재료를 활용해 새로운 치료 화합물을 개발하는 생물탐사 회사들과 지역 공동체 사이의 수익 공유를 규정하고 있다. 약의 생산보다 분배에서 나타나는 경제적 격차는 무역 관련 지식재산권에 관한 협정(TRIPS 협정)을 수정한 2001년 도하 선언을 낳았다. 이제 TRIPS는 필수의약품에 대한 신속하고 대대적인 접근을 요하는 에이즈 위기와 같은 긴급 상황에서 각국이 제약 특허권을 우회하는 것을 허용하고 있다. 앞으로 검토해보아야 할 질문들에는 지식재산의 분산 소유권을 어떻게 인정할 것인가가 포함된다. 발명이 이전에 넘나들 수 없던 지정학적 경계들을 가로질러 사람들, 아이디어, 재료가 순환하며 동반 상승 효과를 일으키는 데 점차 의지하게 된 결과다.

책임: 공적 책임과 사적 책임

기술의 진보는 공적 공간과 사적 공간 사이의 분할을 다시 만들 수 있으며, 이는 개인의 자율성과 공공적 숙의의 기회뿐 아니라 좀더 중요한 것으로 개인적·집단적 책임의 규범에도 영향을 미친다. 카를 맑스에서 헤르베르트 마르쿠제에 이르는 사회이론가들은 기술이 산업노동 관행과 대중문화의 확산을 통해 인간의 정신에 미치는 평준화, 표준화, 둔감화의 영향을 경고한 바 있다. 대규모 기술시스템의 쇠우리 속에서 일관조립대와 생산 할당량의 독재에 종속돼 있으면 자아의 해방과 책임은 거대한 농담처럼 들릴 수 있다. 새로운 생물기술과 정보기술은 거대한 해방의 약속—특히 유전질환으로부터의 해방—을 담고 있지만, 동시에 몸과 마음에 대한 전례 없는 접근을 가능케 해서 『1984』에서 묘사된 오웰의 악몽까지도 넘어서는 사회통제의 가능성을 만들어내기도 한다.

어느정도는 사람들 자신이 디지털 시대에 사적인 것의 경계를 축소시키는 데 공모한 측면이 있었다. 셀카 문화의 부상과 다른 이들의 시선을 끌어모으려는 사람들의 일견 무한한 욕구는 자아도취의 공간을 만들어냈다. 그 속에서는 무분별한 행동이 취업 전망을 망가뜨리고 정치적 경력을 파탄내며 심지어 유명인사들이 한때 자신만의 것으로 남겨둔 구역까지 침범할 수 있다.[10] 어디에나 퍼져 있으면서도 불투명한 데이터 집합은 개인의 자기통제와 자만에 찬 국가 및 기업 권력 사이의 투쟁에서 주요한 다툼의 원천으로 등장했다. 현재 소수의 데이터 지배자들은 국가가 후원하는 규제와 스스로 부과한 규제 — 구글과 페이스북의 프라이버시 정책처럼 상이한 규범적 신념을 반영한 — 를 얼기설기 짜맞춘 것에 따라 활동하고 있다. 정보의 거친 첨단을 체계적 통제에 근접한 어떤 것 아래에 두기 위해서는 유럽연합의 "데이터 주체" 같은 개념을 좀더 폭넓게 받아들여야 할 것이다. 그리고 사람들이 자신의 선호나 사람됨에 관한 데이터의 유통에 대해 무엇을 알고 기대하고 용인할 것인지를 놓고 지속적인 논쟁도 필요할 것이다.

시장적 사고와 신자유주의적 형태의 거버넌스가 지배하는 시대에 다름 아닌 "공공성"public-ness 개념이 축소되는 것을 놓고 다른 종류의 윤리적 우려가 제기되고 있다. 거대자금이 매우 다양한 경로를 통해 여론에 압력을 가할 수 있는 시대에, 대의제 민주주의의 고전적 장소인 의회는 점점 적합성이 떨어지는 듯 보인다. 기업가들은 입법에 맹렬하게 저항하면서, (특히 미국에서) 법이 계속해서 과학기술에 뒤처지기 때문에 혁신을 질식시킨다고 주장한다. 월드와이드웹의 발명가인 티머시 버너스-리 경이나 인간 유전체의 공동 해독가인 크레이그 벤터 같은 카리스마 넘치는 인물들은 인터넷의 성공과 생명공학의 확산을 자유방임적 기술 발전의 이득을 보여주는 주된 사례로 지목한다. 의회 쪽에는 종종 맞서 싸울 만한 용기와 전문성이 결여돼 있고, 이론적으로 그들이 통제 아래 두어야 하는 바로 그 이해집단에 정치적으로 신세를 지고 있을 수 있다.

특정한 기술발전 — 생의학, 나노기술, 합성생물학, 신경과학 — 을 전담하는 윤리기구의 급증은 공적 정책결정 기관들이 사적으로 장악되는 상황에 반하여 안도감을 주어야 마땅할 것이다. 그러나 현실에서 이처럼 종종 눈에 보이지 않는 위원회들은 윤리적 우려를 한층 높인다. 인간 피험자 연구를 감독하는 생명윤리위원회 같은 기구들은 연구 활동과 너무 긴밀하게 묶여 있어, 모기관이나 스타 과학자들에게 너무 많은 요구로 부담을 주면 안 된다는 암묵적 약속에 따라 활동하는 경향이 있다. 앞서 본 것처럼 심지어 가장 눈에 띄는 국가 윤리위원회들조차도 새로운 연구방향이 장기적으로 공공에 주는 이득에 관해 어려운 질문을 던지기보다는 당장의 기술적 미래에 대한 비용-편익 분석이라는 안전한 피난처를 선호한다. 예를 들어 영국의 워녹위원회는 14일 이전의 배아를 연구목적으로 쓸 수 있는 비인간으로 규정함으로써 현대 생의학에 엄청난 기여를 했다. 영국에서 그 빛나는 구분선은 배아조직을 이용한 첨단 연구를 허용하는 공간을 만들어냈고 새로운 윤리적 확대를 승인하는 몇몇 최초의 결정들로 이어졌다. 아픈 아이에게 적합한 조직을 공급하기 위해 "구세주 형제"를 활용하거나 어머니의 미토콘드리아 유전병을 제거하기 위해 부모가 세 명인 배아를 만드는 것이 그런 사례들이다. 그러나 닫힌 고리를 이루는 윤리기구 내에서 공적 도덕성을 이렇게 상대적으로 사유화하는 것을 억제하지 않고 내버려둔다면 대중의 소외와 규범적 거부를 낳을 수 있다. 줄기세포 연구 같은 문제를 둘러싸고 미국에서 계속되고 있는 논쟁은 윤리전문가들에 의한 처방적 선긋기의 정치적 취약성을 드러낸다. 그러한 전문가들의 관점은 지속적인 대중의 검토와 재승인에 노출되어 있지 않기 때문이다.

결론

현대사회는 지난 1백년 동안 수많은 낯설고 경이로운 물건들을 발명했고 이동성, 커뮤니케이션, 계산, 생명과 건강의 보존에서 미처 생각지도 못한 장벽을 깨뜨려왔다. 우리는 기술로 기근을 잉여로 바꾸었고 치명적 질병들을 근절했으며, 대양과 성층권의 비밀을 파헤쳤다. 또한 외계 공간을 인간 상상력의 지평으로 끌어왔으며, 인간 정신의 후미진 곳을 집중적 탐사가 가능하도록 열어놓았다. 세계의 많은 지역은 로봇이 화성이나 혜성 위에 착륙했을 때 환호했다. 혹자는 이러한 위업이 런던에서 망치를 던져 뉴델리에 있는 못에 명중시키는 것과 같은 정확도로 이뤄졌다고 말하기도 했다. 재사용이 가능한 로켓을 건조하는 꿈은 2015년 12월에 현실이 되었다. 미국의 기술기업가 일론 머스크가 이끄는 회사가 궤도상으로 인공위성을 발사한 후에 로켓을 지구에 다시 착륙시키는 데 성공했다. 이와 동시에 기술활동이 건강, 환경, 사회에 미치는 영향을 감시하고, 모델링하고, 측정하는 데 있어서도 엄청난 진전이 있었다. 기술문화는 더이상 자연에 무관심하지 않다. 19세기 공장들이 자연 그대로의 경관 위에 매연과 매캐한 먼지를 내뿜고, 독성 염료가 아무런 규제도 받지 않고 강으로 방류되며, 회사들은 석면에 노출된 노동자들이 수천명씩 폐질환으로 죽어가고 있다는 증거를 숨기던 시절과는 달라졌다.

그러나 앞선 장들에서 줄곧 보았던 것처럼, 제도적 결함, 불평등한 자원, 안일한 스토리텔링이 기술과 인간 가치의 접점과 상호영향에 관한 깊은 반성을 계속 방해하고 있다. 주의나 예방을 선호할 수 있는 중요한 시각들은 때로 새로운 것을 향한 무분별한 질주처럼 느껴지는 분위기 속에서 무시되는 경향이 있다. 그 결과 기술이 해방, 창의성, 권한 부여에 대해 가진 잠재력은 실현되지 못한 채 남아 있거나 기껏해야 개탄스러울 정도로 잘못 분배돼 있다. 신중한 사전 숙고와 지속적인 전지구적 주목을 절실히 필요로 하는 사안들 ─ 유전자혁명이나 정보혁명 같은 ─ 은 탈정치화되거나 기회주의적 설계 선택에 의해 눈에 보이지 않게 되어버린다. 그러한 설계 선택이 남긴 부분적으로 경로의존적인 발자국은 미래의 창의성과 해방을 좌절시킨다.

20세기에 가장 성공한 기술적 발명 중 하나이자 지금도 전세계에서 부의 상징으로 간주되는 자동차의 생애사는 인간의 미래예측이 지닌 한계를 보여주는 전형적 사례로 남아 있다. 자동차는 개인의 자유와 생산성에 엄청난 가능성을 열어주었지만, 이와 나란히 어느 누구도 상상해보지 못했거나 시의적절한 방식으로 규제하지 못한 급격한 결과를 사회에 가져왔다. 매년 전세계에서 1백만명이 넘는 교통사고 사망자, 사람을 무기력하게 만드는 판에 박힌 노동 관행의 확산, 도시 대기오염의 어두운 그림자, 공동체의 파편화, 한때 번창했던 제조업 중심지의 쇠퇴, 그리고 시간이 지나면서 세계를 위협하고 있는 기후변화 등이 그런 결과들이다. 오늘날과 같은 책임있는 혁신과 예측적 거버넌스의 실천이 있었다면 자동차의 역사가 비극적 경로로 접어들기 전에 그 흐름을 바꿔놓을 수 있었을까? 대중적 호소력을 지니고 엄청난 경제적·사회적 결과를 야기하는 기술들의 경우, 국민국가들이 관장하는 국지적이고 일화적인 거버넌스 과정은 안타깝게도 불충분해 보인다. 이뿐만 아니라 때때로 이뤄지는 동원은 기대의 비대칭성이라는 핵심을 찌를 수 없다. 모든 실천적 목표에서 기술을 통치하는 게임의 규칙을 정하는 힘은 자본과 산업에 있고 노동대중, 소비대중, 그리고 종종 고통받는 대중을 대변하는 정치적 대표자들에게 있지 않다.

이처럼 뿌리 깊은 민주주의의 결핍은 절차적 임시변통으로 치유될 수 없다. 최근 급증한 대중 자문, 구성적 기술영향평가, 윤리적 검토의 실험은 결코 해가 되지 않으며 계속되어야 하는 것이 분명하다. 이는 사람들을 자신의 일상생활과 관련된 의사결정에 참여시키는 장점이 있고, 시간이 지나면 기술의 지배에 대한 사회의 선호를 명확하게 할 수 있다. 하지만 그러한 임시변통 과정이, 우리가 기술과 맺은 거창한 계약이 사실상 요구하는 일종의 헌법제정 회의를 대신할 수 있는 것은 아니다. 민주적 상상력이 지닌 잠재력을 촉발하기 위해 오늘날의 사회들은 무엇보다도 기술이 결코 저절로 추동되는 것도 아니고, 가치에서 자유롭지도 않음을 인식해야 할 것이다. 대수롭지 않은 기술적 향상조차도 새로운 규범적 올바름과 의무를 만들어낸다. 내가 한때 신호등이 없었던 교차로에서 지금은 신호등이 지켜보는 가운데 케임브리지의 도로를 건너야 할 때 그런 것처럼 말이다. 그렇다면 기술과 법 사이의 유사성은 분명해지며, 전자도 후자 못지않게 우리의 집단적 미래를 형성하는 강력한 도구임을 보여준다. 그러한 인식은 기술의 거버넌스에서 좀더 깊은 윤리적·정치적 참여를 자극해야 한다. 거버넌스의 담론이 운명론적 결정론에서 자기결정의 해방으로 이동하는 것은 우리의 감성과 이성, 그리고 집단의 믿음과 행동을 형성하는 기술의 힘을 인식한 이후에야 가능할 것이다. 그런 다음에야 비로소 기대의 평등권의 윤리가, 연약하고 힘겨운 지구 위에 있는 인간문명의 토대를 이루고 있다고 받아들여질 수 있을 것이다.

| 감사의 말 |

한권의 책은 여행의 끝을 의미하며, 좋은 여행에는 길동무가 있기 마련이다. 이 책이 나오기까지 애초 계획보다 더 오랜 시간이 걸렸다. 처음 시작했을 때는 현대기술의 위험에 관한 간단한 단행본으로 기획됐지만, 이 시리즈에 대한 출판사의 시각이 변화하면서 인류의 기술 미래를 만들어낼 때의 정치적 포함과 배제를 성찰하는 좀더 복잡한 책으로 변모했다. 이러한 변모과정 내내 지속적으로 지지를 보내준 출판사 노턴의 편집부에 감사를 드린다. 앤서니 애피어는 처음에 내게 이 프로젝트를 맡아줄 것을 권고함으로써 일에 시동을 걸었다. 로비 해링턴은 일이 잘 진행되지 않던 기간 동안 고맙게도 인내심을 보여주었고, 브렌던 커리의 영리하고 세심한 독해는 때로 세부적 설명 속에서 길을 잃은 원고의 핵심 메시지를 분명하게 하는 데 도움을 주었다. 아울러 편집과 출판 과정을 거치는 동안 이 책을 매끄럽게 인도해준 소피 더버노이와 너새니얼 데닛에게도 고마움을 전한다.

이 책에서 다룬 경험자료 중 일부는 법과 기술에 관한 새로운 연구의 산물이고, 나머지 대부분은 예전 작업을 새로운 분석적 맥락 속에서 다시 논의한 것이다. 그 결과 이 책은 특정한 개인 혹은 프로젝트의 도움을 얻었다기보다, 내가 하버드대학 케네디공공정책대학원에서 담당하고 있는 과학기술학 프로그램에서 조성된 집단적 사고 및 작업 방식에 더 많이 빚진 결과물이 되었다. 지난 수년간 과학기술학 프로그램의 동료들과 매주 가진 모임은 기술에 대한 통치의 윤리적·정치적 차원들에 관한 나 자신의 생각을 심화하고 연마할 수 있는 공간을 제공했다. 대화 상대가 되어준 세 사람의 이름을 여기 적어두고자 한다. 롭 하겐다이크, 벤 헐벗, 힐턴 시멧이다. 근대성에서 기술과 민주주의의 구성적 — 그리고 헌법적 — 역할에 관해 이 책에서 말하고 있는 내용 중 많은 부분은 이 세 사람과 지속적으로 의견 교환을 한 내용을 반영한 것이다. 다만 논의에서 생략되거나 취약한 부분에 대한 책임은 언제나 그렇듯 오롯이 저자만의 것임을 밝혀둔다.

또한 이 책의 주제와 관련해 국립과학재단NSF에서 의뢰받은 두 건의 연구 프로젝트에서 연구 책임자로 일하면서 엄청난 도움을 받았다. "후꾸시마 재난과 미국과 일본의 핵발전 정치"(NSF 과제번호 1257117)과 "혁신의 이동하는 상상력: 실천적 전환과 그것의 초국적 실행"(NSF 과제번호 1457011)이 그것이다. NSF는 내가 연구자로서 경력을 쌓는 과정뿐 아니라 과학기술학이라는 분야를 만들어내려 애쓰는 과정에서도 중요한 역할을 담당했다. 다시 한번

재단의 지원에 대해 감사를 표할 수 있게 되어 기쁘다. 아울러 샤나 라비노비치에게도 감사의 말을 전하고 싶다. 지난 6년 동안 나의 모든 프로젝트를 성공적으로 관리하는 데 그녀가 기여한 바는 아무리 강조해도 지나치지 않을 것이다.

마지막으로 내 인생에서 가족의 존재는 너무나 근본적이어서 굳이 감사의 말을 길게 적지 않으려 한다. 이 책은 미래를 다룬 책이기 때문에, 이 책을 니나에게 헌정하는 것이 특히 적절할 것 같다. 내가 기껏해야 흐릿하게만 상상할 수 있는 세계를 형성하는 데 니나는 직접 관여하게 될 테니까.

| 추천사 |

오늘날 기술이 정치·경제·사회·환경 전반에 광범한 영향을 미치고 있음을 부정하는 이는 없을 것이다. 그러나 그 의미는 여전히 기술결정론과 기술관료주의의 틀에서 해석되곤 한다. 즉, 기술은 그 자체로는 비정치적이지만 사회와 환경을 특정한 방향으로 변화시킬 것이라 간주된다. 그리고 기술과 정치의 관계는 그러한 변화에 잘 적응할 수 있도록 기술의 개발과 활용을 촉진하고 부정적 영향을 최소화하기 위해 전문가와 자원을 적소에 배치하는 차원으로 환원되고 만다. 실라 재서노프의 『테크놀로지의 정치』는 이같은 지배적 통념에 정면으로 도전한다. 저자는 기술이 사회·정치적으로 형성된 산물인 동시에 사회·정치적 질서를 구축하고 수행하는 구성요소임을 강조한다. 이어 기술은 민주적 통제의 대상일 뿐 아니라 민주주의의 심화를 위해 비판적으로 해부되어야만 하는 정치의 장(場)이기도 하다는 점을 다양한 사례를 통해

354

설득력 있게 설파하고 있다. 기술과 정치·경제·사회·환경의 관계에 관심을 지닌 독자들은 물론 현대사회의 정치·권력관계와 민주주의를 더욱 깊이 이해하고자 하는 모든 이에게 일독을 권한다.

— 김상현 (서강대학교 교수, 과학사·과학사회학)

지난 30년간 과학, 기술, 법, 정책, 민주주의를 함께 논하는 자리에서는 항상 실라 재서노프라는 이름을 볼 수 있었다. 재서노프는 과학기술이 오늘날의 민주주의 사회에 던지는 질문들에 대해 가장 깊고 정교한 성찰을 제시해왔다. 『테크놀로지의 정치』는 그 오랜 사유와 참여의 성과를 더 많은 독자를 위해 펼쳐놓는다. 테크놀로지는 무색무취한 도구로 존재하다가 아주 가끔 정치적으로 이용되는 대상이 아니다. 생명공학이든 정보기술이든 테크놀로지는 언제나 치열한 정치적 다툼의 장이며 또한 정치적 선택의 결과다. 이제 테크놀로지에 대한 관점과 태도를 가다듬지 않고서는 민주주의를 논할 수 없다. 위험, 불평등, 인간의 본성 등 모든 민주주의 사회의 핵심 논제들이 테크놀로지의 발전과 연결되어 있기 때문이다. 이 책은 테크놀로지를 자신의 문제이자 이 시대의 정치적 문제로 삼고자 하는 모든 시민을 위한 가이드북이다.

— 전치형 (카이스트 교수, 과학기술학)

경제·문화·사회적이고 종교적인 관점에서 중요하게 다뤄지는 기술적 위험평가를 넘어서 재서노프는 윤리적 담론의 새로운 주제를 제시한다. 재서노프는 혁신과 품질에 대한 선호로 기울어진, 기존 위험 분석의 한계를 충실히 논한다. 이 책은 되풀이되는 동시대 기술 논쟁의 패턴을 정확히 짚고 거기에서 무엇이 중요한 문제인지 틀을 잡아준다.

— 스티븐 애프터굿, 『네이처』

생의학, 정보기술, 그리고 녹색 생명공학은 엄청나게 진보하고 있다. 재서노프는 더 공정하고 지속가능하며 풍요로운 사회를 창조하기 위해 우리가 새로운 과학과 기술을 어떻게 다루고 있는지 일련의 사례연구를 통해 밝힌다. 그리하며 현행 기술시스템이 빚어낸 사회적이고 정치적인 드라마를 드러낸다. 재서노프의 매력적인 산문은 정의의 문제, 전문가 예측의 한계, 그리고 21세기의 책임감의 버거움에 관해 반드시 사려 깊은 주의를 기울여야 한다고 우리를 설득한다.

— 신시아 셀린, 『사이언스』

정부와 기술에 관해 반드시 필요한 논의를 이끌어낸 놀라운 책이다. 재서노프는 재난과 맞춤형 아기, GMO 작물과 정보기술을 가로지르며 세계를 형성하는 사회적이고 기술적인 권력을 완벽하게 탐색한다. 그간 자신이 축적한 모든 학술적 경력을 동원해, 그녀는 몇가지 심오한 질문들을 명쾌하게 던진다. 이는 현재 우리가 갖춘 제도에 비해 너무 빠르고 복잡하며 예측 불가능한 기술적인 힘을 민주적으로 통제할 가능성에 관한 것이다. 저자가 안내하는 길을 따라 민주주의에 대한 우리의 개념 자체가 확장되고 도전받으며 변화할 것이다.

— 앨런 어윈 (『시민과학』 저자, 코펜하겐경영대학원 교수)

『테크놀로지의 정치』는 기술의 약속이 보여주는 미혹에 빠지지 않고 인간의 창조성을 위한 미래를 돌려달라고 한다. 재서노프는 사회가 법에 의해 통치되는 것만큼이나 기술시스템에 의해 통치된다는 사실을 알려준다. 만약 우리 스스로를 잘 통치하고 싶다면 우리가 살고 싶은 세계에 대한 집단적인 상상이 필요하다는 점도 일깨운다.

— 알프레드 노르트만 (다름슈타트공과대학 교수)

| 주 |

1장

1 WHO, World Health Report, "50 Facts: Global Health Situation and Trends 1955-
2025," http://www.who.int/whr/1998/media_centre/50facts/en/ (2015년 10월 접속).

2 Nick Bostrom, "Existential Risks: Analyzing Human Extinction Scenarios and
Related Hazards," *Journal of Evolution and Technology* 9, no. 1, 2002.

3 Richard Rhodes, *Deadly Feasts: The "Prion" Controversy and the Public's Health*, New
York: Simon and Schuster 1997 (리처드 로즈 『죽음의 향연』, 안정희 옮김, 사이언스
북스 2006).

4 United Nations, Economic and Social Council, *World Mortality Report 2013*, New
York: United Nations 2013.

5 World Health Organization, Global Health Observatory (GHO) data, http://www.
who.int/gho/child_health/mortality/neonatal_infant_text/en/ (2015년 10월 접속).

6 http://www.worldpopulationbalance.org/energy_india를 보라(2015년 10월 접속).

7 Lee Raine and D'Vera Cohen, "Census: Computer Ownership, Internet Connection
Varies Widely across U.S.," Pew Research Center, September 19, 2014, http://www.
pewresearch.org/fact-tank/2014/09/19/census-computer-ownership-internet-
connection-varies-widely-across-u-s/ (2015년 10월 접속).

8 The Dark Mountain Project, FAQs, http://dark-mountain.net/about/faqs/ (2015년

12월 접속).

9 Robert D. Putnam, *Bowling Alone: The Collapse and Revival of American Community*, New York: Simon and Schuster 2000 (로버트 D. 퍼트넘 『나 홀로 볼링』, 정승현 옮김, 페이퍼로드 2016).

10 Sherry Turkle, *Alone Together: Why We Expect More from Technology and Less from Each Other*, New York: Basic Books 2011 (셰리 터클 『외로워지는 사람들』, 이은주 옮김, 청림출판 2012).

11 Leo Marx, "Technology: The Emergence of a Hazardous Concept," *Technology and Culture* 51, no. 3, 2010, 561~77면.

12 Michael Pollan, *The Omnivore's Dilemma: A Natural History of Four Meals*, New York: Penguin 2006 (마이클 폴란 『잡식동물의 딜레마』, 조윤정 옮김, 다른세상 2008).

13 Arthur C. Clarke, *2001: A Space Odyssey*, New York: New American Library 1968 (아서 C. 클라크 『2001 스페이스 오디세이』, 김승욱 옮김, 황금가지 2017).

14 Bill Joy, "Why the Future Doesn't Need Us," *Wired*, April 1, 2000, http://www.wired.com/wired/archive/8.04/joy.html?pg=3&topic=&topic_set= (빌 조이 「미래에 왜 우리는 필요없는 존재가 될 것인가」(김종철 옮김) 『녹색평론』 2000년 11-12월호, http://greenreview.co.kr/greenreview_article/1843/).

15 같은 글.

16 Clay McShane, "The Origins and Globalization of Traffic Control Signals," *Journal of Urban History* 25, 1999, 379~404면.

17 Tom McNichol, "Roads Gone Wild," *Wired*, December 1, 2004, http://www.wired.com/wired/archive/12.12/traffic.html.

18 Marx, 앞의 글 564면.

19 Langdon Winner, "Do Artifacts Have Politics?," *Daedalus* 109, no. 1, 1980, 121~36면 (랭던 위너 「인공물은 정치적인가」, 『길을 묻는 테크놀로지』, 손화철 옮김, 씨아이알 2010).

20 Claude Henri de Saint-Simon, *Political Thought of Saint-Simon*, ed. Ghita Ionescu, trans. Valence Ionescu, Oxford: Oxford University Press 1976.

21 Sheila Jasanoff, *The Fifth Branch: Science Advisers as Policymakers*, Cambridge, MA: Harvard University Press 1990.

22 Harold J. Laski, *The Limitations of the Expert*, London: Fabian Society 1931, 4면.

23 *Buck v. Bell*, 274 U.S. 200 (1927).

24 Diane Vaughan, *The Challenger Launch Decision: Risky Technology, Culture, and Deviance at NASA*, Chicago: University of Chicago Press 1996.

25 Charles Ferguson, "Larry Summers and the Subversion of Economics," *Chronicle of Higher Education*, October 3, 2010, http://chronicle.com/article/Larry-Summersthe/124790/ (2015년 10월 접속).

26 Apple iPhone 4 press conference, July 16, 2010, Cupertino, CA, http://www.apple.com/apple-events/july-2010/ (2012년 2월 접속).

27 Michael Rose, "'Antennagate' Press Conference Video and Official Pages Up," *Engadget*, July 16, 2010, http://www.tuaw.com/2010/07/16/antennagate-press-conference-video-and-web-pages-up/ (2012년 2월 접속).

28 Robert J. Lopez and Rich Connell, "Metrolink Engineer Let Unauthorized 'Rail Enthusiasts' Control Train," *Los Angeles Times*, March 3, 2009.

29 Sheila Jasanoff, *Designs on Nature: Science and Democracy in Europe and the United States*, Princeton, NJ: Princeton University Press 2005 (실라 재서노프 『누가 자연을 설계하는가』, 박상준 외 옮김, 동아시아 2019).

30 2015년 빠리기후회의 전날에 기술 억만장자 피터 틸은 『뉴욕타임즈』에 기명 논평을 기고했다. Peter Thiel, "The New Atomic Age We Need," *New York Times*, November 27, 2015.

2장

1 Wiebe E. Bijker, Thomas P. Hughes, and Trevor J. Pinch, eds., *The Social Construction of Technological Systems: New Directions in the Sociology and History of Technology*, Cambridge, MA: MIT Press 1987.

2 Coral Davenport and Jack Ewing, "VW Is Said to Cheat on Diesel Emissions; U.S. to Order Big Recall," *New York Times*, September 18, 2015.

3 Paul J. Crutzen and Eugene F. Stoermer, "The 'Anthropocene'," *Global Change Newsletter*, no. 41, May 2000, 17~18면, http://www.igbp.net/download/18.31 6f1832132347017758000140l/1376383088452/NL41.pdf에서 볼 수 있다(2015년 11월 접속).

4 Ulrich Beck, *Risk Society: Towards a New Modernity*, trans. Mark Ritter, London: Sage 1992 (울리히 벡 『위험사회』, 홍성태 옮김, 새물결 2006).

5 Bill Vlasic, "G.M. Inquiry Cites Years of Neglect over Fatal Defect," *New York Times*, June 5, 2014. 이후 제너럴모터스는 이 일화에서 시작된 형사고발에서 합의를 보기 위해 9억 달러를 지불하는 데 동의했다.

6 Charles Perrow, *Normal Accidents: Living with High-Risk Technologies*, New York: Basic Books 1984 (찰스 페로 『무엇이 재앙을 만드는가?』, 김태훈 옮김, 알에이치코리아 2013).

7 Rogers Commission Report, Report of the Presidential Commission on the Space Shuttle Challenger Accident, 1986; Columbia Accident Investigation Board, Report, 2003.

8 Diane Vaughan, *The Challenger Launch Decision: Risky Technology, Culture, and Deviance at NASA*, Chicago: University of Chicago Press 1996.

9 Ronald Brickman, Sheila Jasanoff and Thomas Ilgen, *Controlling Chemicals: The Politics of Regulation in Europe and the United States*, Ithaca, NY: Cornell University Press 1985.

10 National Research Council, *Risk Assessment in the Federal Government: Managing the Process*, Washington, DC: National Academies Press 1983.

11 Erving Goffman, *Frame Analysis: An Essay on the Organization of Experience*, New York: Harper and Row 1974.

12 Dorothy Nelkin, *Nuclear Power and Its Critics: The Cayuga Lake Controversy*, Ithaca, NY: Cornell University Press 1971.

13 Sheldon Krimsky, *Genetic Alchemy: The Social History of the Recombinant DNA Controversy*, Cambridge, MA: MIT Press 1982.

14 Sheila Jasanoff, *The Fifth Branch: Science Advisers as Policymakers*, Cambridge, MA: Harvard University Press 1990.

15 Jason Corburn, *Street Science: Community Knowledge and Environmental Health Justice*, Cambridge, MA: MIT Press 2005.

3장

1 이 재난에 대한 설명 중에서 특히 잘 연구된 것으로 Hauke Goos and Ralf Hoppe,

"Made in Bangladesh: Greed, Globalization and the Dhaka Tragedy," *Der Spiegel*, July 1, 2013을 보라(영어 번역은 크리스토퍼 설탄Christopher Sultan이 맡아주었다). 아울러 Jim Yardley, "The Most Hated Bangladeshi, Toppled from a Shady Empire," *New York Times*, April 30, 2013도 보라.

2 European Food Safety Authority, "Shiga Toxin-Producing *E. coli* (STEC) O104:H4 2011 Outbreaks in Europe: Taking Stock," *EFSA Journal*, October 3, 2011.

3 "2011 Outbreak of Rare E. Coli Strain Was Costly for Europe," *Food Safety News*, April 3, 2015, http://www.foodsafetynews.com/2015/04/2011-outbreak-of-rare-e-coli-strain-was-costly-for-europe/#.Vm8Wfb8xRAM.

4 European Food Safety Authority, 앞의 글.

5 James Kanter, "Death Toll Rises in E. coli Outbreak," *New York Times*, May 31, 2011.

6 보팔 참사에 관해서는 복수의 관점에서 수십권의 책들이 저술되었다. 몇권만 소개하면 Upendra Baxi and Amita Dhanda, *Valiant Victims and Lethal Litigation: The Bhopal Case*, Delhi: Indian Law Institute 1990; Kim Fortun, *Advocacy after Bhopal: Environmentalism, Disaster, New Global Orders*, Chicago: University of Chicago Press 2001; 그리고 Dominique Lapierre and Javier Moro, *Five Past Midnight: The Epic Story of the World's Deadliest Industrial Disaster*, New York: Warner 2002 등이 있다.

7 Robert D. McFadden, "India Disaster: Chronicle of a Nightmare," *New York Times*, December 10, 1984.

8 http://www.unioncarbide.com/History.

9 Friends of the Earth Malaysia, *The Bhopal Tragedy—One Year After*, Penang: APPEN 1985, 44면.

10 Environmental Working Group, Chemical Industry Archives, "The Inside Story: Bhopal," http://www.chemicalindustryarchives.org/dirtysecrets/bhopal/index.asp.

11 *In re Union Carbide Corporation Gas Plant Disaster at Bhopal, India in December, 1984*, 634 F. Supp. 842, 1986.

12 Baxi and Dhanda, 앞의 책 61면.

13 Sheila Jasanoff, *Science at the Bar: Law, Science, and Technology in America*, Cambridge, MA: Harvard University Press 1995, 114~37면 (쉴라 재서너프 『법정에 선 과학』, 박상준 옮김, 동아시아 2011).

14 *Bano v. Union Carbide*, 273 F.3d 120 (2nd Cir. 2001)를 보라.

362

15 Michael Wines, "Duke Energy to Pay Fine over Power Plant Violations," *New York Times*, September 10, 2015.

16 Andrew Lakoff, ed., *Disaster and the Politics of Intervention*, New York: SSRC/Columbia University Press 2009.

17 Sheila Jasanoff, "Technologies of Humility: Citizen Participation in Governing Science," *Minerva* 41, 2003, 223~44면.

4장

1 Paul J. Crutzen and Eugene F. Stoermer, "The 'Anthropocene'," *Global Change Newsletter*, no. 41, May 2000, 17~18면, http://www.igbp.net/download/18.31 6f1832132347017758000140l/1376383088452/NL41.pdf에서 볼 수 있다(2015년 11월 접속).

2 Charles E. Rosenberg, *No Other Gods: On Science and American Social Thought*, rev. ed., Baltimore, MD: Johns Hopkins University Press 1997, 153~72면.

3 Les Levidow and Susan Carr, *GM Food on Trial*, New York: Routledge 2010.

4 Sheila Jasanoff, *Designs on Nature: Science and Democracy in Europe and the United States*, Princeton, NJ: Princeton University Press 2005 (실라 재서노프 『누가 자연을 설계하는가』, 박상준 외 옮김, 동아시아 2019).

5 국제암연구소(International Agency for Research on Cancer)는 글리포세이트를 암을 유발할 가능성이 높은 물질로 분류했다. *IARC Monographs Volume 112: Evaluation of Five Organophosphate Insecticides and Herbicides*, March 20, 2015. 이와 입장을 달리하는 견해로는 Michael Specter, "Roundup and Risk Assessment," *New Yorker*, April 10, 2015을 보라.

6 U.S. Department of Agriculture, Economic Research Service, "Adoption of Genetically Engineered Crops in the U.S.," http://www.ers.usda.gov/data-products/adoption-of-genetically-engineered-crops-in-the-us/recent-trends-in-ge-adoption.aspx#.UvcHMvb9rbk (2014년 11월 접속).

7 David A. Graham, "Rumsfeld's Knowns and Unknowns: The Intellectual History of a Quip," *Atlantic*, March 27, 2014.

8 David Barboza, "Gene-Altered Corn Changes Dynamics of Grain Industry," *New York Times*, December 11, 2000.

9 Colin A. Carter and Aaron Smith, "Estimating the Market Effect of a Food Scare: The Case of Genetically Modified Starlink Corn," *Review of Economics and Statistics* 89, no. 3, 2007, 522~33면.

10 Amelia P. Nelson, "Legal Liability in the Wake of *StarLink*™: Who Pays in the End?," *Drake Journal of Agricultural Law* 7, 2002, 241~66면.

11 Jasanoff, 앞의 책 42~67면.

12 Joel Tickner, ed., *Precaution, Environmental Science, and Preventive Public Policy*, Washington, DC: Island Press 2003.

13 World Trade Organization, Agreement on Sanitary and Phytosanitary Measures, Article 5 (Assessment of Risk and Determination of the Appropriate Level of Sanitary or Phytosanitary Protection), sections 1, 2, and 7. (협정문의 우리말 번역을 http://www.mofa.go.kr/www/brd/m_3893/view.do?seq=294181에서 볼 수 있다)

14 David Winickoff et al., "Adjudicating the GM Food Wars: Science, Risk, and Democracy in World Trade Law," *Yale Journal of International Law* 30, 2005, 81면.

15 David A. Wirth, "The World Trade Organization Dispute over Genetically Modified Organisms: The Precautionary Principle Meets International Trade Law," *Vermont Law Review* 37, no. 4, 2013, 1187면.

16 Javier Lezaun, "Bees, Beekeepers and Bureaucrats: Parasitism and the Politics of Transgenic Life," *Environment and Planning D: Society and Space* 29, 2011, 738~58면.

17 European Court of Justice (4th Chamber), *Monsanto SAS and Others v. Ministre de l'Agriculture et de la Pêche*, September 8, 2011.

18 Monsanto, "European Bans on MON810 Insect Protected GMO Corn Hybrids," http://www.monsanto.com/newsviews/pages/mon810-background-information.aspx (2014년 3월 접속).

19 Kristina Hubbard, "Remember StarLink?," *Seed Broadcast Blog*, February 11, 2011, http://blog.seedalliance.org/2011/02/11/remember-starlink/ (2014년 3월 접속).

20 Ellen Barry, "After Farmers Commit Suicide, Debts Fall on Families in India," *New York Times*, February 22, 2014.

21 J.L.P., "GMO Genocide?," *Economist*, March 13, 2014, http://www.economist.com/blogs/feastandfamine/2014/03/gm-crops-indian-farmers-and-suicide.

22 University of Cambridge, Research News, "New Evidence of Suicide Epidemic among India's 'Marginalised' Farmers," April 17, 2014, http://www.cam.ac.uk/ research/news/new-evidence-of-suicide-epidemic-among-indias-marginalised-farmers.

5장

1 James D. Watson and Francis H. C. Crick, "A Structure for Deoxyribose Nucleic Acid," *Nature* 171, April 25, 1953, 737~38면.

2 Sally Smith Hughes, "Making Dollars out of DNA: The First Major Patent in Biotechnology and the Commercialization of Molecular Biology, 1974-1980," *Isis* 92, 2001, 541~75면.

3 Sheila Jasanoff, *Reframing Rights: Bioconstitutionalism in the Genetic Age*, Cambridge, MA: MIT Press 2011.

4 Angelina Jolie, "My Medical Choices," *New York Times*, May 14, 2013.

5 Jennifer E. Reardon, *Race to the Finish: Identity and Governance in an Age of Genomics*, Princeton, NJ: Princeton University Press 2004; Dorothy Roberts, *Fatal Invention: How Science, Politics, and Big Business Re-create Race in the Twenty-First Century*, New York: New Press 2011; Jonathan Kahn, *Race in a Bottle: The Story of BiDil and Racialized Medicine in a Post-Genomic Age*, New York: Columbia University Press 2013.

6 Genetic Information Nondiscrimination Act of 2008 (P.L. 110-233, 122 Stat. 881).

7 David Winickoff, "Genome and Nation: Iceland's Health Sector Database and Its Legacy," *Innovations* 1, no. 2, Spring 2006, 80~105면.

8 G. Owen Schafer, Ezekiel J. Emanuel, and Alan Wertheimer, "The Obligation to Participate in Biomedical Research," *Journal of the American Medical Association* 302, no. 1, 2009, 67~72면.

9 National Bioethics Advisory Commission, *Cloning Human Beings: Report and Recommendations of the National Bioethics Advisory Commission*, Rockville, MD: NBAC 1997.

10 Sheila Jasanoff, J. Benjamin Hurlbut, and Krishanu Saha, "CRISPR Democracy: Gene Editing and the Need for Inclusive Deliberation," *Issues in Science and Technology*, Fall 2015, 25~32면.

11 Warnock Report.

12 Jodi Picoult, *My Sister's Keeper*, New York: Washington Square Press 2004 (조디 피코 『마이 시스터즈 키퍼』, 이지민 옮김, SISO 2017); Kazuo Ishiguro, *Never Let Me Go*, New York: Vintage 2006 (가즈오 이시구로 『나를 보내지 마』, 김남주 옮김, 민음사 2009).

13 Peter R. Brindsen, "Gestational Surrogacy," *Human Reproduction Update* 9, no. 5, 2003, 483~91면.

14 European Court of Human Rights, Press Release, ECHR 185 (2014), June 26, 2014.

6장

1 *Riley v. California*, 573 U.S. 373 (2014).

2 *Schmerber v. California*, 384 U.S. 757 (1966).

3 *Maryland v. King*, 569 U.S. 435 (2013).

4 Sherry Turkle, "Always On: Always-On-You: The Tethered Self," in James E. Katz, ed., *Handbook of Mobile Communication Studies*, Cambridge, MA: MIT Press 2008, 121~39면.

5 Cass Sunstein, "Shopping Made Psychic," *New York Times*, August 20, 2014.

6 *Griswold v. Connecticut*, 381 U.S. 479 (1965).

7 Alison Motluk, "Anonymous Sperm Donor Traced on Internet," *New Scientist*, November 3, 2005, http://www.newscientist.com/article/mg18825244.200-anonymous-sperm-donor-traced-on-Internet.html (2014년 8월 접속).

8 Michal Kosinski, David Stillwell, and Thore Graepel, "Private Traits and Attributes Are Predictable from Digital Records of Human Behavior," *Proceedings of the National Academy of Sciences*, March 11, 2013, http://www.pnas.org/content/early/2013/03/06/1218772110.full.pdf.

9 Nicole Perlroth, "Hackers Say They Have Released Ashley Madison Files," *New York Times*, August 19, 2015.

10 Maria Aspan, "How Sticky Is Membership on Facebook? Just Try Breaking Free," *New York Times*, February 11, 2008.

11 Robinson Meyer, "Everything We Know about Facebook's Secret Mood Manipulation Experiment," *Atlantic*, June 28, 2014.

12 Adam D. I. Kramer, Jamie E. Guillory, and Jeffrey T. Hancock, "Experimental

Evidence of Massive-Scale Emotional Contagion through Social Networks,"
Proceedings of the National Academy of Sciences 111, no. 24, June 17, 2014. 초록에는 이
렇게 나와 있다. "긍정적 표현을 줄이자 사람들은 긍정적 게시물을 덜 올리고 부정
적 게시물을 더 많이 올렸다. 부정적 표현을 줄이자 반대 패턴이 나타났다."

13 Adam D. I. Kramer, June 29, 2014, https://www.facebook.com/akramer/posts/
10152987150867796.

14 Kashmir Hill, "After the Freak-Out over Facebook's Emotion Manipulation
Study, What Happens Now?," *Forbes*, July 10, 2014, http://www.forbes.com/
sites/kashmirhill/2014/07/10/after-the-freak-out-over-facebooks-emotion-
manipulation-study-what-happens-now/.

15 Viktor Mayer-Schönberger, *Delete: The Virtue of Forgetting in the Digital Age*,
Princeton, NJ: Princeton University Press 2011 (빅토어 마이어 쇤베르거 『잊혀질 권
리』, 구본권 옮김, 지식의날개 2011).

16 *New York Times v. United States*, 403 U.S. 713 (1971).

17 Dan Bilefsky, "Indignation in Europe over Claims That U.S. Spied on Merkel's
Phone," *New York Times*, October 24, 2013; Mark Landler, "Merkel Signals That
Tension Persists over U.S. Spying," *New York Times*, May 2, 2014.

18 Sheila Jasanoff, *Science and Public Reason*, Abingdon, Oxon: Routledge 2012.

19 M. G. Zimeta, "Don't Be Evil: Google, Alphabet, and Machiavelli," *Paris Review*,
August 12, 2015, http://www.theparisreview.org/blog/2015/08/12/dont-be-evil/
(2016년 1월 접속).

20 Matt Rosoff, "Is Google a Monopoly? 'We're in That Area,' Admits Schmidt,"
Business Insider, September 21, 2011, http://www.businessinsider.com/is-google-a-
monopoly-were-in-that-area-admits-schmidt-2011-9#ixzz3BEHV6le9 (2014년
8월 접속).

21 James Kanter, "Google's European Antitrust Woes Are Far from Over," *New York
Times*, June 22, 2014.

22 Benedict Anderson, *Imagined Communities: Reflections on the Origin and Spread of
Nationalism*, London: Verso 1983 (베네딕트 앤더슨 『상상된 공동체』, 서지원 옮김,
길 2018).

23 *In Re High-Tech Employee Antitrust Litigation*, 11-CV-0250, 2014 U.S. Dist. LEXIS

110064 (N.D. Cal. Aug. 8, 2014).

24 David Streitfeld, "Court Rejects Deal on Hiring in Silicon Valley," *New York Times*, August 8, 2014.

25 David Streitfeld and Maria Wollan, "Tech Rides Are Focus of Hostility in Bay Area," *New York Times*, January 31, 2014.

26 Glenn Greenwald and Ewan MacAskill, "NSA Prism Program Taps in to User Data of Apple, Google and Others," *Guardian*, June 6, 2013.

27 Craig Timberg, "U.S. Threatened Massive Fine to Force Yahoo to Release Data," *Washington Post*, September 11, 2014.

28 "Breaking Down Apple's iPhone Fight With the U.S. Government," *New York Times*, March 21, 2016, http://www.nytimes.com/interactive/2016/03/03/technology/apple-iphone-fbi-fight-explained.html (2016년 4월 접속).

29 Tim Cook, "A Message to Our Customers," February 16, 2016, http://www.apple.com/customer-letter/ (2016년 4월 접속).

30 Landler, 앞의 글.

31 *Google Spain SL, Google Inc. v. Agencia Española de Protección de Datos (AEPD), Mario Costeja González*, Case C-131/12, May 13, 2014, press release no, 70/14, at http://curia.europa.eu/jcms/upload/docs/application/pdf/2014-05/cp140070en.pdf (2014년 8월 접속).

32 David Streitfeld, "European Court Lets Users Erase Records on Web," *New York Times*, May 13, 2014.

7장

1 Kathy L. Hudson and Francis S. Collins, "Biospecimen Policy: Family Matters," *Nature* 500, August 7, 2013, 141~42면.

2 Rebecca Skloot, *The Immortal Life of Henrietta Lacks*, New York: Crown 2010 (레베카 스클루트 『헨리에타 랙스의 불멸의 삶』, 김정한·김정부 옮김, 문학동네 2012).

3 Arthur Caplan, "NIH Finally Makes Good with Henrietta Lacks' Family—And It's About Time, Ethicist Says," NBC News, August 7, 2013, http://www.nbcnews.com/health/health-news/nih-finally-makes-good-henrietta-lacks-family-its-about-time-f6C10867941 (2014년 8월 접속).

4 Ewen Callaway, "Deal Done over HeLa Cell Line," *Nature* 500, August 7, 2013, 132~33면, http://www.nature.com/news/deal-done-over-hela-cell-line-1.13511 (2014년 8월 접속).

5 Rebecca Skloot, "The Immortal Life of Henrietta Lacks, the Sequel," *New York Times*, March 23, 2013에서 재인용.

6 "Thomas Jefferson to Isaac McPherson, 13 August 1813," Founders Online, National Archives, http://founders.archives.gov/documents/Jefferson/03-06-02-0322 (2014년 8월 접속).

7 Edward C. Walterscheid, "Patents and the Jeffersonian Mythology," *John Marshall Law Review* 29, no. 1, 1995, 293면.

8 35 U.S. Code § 101-Inventions patentable.

9 Callaway, "Deal Done over HeLa Cell Line."

10 Rebecca Skloot, "Taking the Least of You," *New York Times*, April 16, 2006.

11 *Moore v. Regents of the University of California*, 51 Cal. 3d 120 (1990).

12 "Who Owns Your Body? The Catalona Case: Patients Lose Lawsuit to Claim Their Tissues," http://www.whoownsyourbody.org/catalona.html.

13 *Washington University v. Catalona*, 490 F.3d 667 (8th Cir. 2007).

14 Lisa C. Edwards, "Tissue Tug-of-War: A Comparison of International and U.S. Perspectives on the Regulation of Human Tissue Banks," *Vanderbilt Journal of Transnational Law* 41, 2008, 639~75면.

15 Daniel J. Kevles, "Ananda Chakrabarty Wins a Patent: Biotechnology, Law, and Society," *Historical Studies in the Physical and Biological Sciences* 25 (1), 1994, 111~35면.

16 *Diamond v. Chakrabarty*, 447 U.S. 303 (1980).

17 Brief on Behalf of Genentech, Inc., *Amicus Curiae*, Supreme Court of the United States, October Term, 1979, No. 79-136, 16면. 아울러 Sheila Jasanoff, "Taking Life: Private Rights in Public Nature," in Kaushik Sunder Rajan, ed., *Lively Capital: Biotechnologies, Ethics, and Governance in Global Markets*, Durham, NC: Duke University Press 2012, 155~83면도 보라.

18 Sheila Jasanoff, *Science at the Bar: Law, Science, and Technology in America*, Cambridge, MA: Harvard University Press 1995, 36~39면(쉴라 재서너프 『법정에 선

과학』, 박상준 옮김, 동아시아 2011).

19 Brief on Behalf of the Peoples Business Commission, Amicus Curiae, Supreme Court of the United States, October Term, 1979, No. 79-136, 5면.

20 Edmund L. Andrews, "U.S. Resumes Granting Patents on Genetically Altered Animals," *New York Times*, February 3, 1993.

21 Directive 98/44/EC of the European Parliament and of the Council of July 6, 1998, on the legal protection of biotechnological inventions. 제6조 1항은 다음과 같이 적고 있다. "발명은 상업적 이용이 공서양속이나 도덕에 반하는 경우 특허성이 없는 것으로 간주되어야 한다."

22 *President and Fellows of Harvard College v. Canada (Commissioner of Patents)* 2002 SCC 76, 163번 문단.

23 William Safire, "Language: Centaurs, Chimeras, and Humanzees," *New York Times*, May 23, 2005.

24 Stephen R. Munzer, "Human-Nonhuman Chimeras in Embryonic Stem Cell Research," *Harvard Journal of Law and Technology* 21, 2007, 123면.

25 *Parke-Davis & Co. v. H K. Mulford Co.*, 189 F. 95 (2011).

26 Heidi Ledford, "Tania Simoncelli: Gene Patent Foe," in "365 Days: *Nature's* 10," *Nature* 504, December 18, 2013, http://www.nature.com/news/365-days-nature-s-10-1.14367#/Tania.

27 *Association of Molecular Pathology v. U.S. Patent & Trademark Office*, 702 F. Supp. 2d 181 (S.D.N.Y. 2010), 184면.

28 *Association of Molecular Pathology v. U.S. Patent & Trademark Office*, 689 F. 3d 1303, 1326 (CAFC 2012).

29 Brief for *Amicus Curiae* Eric S. Lander in Support of Neither Party, *Association of Molecular Pathology v. U.S. Patent & Trademark Office*, No. 12-398 (2013).

30 Paul Rabinow, *Making PCR: A Story of Biotechnology*, Chicago: University of Chicago Press 1996.

31 Cory Hayden, *When Nature Goes Public: The Making and Unmaking of Bioprospecting in Mexico*, Princeton, NJ: Princeton University Press 2003.

32 Bernd Siebenhüner and Jessica Supplie, "Implementing the Access and Benefit-Sharing Provisions of the CBD: A Case for Institutional Learning," *Ecological*

Economics 53, 2005, 507~22면.

33 *Novartis v. Union of India*, Supreme Court of India, April 1, 2013.

34 같은 판결문, 36번 문단.

35 Gardiner Harris, "Maker of Costly Hepatitis C Drug Sovaldi Strikes Deal on Generics for Poor Countries," *New York Times*, September 14, 2014.

8장

1 Ferris Jabr, "The Science Is In: Elephants Are Even Smarter Than We Realized," *Scientific American*, February 26, 2014.

2 Desmond Morris, "Can Jumbo Elephants Really Paint?," *Mail Online*, February 21, 2009, http://www.dailymail.co.uk/sciencetech/article-1151283/Can-jumbo-elephants-really-paint--Intrigued-stories-naturalist-Desmond-Morris-set-truth.html (2014년 9월 접속).

3 Office of Technology Assessment Act, Public Law 92-484, 92nd Congress, H.R. 10243, October 13, 1972.

4 Bruce Bimber, *The Politics of Expertise in Congress: The Rise and Fall of the Office of Technology Assessment*, Albany: State University of New York Press 1996.

5 Colin Norman, "O.T.A. Caught in Partisan Crossfire," *Technology Review*, October/November 1977.

6 Bimber, 앞의 책 77면.

7 American Academy of Arts and Sciences, *Restoring the Foundation: The Vital Role of Research in Preserving the American Dream*, Cambridge, MA: AAAS 2014, 65면.

8 Tom Wicker, "In the Nation: Two Spacey Schemes," *New York Times*, May 11, 1984.

9 Frank von Hippel, "Attacks on Star Wars Critics a Diversion," *Bulletin of the Atomic Scientists*, April 1985, 8~10면.

10 좀더 자세한 내용은 Sheila Jasanoff, *Designs on Nature: Science and Democracy in Europe and the United States*, Princeton, NJ: Princeton University Press 2005 (실라 재서노프 『누가 자연을 설계하는가』, 박상준 외 옮김, 동아시아 2019)를 보라.

11 Office of Technology Assessment, *New Developments in Biotechnology: Field-Testing Engineered Organisms: Genetic and Ecological Issues*, Washington, DC: Government Printing Office 1988, 20면.

12 같은 보고서 26면.

13 Jim Robbins, "The Year the Monarch Didn't Appear," *New York Times*, November 22, 2013.

14 Kenneth A. Worthy, Richard C. Strohman, Paul R. Billings, et al., "Agricultural Biotechnology Science Compromised: The Case of Quist and Chapela," in Daniel L. Kleinman, Abby J. Kinchy, and Jo Handelsman, eds., *Controversies in Science and Technology: From Maize to Menopause*, Madison: University of Wisconsin Press 2005, 135~49면.

15 Johan Schot and Arie Rip, "The Past and Future of Constructive Technology Assessment," *Technological Forecasting and Social Change* 54, 1996, 257면.

16 뉘른베르크 강령은 http://www.hhs.gov/ohrp/archive/nurcode.html에서 볼 수 있다(2014년 9월 접속).

17 Leon R. Kass, "The Wisdom of Repugnance," *New Republic*, June 2, 1997, 17~26면.

18 예를 들어 Presidential Commission for the Study of Bioethical Issues, *New Directions: The Ethics of Synthetic Biology and Emerging Technologies*, Washington, DC 2010을 보라.

19 National Human Genome Research Institute, "ELSI Planning and Evaluation History," http://www.genome.gov/10001754 (2014년 9월 접속).

20 Sheila Jasanoff, "Constitutional Moments in Governing Science and Technology," *Science and Engineering Ethics* 17, no. 4, 2011, 621~38면.

21 Jennifer Gollan, "Lab Fight Raises U.S. Security Issues," *New York Times*, October 22, 2011.

22 같은 글.

23 Deutscher Ethikrat, http://www.ethikrat.org/about-us/ethics-council-act (2014년 10월 접속).

24 German Ethics Council, *Human-Animal Mixtures in Research*, 2011, 98면.

25 전문은 http://nuffieldbioethics.org/about/#sthash.Ex2ugB61.dpuf에서 볼 수 있다.

26 John H. Evans, *The History and Future of Bioethics: A Sociological View*, New York: Oxford University Press 2012.

27 Sheila Jasanoff and Sang-Hyun Kim, eds., *Dreamscapes of Modernity: Sociotechnical Imaginaries and the Fabrication of Power*, Chicago: University of Chicago Press 2015.

28 Jason Chilvers and Matthew Kearnes, eds., *Remaking Participation: Science, Environment and Emergent Publics*, Abingdon, Oxon: Routledge 2015.

29 Proceedings from the Congressional Record of March 12, 1946 (Administrative Procedure), http://www.justice.gov/sites/default/files/jmd/legacy/2013/11/19/proceedings-05-1946.pdf (2014년 10월 접속).

30 Sheila Jasanoff, *Science and Public Reason*, Abingdon, Oxon: Routledge-Earthscan 2012.

31 Jasanoff, 앞의 글.

32 Robert Doubleday and Brian Wynne, "Despotism and Democracy in the United Kingdom: Experiments in Reframing Citizenship," in Sheila Jasanoff, ed., *Reframing Rights: Bioconstitutionalism in the Genetic Age*, Cambridge, MA: MIT Press 2011, 239~62면.

33 Bernard Dixon, "Not Yet a GM Nation," *Current Biology* 13, no. 21, 2003: R819-R820, http://www.cell.com/current-biology/pdf/S0960-9822%2803%2900760-7.pdf (2014년 11월 접속).

34 Department for Environment, Food and Rural Affairs, "The GM Public Debate: Lessons Learned from the Process," March 2004, http://webarchive.nationalarchives.gov.uk/20081023141438/http://www.defra.gov.uk/environment/gm/crops/debate/pdf/gmdebate-lessons.pdf (2014년 11월 접속).

35 Matthew Kearnes, Robin Grove-White, Phil MacNaghten, James Wilsdon, and Brian Wynne, "From Bio to Nano: Learning Lessons from the UK Agricultural Biotechnology Controversy," *Science as Culture* 15, no. 4, 2006, 301~302면.

36 David Noble, *America by Design: Science, Technology, and the Rise of Corporate Capitalism*, New York: Alfred A. Knopf 1977.

9장

1 "Human Cloning at Last," Runners Up, Breakthrough of the Year, *Science* 342, December 20, 2013.

2 National Bioethics Advisory Commission, *Cloning Human Beings*, Rockville, MD: NBAC 1997; 그리고 Presidential Commission for the Study of Bioethical Issues, *New Directions: The Ethics of Synthetic Biology and Emerging Technologies*, Washington, DC:

PCSBI 2010.

3 David Guston, "Understanding 'Anticipatory Governance'," *Social Studies of Science* 44, no. 2, 2013, 218~42면.

4 Andrew Pollack, "U.S.D.A. Approves Modified Potato. Next Up: French Fry Fans," *New York Times*, November 7, 2014.

5 D. Rowan, "On the Exponential Curve: Inside Singularity University," *Wired*, May 6, 2013, http://www.wired.co.uk/magazine/archive/2013/05/singularity-university/on-the-exponential-curve (2014년 11월 접속).

6 Elta Smith, "Corporate Imaginaries of Biotechnology and Global Governance: Syngenta, Golden Rice and Corporate Social Responsibility," in Sheila Jasanoff and Sang-Hyun Kim, eds., *Dreamscapes of Modernity: Sociotechnical Imaginaries and the Fabrication of Power*, Chicago: University of Chicago Press 2015, 254~76면.

7 Daryl Collins, Jonathan Morduch, Stuart Rutherford, and Orlanda Ruthven, *Portfolios of the Poor: How the World's Poor Live on $2 a Day*, Princeton, NJ: Princeton University Press 2009.

8 Executive Office of the President, President's Council of Advisors on Science and Technology, *Big Data and Privacy: A Technological Perspective*, Washington, DC:PCAST, March 2014.

9 *Novartis v. Union of India*, Supreme Court of India, April 1, 2013, 38번 문단.

10 Jon Ronson, *So You've Been Publicly Shamed*, New York: Riverhead 2015.

테크놀로지의 정치
유전자 조작에서 디지털 프라이버시까지

초판 1쇄 발행 / 2022년 1월 3일

지은이 / 실라 재서노프
옮긴이 / 김명진
펴낸이 / 강일우
책임편집 / 김새롬 신채용
조판 / 황숙화
펴낸곳 / (주)창비
등록 / 1986년 8월 5일 제85호
주소 / 10881 경기도 파주시 회동길 184
전화 / 031-955-3333
팩시밀리 / 영업 031-955-3399 편집 031-955-3400
홈페이지 / www.changbi.com
전자우편 / human@changbi.com

한국어판 ⓒ (주) 창비 2022
ISBN 978-89-364-7901-5 93500